Treasures for Scholars Worldwide

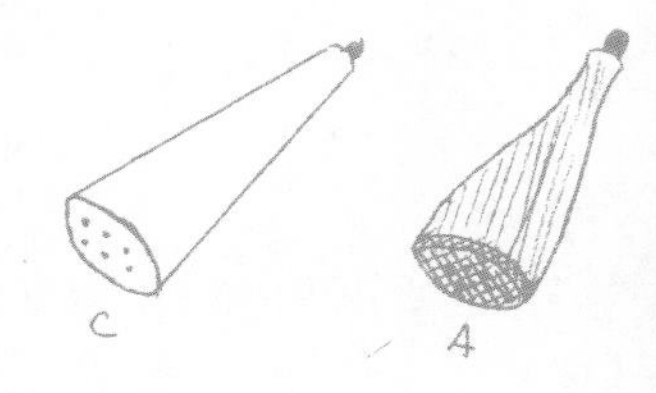

中国传统加工纸笺制作技艺

范发生◎著

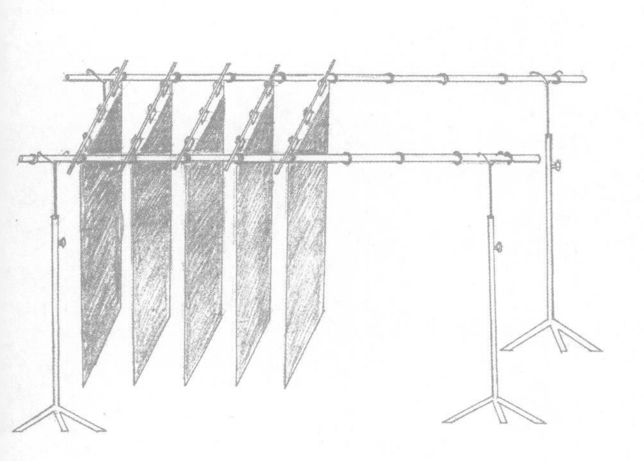

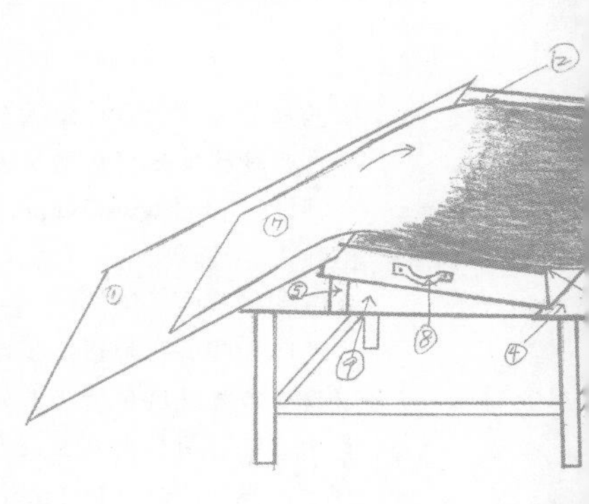

广西师范大学出版社
GUANGXI NORMAL UNIVERSITY PRESS
·桂林·

中国传统加工纸笺制作技艺
ZHONGGUO CHUANTONG JIAGONGZHIJIAN ZHIZUOJIYI

图书在版编目（CIP）数据

中国传统加工纸笺制作技艺 / 范发生著. -- 桂林 : 广西师范大学出版社，2024.7
ISBN 978-7-5598-6882-4

Ⅰ. ①中… Ⅱ. ①范… Ⅲ. ①宣纸－民间工艺－介绍－中国 Ⅳ. ①TS766

中国国家版本馆 CIP 数据核字（2023）第 076147 号

广西师范大学出版社出版发行
（广西桂林市五里店路 9 号　邮政编码：541004
网址：http://www.bbtpress.com）
出版人：黄轩庄
全国新华书店经销
广西广大印务有限责任公司印刷
（桂林市临桂区秧塘工业园西城大道北侧广西师范大学出版社集团有限公司创意产业园内　邮政编码：541199）
开本：787 mm × 1 092 mm　1/16
印张：21　　　字数：120 千
2024 年 7 月第 1 版　　2024 年 7 月第 1 次印刷
定价：218. 00 元

如发现印装质量问题，影响阅读，请与出版社发行部门联系调换。

著者简介

范发生，1947 年生，安徽合肥市人。1969 年师从著名画家孔小瑜学习中国画，因爱画竹，号清风堂主。

1979 年参与安徽十竹斋的筹建工作，致力文房四宝及古十竹斋木刻水印等历史资料的搜集和研究，并学习手工加工纸制作的传统技艺。1981 年，参与安徽省《安徽文房四宝展览》赴香港展出筹备，接触了大量南唐、北宋、明清时期皇家御用纸及历代文房珍品，眼界大开，立志研习中国传统加工纸技艺，开始对传统精品加工纸种类、形制、工艺特点的不懈探索与挖掘。后任十竹斋副经理。

在十竹斋工作期间，除了注重对传统加工纸的历史研究，不断提升手工制作技艺之外，还大胆创新，推出了研光玉版宣、套色木刻水印等产品，对传统工艺进行了科学、合理的改进，既简便了制作方法，又使产品性能更为稳定可靠。

1993 年后，创办合肥亿泰文房用品厂，继续从事加工纸研发和生产，在原有的五色洒金纸、煮硾宣、研光玉版笺、印谱、册页、刻画笺、蜡金笺等众多品种的基础上，先后研制出宫绢笺、瓷青纸、硬黄纸、羊脑笺、金银印花笺、金粟山藏经纸、珠光笺、手工彩绘等传统加工纸十多类、近三百种花色；同时恢复了明清描金纸，以及《萝轩变古笺》《十竹斋书画谱》《十竹斋笺谱》等木刻水印信笺二十多套，图式近百种。

2014 年暂停亿泰文房用品厂后，集中精力研究和发掘高端加工纸产品。2018 年 4 月初，成功复制出故宫博物院和中国国家博物馆馆藏的七种清乾隆御用纸——梅花玉版笺、如意云纹（清乾隆仿元明仁殿御用纸）、松竹梅、宣德云龙（清乾隆仿明宣德年御用纸）、五色描金云龙、五龙棒圣、六尺描金云龙等。

2021 年受故宫博物院委托，为乾隆花园的养和精舍复原清代银花纸，之后又为故宫宁寿宫花园的隧初堂复原樱花纸及养心殿用纸。

愿以余生之年，为传承中国加工纸生产传统技艺，弘扬中华非物质文化遗产，奉献绵薄之力。

二〇二三年四月三十日

序

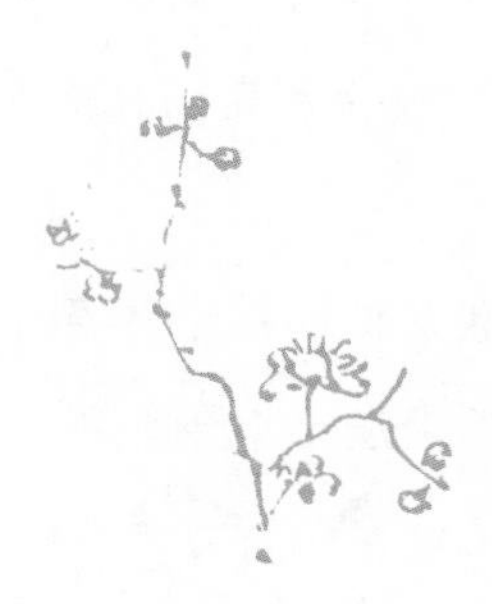

与范发生先生的结缘很晚，也很意外，因为他是中国当代制作加工纸的老一辈专家，40 多年前就在颇有名气的安徽十竹斋从事纸笺加工行业，后来又主持安徽十竹斋的出口产品生产与经营，毫无疑问是行业及当地传统手工艺行业的老辈名人。而我在合肥已经生活了 41 年，近 20 年又专注研究中国手工造纸，不仅全中国跑来跑去做田野调查，在安徽就访谈了近百位造纸人，包括所能寻觅到的从事加工纸的各类人物,但很奇妙的是从来没有听说过生活在同一座城市的这位纸笺加工“名人”。

2018 年夏天，有一天与安徽省文旅厅的唐跃先生碰面，唐跃突然提起：合肥有位做加工纸的范发生你认识吗？他的纸做得非常不错，很值得一看。我一时颇为惊讶，因为唐跃的审美水平不低，见识也广，自己又撰诗文、写书法，他所说的范先生我居然从未听说过，于是表示真不认识。看我将信将疑的神情，唐跃说，这位老范与你认识的省文联杨屹是中学同学、好朋友，要不哪天约一下，让你看看老范的纸？

因为忙于《中国手工纸文库》田野调查，看纸之约一直没有践行。直到 2019 年 1 月初，终于有一天几位约上了，是在一个熟悉的本地房地产公司企业家的会议室里，不过是杨屹出面借的。颇为气派的会议室里陈列出相当多样的加工纸，包括以前比较少见到的大幅成套隐形刻画笺，以及很漂亮的多色粉蜡笺，等等，表观靓丽，品质出众，而且不少还是当年日本客户特别定制的小众古纸名款，一时间大为惊讶。虽然号称认识中国手工纸和造纸人很多，但面对同在一城的范发生和他加工的纸，我又确实孤陋寡闻了。想想很是诧异，我怎么会完全不知道这位先生呢？

交流后才知道，因为过去供职的安徽十竹斋“改制”后厂子已不见，年过70岁的老范也下岗在家，闲居十余年无用武之地了。虽然家人都安慰他说年纪大、身体不好、又没有年富力强的徒弟，在家养养老蛮好。但老范说闲得不甘心也不安心，于是经济条件很一般的他筹了一点点钱，在远离市区东门外的一个菜市场里租了一间小房子，把老工具搬过去，又新添了少量缺失的设施。但我一直没能去看。

后来因为要参与故宫博物院复原银花纸，2019年春天，老范终于扭扭捏捏邀我去参观，看后令我颇为震惊与感叹，小作坊只有大约十几平米，门外环境也是糟糕得很，但老范就是在这样看起来与文化艺术完全搭不上边的工作间里造出了魅力非常的纸。

不久后，作为安徽省文旅厅的老领导，唐跃建议邀请老范参加文旅部、教育部、人社部在中国科学技术大学办的中国手工造纸非遗传承人驻校研修班。于是一番沟通后，老范就参加了我们在2019年夏天举办的第七届研修班。30天朝夕相处，结识了一批来自全国各地与手工造纸相关的老师和同学，一时颇有重新回到组织的“技痒”感。于是，老范把本来准备彻底关掉的小作坊和卖掉的刻版又收拾得“焕然一新”，同时开始同我探讨想撰写一本中国加工纸技艺书稿的计划，他要把大半生从事加工纸的知识和经验，毫不保留地记录并公开出来，于是在这一年里，我们往复讨论了好几轮怎么写更好。

当年冬天，第八届全国手工造纸研修班在学校开班，北京故宫古建部来了两位学员，其中一位纪立芳研究员恰好与老范当年在安徽十竹斋的同事陈淑萍住在一屋，古建部当时正在为故宫乾隆花园等大批古建筑修缮开放缺少内墙达标的裱糊用纸，但找不到技艺出众的造纸人而烦恼。陈淑萍与纪立芳深入交流后，认为范发生或许有能力造出部分故宫急需的高等级宫殿用纸来。纪立芳实地看过老范做的纸和小工坊现场后，也初步认为是难得的人选。于是就有了2020年12月，老范、陈淑萍，浙江富阳逸古斋造竹纸师傅朱中华、北京德承贡纸坊造皮纸的贡斌，还有我们手工纸研究所的3位，一起前往故宫考察取样的行程。再往后，就有了古建部委托老范和朱师傅联手研发银花纸等复原数种历史名纸的故事，以及成功达标并在故宫成片裱糊上墙，各方皆大欢喜的结局。

故宫历史名纸复原故事传播开后，老范再次开始在圈里"出名"了，但他依然是谦逊低调，除了多造了若干新纸，帮助中国科大指导了1位研究纸笺加工材料的研究生，就是埋头在家撰写那本出版之路颇为坎坷的书稿。

2023年夏天，老范打来电话，说南方的广西师范大学出版社看过书稿后很欣赏，愿意不收任何出版费用，而且据说要好纸精印。听后颇感欣慰，因为此前也帮他联系过出版社，并尝试协助申请过出版资助项目，均未能有预期收获。

2023年10月底的某天，老范急打来电话，说广西师大出版社历经几审几校，已经把书稿排好计划年底出版了，书名就叫《中国传统加工纸笺制作技艺》，希望我能写个小序，以纪念我们相识于纸的这一段因缘。我想想也确实，同城不识老范，意外相逢于加工纸笺，值得回味的故事真不少，于是抓紧细读了书稿。因此又有了系列新的收获和感想。

虽然感怀之处颇多，制作技艺知识也学习了不少，但细细梳理，最值得说的还是老范坚守弘扬优秀传统文化初心的那份念想，就是不图功利，不做保留、详细地把自己大半生纸笺加工的制作技艺和操作理解，包括行业里经常视作技术秘密的知识也如实道来。书中还附了大量制作工序图，生怕读者光看文字描述理解不透彻，难以掌握。

在中国传统工艺行业里，真正作为隐性知识的材料选择、配方、关键工艺，很多传承人是不愿细说甚至讳莫如深的，而纯研究者受限于实际操作技艺缺失，往往也写不出这些隐性知识，因此市面上能够见到的制作技艺类出版物虽多指导，但实际操作是短板或缺门。我想，这或许正是范发生所著《中国传统加工纸笺制作技艺》一书特别的价值所在。因此衷心祝愿老范这本书能够为喜爱中国传统纸笺以及关注加工技艺实践的读者带来不一样的收获。

中国科学技术大学手工纸研究所所长　汤书昆

2023 年 12 月 2 日于安徽合肥

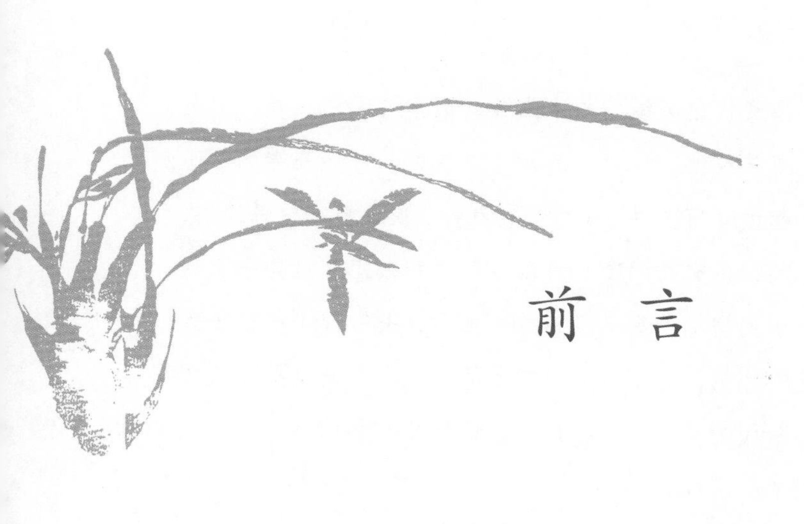

前 言

中国传统的加工纸笺技术，是在手工造纸的基础上进行的再加工，并形成了独特的手工纸笺艺术。早在东汉时期，我国古人用自己的聪明才智针对初期制造的手工纸的不足进行了染色和研光，从而提升了我国手工纸的品质。在漫长的历史进程中，我国劳动人民又采用了更多更广泛的一系列加工技术，科学地对手工纸不断进行深加工，创造出无数的名纸名笺留存于世，从而推动我国手工造纸业的发展达到一个个新的高度。清代以前，我国手工造纸一直领先于世界各国，值得国人骄傲。

我国传统的加工纸笺技术，经过1900多年的发展，经过一代又一代无数古人的艰苦努力，最终把中国的纸笺艺术一步步推向历史的高峰，创造出的无数加工纸笺精品令世界瞩目。这些精湛的纸笺艺术至今令国外惊叹，其技术性、艺术性为国外手工造纸无可比拟，一直走在世界前沿，是中华民族文化的一颗璀璨明珠，是中国文化自信的重要组成部分。

然而这些古代的加工纸笺技术，虽然在中国造纸史及相关的资料中有所介绍，文字则往往寥寥几笔或一带而过，没有详细的制作方法；偶尔在相关的书籍资料涉及对工艺的介绍，大多也只是按图解说，具体工艺细节仍无从寻找。这些书籍资料历来都由文人编著，在采访手艺人过程中，只要手艺人不愿意说出关键的技术细节，文章就无法展开，更是无法得知详细的制作工艺技法。在众多的加工纸笺中，一些高端的加工纸笺其制作技术历来都由官府操办，或内务府制作，限于皇家权贵使用，制作方法是秘不示人的，虽有民间高手可以依仿制作，但是这些手艺人多经营家庭作坊，对于关键工艺更只是一对一传授，关键技术都被视为赖以生存的本领，绝不外传，更不可能有文字的记载，因此这些传统技艺一直存在着失传、断代的风险，这也就给古旧纸质文物的修复和传统民族文化的传承带来不少困难 。

本人专门从事传统加工纸笺制作已有四十多年,作品常年销售海外，深受欢迎。在此过程中，我除了学习传统的加工纸笺技术外，一直注重历史资料的收集，不断深入探讨研制复原各种纸笺，在实践中积累了大量的实战经验。为了将这些传统的加工纸笺技艺很好地传承下去，我尝试将历代的名纸名笺系统地归纳起来，遵循我国加工纸笺的历史发展脉络，由浅入深、由简入繁，在本书中逐步展开对各类加工纸笺的历史渊源、纸笺特点，以及使用的材料纸、加工工具的制作、工作台的建设、具体制作方法、与其关联的产品等，均作出详细的介绍，这是在任何其他书中都无法找到的。对于有争议的及高端的加工纸笺的制作，也一并谈谈我的看法 。

范发生

二〇二二年七月二十日

目录

第一章　中国传统加工纸笺简叙 …… 001

第二章　制作传统加工纸笺的工作间、常用工具和材料 …… 009
　第一节　工作间的环境 …… 009
　第二节　常用工具 …… 014
　第三节　常用材料 …… 025

第三章　制作传统加工纸笺的基础技法 …… 031
　第一节　糨糊的制作 …… 031
　第二节　纸张的裱刷 …… 034
　第三节　上墙挣平、干燥纸张 …… 035
　第四节　方裁四边法裁切纸张和四边 …… 037

第四章　手工纸的染色 …… 039
　第一节　传统染纸简叙 …… 039
　第二节　染纸常用的染料与颜料 …… 043

第三节　颜色的调配及传统颜色的特点 ……… 049

第五章　传统加工纸笺染色的五种技法 ……… 052

第一节　台染 ……… 052

第二节　拖染 ……… 058

第三节　浆染 ……… 063

第四节　浸染与煮染 ……… 063

第五节　刷染 ……… 064

第六章　虎皮宣和流沙笺 ……… 069

第一节　虎皮宣 ……… 069

第二节　流沙笺 ……… 071

第七章　洒金（银）纸 ……… 074

第一节　金箔与银箔 ……… 075

第二节　洒金（银）筒的制作 ……… 075

第三节　洒金（银）纸的制作方法 ……… 078

第八章　砑光纸与砑花笺 ……… 081

第一节　砑光纸 ……… 081

第二节　砑花笺 ……… 083

第九章　木版瓦当水印对联 ……… 090

第一节　木版水印历史溯源 ……… 090

第二节　瓦当图案的种类 …… 092
第三节　五言、七言、散言瓦当对联的制作 …… 094
第四节　木版水印工具的制作 …… 099
第五节　木版瓦当水印对联的印制过程 …… 105

第十章　木刻水印信笺 …… 109
第一节　饾版与拱花 …… 109
第二节　木刻水印信笺的制作 …… 113
第三节　木刻水印信笺的分版、描绘、选料及雕刻 …… 113
第四节　对传统饾版工艺的改进 …… 116
第五节　简易工作台的搭建 …… 117
第六节　分版的组装 …… 120
第七节　木刻水印信笺工作台的制作及传统的印刷方式 … 123
第八节　木刻水印信笺的印刷方法与步骤 …… 129
第九节　木刻水印信笺的拱花及晕染技法 …… 135
第十节　木刻水印信笺的套框及分拣包装 …… 137
第十一节　木刻水印信笺与木版水印画的区别 …… 139
第十二节　真假木刻水印信笺的辨别 …… 142

第十一章　经折 …… 145
第一节　经折的产生与发展 …… 145
第二节　制作素白经折所需的材料及工具 …… 146
第三节　经折的制作方法 …… 150

第十二章　刻画笺 …… 153
第一节　刻画笺的制作要求 …… 153
第二节　刻画笺画稿的设计 …… 155
第三节　刻画工具的制作 …… 155
第四节　在宣纸上刻画 …… 158
第五节　刻画笺的制作过程 …… 159

第十三章　册页 …… 162
第一节　册页的种类 …… 162
第二节　蝴蝶式素白册页的制作方法 …… 162

第十四章　金银印花笺 …… 172
第一节　金银印花笺的制作工艺及历史溯源 …… 172
第二节　流传在日本的唐纸 …… 174
第三节　故宫博物院内室装饰的银花纸及樱花纸 …… 177
第四节　清雍正时期关于西洋金银花纸的记载 …… 187

第十五章　瓷青纸 …… 190
第一节　瓷青纸的历史 …… 190
第二节　制作瓷青纸 …… 192

第十六章　羊脑笺 …… 202
第一节　羊脑笺简介 …… 202
第二节　制作羊脑笺的材料 …… 203

第三节　仿制羊脑笺的过程 …… 208

第十七章　绢笺及清代经典的宫廷御用纸绢 …… 214

第一节　绢笺简介 …… 214

第二节　绢的品种 …… 215

第三节　对绢的染色 …… 216

第四节　绢笺的加工品种 …… 220

第五节　古代用绢及宫用库绢 …… 225

第六节　清代宫廷御用纸绢 …… 227

第十八章　清代粉蜡笺及著名描金纸 …… 233

第一节　清代粉蜡笺 …… 233

第二节　粉蜡笺制作的难度和成品标准 …… 238

第三节　我国著名的描金纸 …… 240

第四节　描金材料 …… 249

第十九章　传统加工纸笺的名称及解释 …… 251

第一节　纸与笺 …… 251

第二节　染色纸与五色纸 …… 252

第三节　硬黄纸与金粟山藏经纸 …… 252

第四节　经折与手折 …… 254

第五节　刻画笺与水印纸 …… 254

第六节　木版水印与木刻水印 …… 256

第七节　金银印花笺与金银花笺 …… 257

第八节　古代与现代对云母笺的称谓 …………………………… 258
第九节　粉蜡笺与粉蜡笺描金纸 ………………………………… 258

第二十章　学习传统加工纸笺的体会及几点建议　…… 260

附录一　古代加工纸笺发展史概要及大事年表　……… 269

附录二　范发生加工笺纸作品辑………………………………275

附录三　乾隆花园壁纸焕彩重生………………………………307

参考文献…………………………………………………………316

后记………………………………………………………………317

第一章

中国传统加工纸笺简叙

传统的加工纸是指在手抄原纸（生纸）之后，对纸张进行再次的加工而形成的纸张，加工纸又称纸笺。通过对原纸进行染、砑、捶、刷、揉、施胶、施矾、施粉、施蜡、涂布、洒金、托裱、木刻水印、木版印刷、刻画、手工描绘等手法的再加工，可以使原来本色的纸张更加富有艺术性和观赏性，更加适合书法、绘画或其他领域的使用要求，用上述一系列的加工方法和技术手法，去改变纸张的原来性质，才能达到想要的纸张加工的目标。传统的加工纸的制作过程，涉及历史、绘画、雕刻、色彩、各种性质的颜料、印刷、化学、裱糊、中草药的配合、装潢等诸多领域，它也是对手工造纸进行再创造以使其更完美的过程。我认为加工纸制作不仅仅是单纯对纸的加工，同时也是一专门综合性很强的学科，值得我们去深入学习和探索。

我国传统加工纸的品种有很多，如仿古宣、染色宣、虎皮宣、流沙笺、矾宣、煮捶宣、洒金纸、洒银纸、砑花笺、五色洒金纸、砑光玉版宣、泥金、泥银、写经纸、印谱、册页、经折、刻画笺、粉蜡笺、金银花笺、金银印花笺、粉蜡描金纸等，称得起是品种繁多、丰富多彩、各具特色、美不胜收。

传统的加工纸在我国有着悠久的历史。公元105年，东汉蔡伦改进了造纸术，对人类历史文明进步作出了杰出贡献，也使中华文化对世界文化的发展产生了极为重大的影响。蔡伦初期造纸的原料为树肤(树皮)、敝布（破布）、麻头（麻绳头）及旧渔网，虽然在制浆工艺中始创了剉（古汉语中称锄碎之意）、捣（以臼舂捣浆）、煮（蒸煮）、抄（把纸浆放入水中，用麻布与茅草制成抄纸帘，把浆绒从水中捞起，形成纸张）之法制造纸张，但由于原料的局限及造纸工艺不完备，制作的纸张表面十分不平整，色泽也不一致，因此初期纸张的书写舒适度远不及当时用来记事的竹木简与缣帛。竹木简取材方便，价格低廉，只要将竹木片稍加改造，将表面刨平就可使用，如果书写错误，只需用刀片将误处刮去便可重写，十分方便。其缺点是体量较大，占地方，携带搬运十分困难。而缣帛为丝织品，书写方便且便于携带，具有轻、薄、软的特点，是理想的书写记事材料，但是它的缺点是造价昂贵，普通人承受不起。

针对雏形的纸张存在的不足，对纸张的改进和进一步加工在这一时期也同时出现。东汉刘熙在《释名》中解释，“潢”为染纸[1]。东汉炼丹术家魏伯阳在《周易参同契》中记载：“若檗染为黄兮，似蓝成绿组。”这是关于用黄檗汁染纸的记载[2]，是最早通过染色对纸进行的加工，就是现在我们所称的染色纸。黄檗又称“黄柏”“檗”“黄波椤”，属芸香科，落叶乔木。此物既可做染料也可入药，用它煮汁后用来染色，可使整张纸呈黄色，不但纸张外观较为一致，而且又具备了防虫蛀的效果（黄檗有辟虫之效）。到东晋桓玄时（403年桓玄篡立，404年兵败被杀）已能染制青笺、碧笺、朱笺、五色笺了。

东汉末年时（汉献帝），纸业界出现了一位有名的人物，名左伯，字子邑，东莱（今山东莱州市）人。他擅长书法，对纸张要求很高，后人又称他“甚能作纸”。他在造纸后，又进一步对纸张进行加工，采用碾压的砑光方法，把纸张压紧、压实，使纸质更加密实而又光滑。经过

[1] 参见《造纸史话》编写组 . 造纸史话 [M]. 上海 : 上海科学技术出版社 , 1983: 105.

[2] 参见戴家璋主编 . 中国造纸技术简史 [M]. 北京 : 中国轻工业出版社 , 1994: 77.

这种方法加工后的纸张，不但外形美观，而且非常利笔，书写运笔更加舒畅。由于纸张紧实，书写后的墨色不易四处扩散，更显墨色的浓黑。故萧子良答王僧虔书云：“子邑之纸，研妙辉光，仲将之墨，一点如漆。”[1]左伯做的这种纸就是我国最早的砑光加工纸。

在漫长的历史长河中，我国的加工纸事业取得了长足发展，历朝历代不断有新的加工纸出现，纸笺的实用性及艺术性也不断增强，各具特色的名纸名笺争奇斗艳，可谓繁花似锦。可以说，加工纸技术的运用使我国的手工造纸业更加先进和完善，为古代淘汰竹木简、走向更广泛用纸的文明社会，以及造纸技术的成熟作出了非常重要的贡献。

传统的加工纸不仅是我国记事及书画的重要载体，而且广泛应用于佛教领域，在宫廷文化中也起到了非常重要的作用。

佛教写经、印经所用的纸张都非常讲究，普通纸张是不能满足要求的，需要更加专业的防虫、防鼠、防腐并能长期保存的纸张来印经、写经，承担传经任务。所以，对此类用纸的造纸原料的选择及制作工艺往往十分古老而又独特。高僧的写经、送经也极为隆重，往往采用专业的写经纸写经。更为讲究的会以真金替代墨色书写经文，以示经书的神圣，这种金书除了陈设于寺庙装点佛堂外，还赠予佛教信仰者供其膜拜和念诵。这种写经纸，往往制作十分精良，不但利于书写，而且颜色厚重，沉而稳，能凸显金色经书的神圣。

古代许多重要的人物事件、国之大事及重要文献，多依靠纸张记录而流传至今，宫廷文化更是如此。为了彰显皇家的高贵，尊显其最高统治地位，宫中所用一切物品都是最为豪华、最为昂贵的。为了满足其用纸需求，还专设机构交专人掌管，并有专用殿堂及纸库存放高端的加工纸张，如南唐时期的“澄心堂”、元朝的“明仁殿”、清朝的“懋勤殿”，都是存储纸张的宫殿。同时，还会集全国的加工纸大师，不惜重金制造高端加工纸，一方面供皇帝自己使用，另一方面做奖励赏赐重臣，有时

[1]（宋）苏易简，（明）项元汴．文房四谱　蕉窗九录 [M]. 杭州：浙江人民美术出版社，2016:97.

还挑选部分顶级加工纸做成五色套装，作为国礼赠送外国使节。每年全国各地也有高端加工纸进贡朝廷，满足宫中用纸需求。

我国的造纸及加工纸工艺技术，体现了历代无数匠人的聪明才智、艰苦探索和经验积累，在漫长的发展过程中日趋完善。可以说，历代造纸及加工纸都有突出的成就，但论其生产规模之大、纸质之精美、品种之丰富、工艺之完备，应当说清乾隆朝前后约一百年是鼎盛时期。这一时期取得突出成就的原因，一方面是经过唐、宋、元、明一千余年制造工艺的摸索与经验积累，在技术上更为成熟，客观上具备了质的飞跃基础。另一方面，是由于经济的发展、人口的增长、政治的稳定、文化的繁荣，促进了各地纸坊竞相创新争胜。推动这一时期造纸及加工纸水平不断提高的，还有一个重要原因是乾隆皇帝推崇汉文化。乾隆皇帝爱好广博，经常挥毫染翰，留下了大量的作品。乾隆皇帝对于纸笺务求精良，曾亲自选样命内务府造办处定制各种加工纸笺，并督促倡导仿制历史名笺古纸，如仿南唐“澄心堂纸”、宋“金粟山藏金纸”、元“明仁殿纸”、明“宣德纸”等，都成为一时的精品。这些纸笺在宫内被称为“上用”品，其用途包括御用、赏赐和供宫廷内部的其他用途。

乾隆时期的加工纸无论在质量还是特殊工艺上都取得了辉煌的成就，而且数量规模也非常可观。宫中“上用”纸张，康、雍、乾时期在懋勤殿专门设有纸库，每年各地的例贡、岁贡、春贡、万寿贡都有大量的纸笺进贡。懋勤殿所储备各地佳纸名笺数以万计。[1]

纸笺，还可从广义和狭义两个方面加以说明。从广义上说，凡是用于书写的加工纸，不论大小，一般都可称作笺纸，如诗笺、信笺、蜡笺、洒金笺、玉版笺、云母笺、花笺，等等。从狭义上说，笺纸是指以传统的木刻水印方法，印之以精美、浅淡图案，供文人用毛笔写信或作诗、传抄诗作的小幅纸张，也叫作信笺或诗笺。笺纸的图饰与各个时期的绘画风格血脉相通，常常集诗、书、画、印于一体，具有中国画之艺术韵

[1] 赵丽红 . 清乾隆时期的精制纸绢 [J]. 收藏家 , 1996(3): 38-40.

味。一张纸笺，往往就是一幅微型国画。笺纸向来为文人所喜爱，是文房必备之物，或为案头清玩，或以之抄录和传递诗作，或鱼雁往来，或赠送朋友。其更深一层的含义，是通过笺纸的制作、收藏和使用，显示主人的文化素养和身份。[1]

我国的笺纸历史悠久，南朝陈文学家徐陵在《玉台新咏》“序”中就有“三台妙迹，龙伸蠖屈之书；五色花笺，河北胶东之纸”的记载，“三台妙迹，龙伸蠖屈之书”是指汉代蔡邕的书法。而“五色花笺”则是指《桓玄伪事》一书中所载的桓玄“召令平淮作青、赤、缥（青白色）、绿、桃花纸，使极精”之事。[2] 说明南朝时就把笺纸与书法并提了。

桓玄（369—404），东晋谯国龙亢（今安徽怀远）人，袭南郡公，曾任义兴太守。桓玄能“召令平淮”作“五色花笺”，应是在他杀司马元显掌握朝政到被刘裕所杀的402至404年之间。据此，我国的笺纸应出现于东晋十六国时期，距今1600余年。在这一时期，社会用纸的激增促进了造纸业的发展。自东汉中期至南北朝，社会用纸情况以公元404年为分界线，分为前后两个时期。前期虽然改进了造纸术，但由于纸的产量较少，社会使用简帛的习惯势力很强，以及宫廷有关规定的限制等，纸的应用范围较小，记事材料仍以缣帛、简牍为主，植物纤维纸为辅。这是前期的特点。桓玄掌握朝政大权后，废晋安帝而自立，改国号为楚，即下令以纸取代简牍：“古无纸故用简……今诸用简者，皆以黄纸代之。”从此，社会用纸进入后期，纸张的用量大增，促进了纸业的发展。纸张替代了简帛，普及到各个领域，成为后期的显著特点。

唐中晚期，笺纸的使用在文人中已蔚然成风。诗人用笺纸抄录和传播诗作是一种时尚，一种文雅之举。宪宗元和（806—820）年间，翰林学士李肇在《国史补》中说：“纸之妙者，则越之剡藤、苔笺，蜀之麻面、屑骨、滑石、金花、长麻、鱼子、十色笺，阳州六和笺。”其中，

[1] 郑茂达 . 制笺艺术 [M]. 北京 : 荣宝斋出版社 , 2012: 1.

[2] 郑茂达 . 制笺艺术 [M]. 北京 : 荣宝斋出版社 , 2012: 2.

鱼子笺是一种砑花笺。唐女诗人薛涛创制“深红小笺”写诗，史称“薛涛笺”，因其居四川浣花溪，亦称“浣花笺”。诗人元稹在蜀做官时，薛涛将笺相赠，彼此通过笺纸诗歌唱和。李商隐诗曰：“浣花笺纸桃花色，好好题诗咏玉钩。”这说明浣花笺在当时影响很大。[1]

还有一种“蜀笺”，在各种古籍和诗赋多有提及。唐僧鸾《赠李粲秀才》诗云：“十轴示余三百篇，金碧烂光烧蜀笺。”五代后唐人姚觊子所刻制砑花笺纸，不仅式样多，而且十分精美，如五色笺纸。砑花板乃用沉香木，刻山水、林木、折枝花果、狮凤、鱼虫、寿星、八仙、钟鼎文，幅幅不同，文秀奇细，号砑光小本。宋谢景初创制的“十色蛮笺”，又称“谢公十色笺”等。

明代是笺纸发展的极盛时期。万历年间刊印的《程氏墨苑》和《花史》两部水印版画，尺幅与笺纸不相上下，其绘制和刻印技艺都较前有长足进步，有的画幅套印达五六种颜色。它们的刊印促进了笺纸的发展。[2]明末天启六年（1626）由江宁人士吴发祥刊印的《萝轩变古笺谱》，天启七年（1627）和崇祯十七年（1644）由安徽休宁人士胡正言刊印的《十竹斋书画谱》《十竹斋笺谱》（图 1.1，图 1.2），在制作过程中把“拱花”和“饾版”（即彩色套印）两项技艺发展到了尽善尽美的境界，并运用到极致，穷工极巧，旷古无伦，达到了至精至美的程度，把我国的制笺艺术推向历史高峰，成为我国制笺艺术的绝唱，至今未有出其右者。[3]

清康熙、乾隆年间的笺纸，继续保持了明末的盛况，宫廷特制的笺纸和民间的私笺十分繁荣，不少名笺可与明末所制媲美。《怡府笺》是这一时期的代表作。道光后笺纸开始式微，至同治、光绪时已零落不堪。然宣统末年（1911）又出现了一部精美的《文美斋笺谱》，可谓末世之亮点了。

---

[1] 郑茂达 . 制笺艺术 [M]. 北京 : 荣宝斋出版社 , 2012: 3.

[2] 郑茂达 . 制笺艺术 [M]. 北京 : 荣宝斋出版社 , 2012: 5.

[3] 郑茂达 . 制笺艺术 [M]. 北京 : 荣宝斋出版社 , 2012: 6.

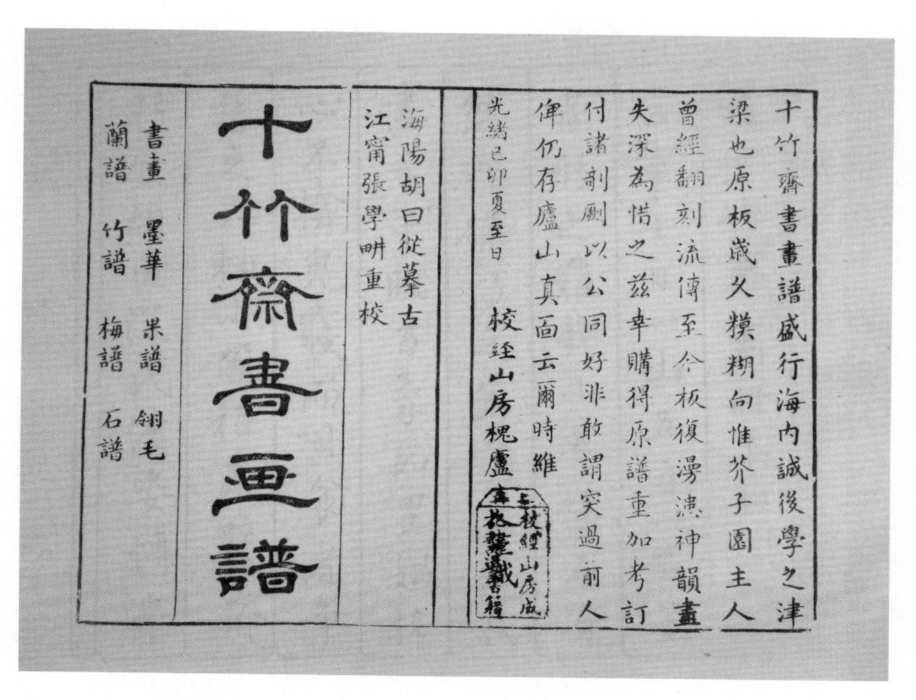

十竹齋書畫譜盛行海內誠後學之津
梁也原板歲久糢糊向惟芥子園主人
曾經翻刻流傳至今板復漫漶神韻盡
失深為惜之茲幸購得原譜重加考訂
付諸剞劂以公同好非敢謂突過前人
俾仍存廬山真面云爾時維
光緒己卯夏至日　校經山房槐廬識

海陽胡曰從摹古
江甯張學畊重校

十竹齋書畫譜

書畫　墨華　果譜　翎毛
蘭譜　竹譜　梅譜　石譜

图 1.1　十竹斋书画谱

图 1.2　十竹斋笺谱

宣统末年，林琴南为笺作画，是文人作画入笺的先行者。民国初年，此风大盛，陈师曾、姚茫父、吴待秋、齐白石、陈半丁、溥心畬等著名画家相继加入，他们随意点染，寥寥数笔，虽短笺小品，却意味无穷，为我国制笺艺术注入了生动活泼、意趣盎然的清新风气。

明代以前用于写信、写诗的笺纸并不都是用木版水印的方式印出来的，还有染、描、手绘、研花等制作方法。而明代以来，采用“拱花”“饾版”技法印出来的笺纸，形成了有别于其他制作方法的独特风格，具有鲜明的木版水印的特点。[1]

近代以来，笺纸一般由南纸店制作和销售，因此南纸店也被称为笺肆。20世纪二三十年代，北京有南纸店二三十家，荣宝斋是其中一家“不失先正典型的最大的笺肆”（郑振铎语）。随着时代的变迁，使用笺纸的人越来越少了，北京原有的那些南纸店都在新中国成立初期和公私合营期间改行歇业了，只有荣宝斋被人民政府保护下来，继续制作笺纸，保存着这种传统技艺和笺纸的独特艺术韵味。

我国的传统加工纸技术距今已有近两千年的历史，它经过一代又一代无数手艺人的艰苦努力，在历朝历代都取得了科学、长足的发展，制造出许多令国人骄傲的加工纸艺术品。这些加工纸的生产不仅推动了我国手工纸的发展，而且也成为世界文明的一份宝贵文化遗产，在世界造纸史上占有一席之地，令国外人仰慕不已，它是我国文化自信的组成部分。我们学习它，也是对中国传统文化的弘扬和传承。

[1] 郑茂达 . 制笺艺术 [M]. 北京 : 荣宝斋出版社 , 2012: 8.

第二章

制作传统加工纸笺的工作间、常用工具和材料

第一节　工作间的环境

用来制作传统加工纸笺的工作间一般需要以下几个场地：一是操作间，需要安放一个大的工作台，同时还要建造一块大的墙面板；二是需要一个拖纸和晾纸的空间；三是要有一个可以安置水印工作台和摆放纸张台面的地方；四是如果条件允许的话，最好有一个小仓库以便存放物品。如果空间不足，可以将以上四个场地整合在一起。小规模的加工纸车间面积在 60 ~ 150 平方米左右，如果有大的场地则更好。加工纸的车间环境要求光线充足、通风良好，能使加工后的纸张及时得到干燥。

1. 操作间

制作传统加工纸的工作间可根据实际情况而定，空间大自然好，若空间有限，则应因陋就简，但是安置工作台的地方要足够宽敞。很多传统加工纸的制作都在工作台上进行，工作台的安放比较重要，它的周边要有足够的空间，以便操作时来回走动。有一点尤为重要，那就是工作

台的光线一定要充足，要亮堂。这是因为我们平时工作时都要站立在工作台边进行操作，而在刷糨糊和刷色的过程中，即使羊毛排笔与刷色的底纹笔掌握得再好，也避免不了整张纸刷浆及刷色有不均匀的情况。为了更好地掌握上浆上色的均匀度，我们往往要借助光线，在逆光下查看整张纸的含水量。刷过浆水的纸张，如从逆光处看到纸的某部分发白，没有湿润感，说明此处上浆不足，要加以补刷；如果发现某处过分湿润，便用干的排笔去吸收加以调整，使整张纸刷浆一致。刷色也是如此。尤其是刷到第三遍或第四遍时，人站在工作台正面难以看出纸张颜色是否均匀，而低头逆光查看就可以发现问题。遇到这种情况可随时补色，使整张纸颜色更加均匀。还有一种情况就是，在刷浆、刷色时使用的羊毛笔会不时有羊毛脱落在纸上，站立操作时往往难以发现，一旦覆上纸张，羊毛夹在两张纸内会很难清除。这就需要我们在操作过程中及时逆光查看，发现掉毛随时清除，保证纸张的整洁。在裱刷的过程中纸张由于吸水不均匀，会起一些小的褶皱和气泡，也可借助光源加以排除。总之，逆光观察可以使刷浆、刷色更为均匀，因此工作台一定要安置在光线充足的地方。

制作传统加工纸的工作台与裱画使用的工作台类似，都是木制的。工作台面有朱红色大漆罩面和朱红色普通油漆罩面两种，一般由木工选用结实不易变形的干木材拼制成一定尺寸的板面，再由油漆工披麻挂灰，经桐油浸透后上漆，制成平整光滑的工作台面。大漆罩面的工作台面光滑，有一定的摩擦力，坚固耐用，耐水浸、水烫，也比较耐酸碱，但制作时间长，费用高。普通油漆罩面的工作台面制作时间短，油漆干后就能用，但不耐酸碱。所以两种油漆罩面的工作台面各有优劣。工作台面漆成朱红色最理想，因为朱红色衬映下纸张的变化很容易看出。工作台面有大小两种，大的长 4 米、宽 2 米，小的长 2.6 米、宽 1.7 米，厚度均为 8 ~ 12 厘米。工作台的高度为 85 ~ 90 厘米，即一般到人的腹部，以方便操作为宜。

工作台面要保持清洁，不要放置有腐蚀性的化学药品，不要留下糨糊残迹，同时要避免锋利的刀剪或其他硬物划伤台面。如发现损坏及油漆龟裂，就要修理，重新油漆，以保持工作台面平整、光滑。

20 世纪七八十年代使用的工作台面大多是大漆罩面的，虽然使用起来十分得心应手，但非常笨重、移动困难，而且还要经常维修，影响工作。现在只有极少数人还在使用这种用木材制作的大漆罩面工作台面，更多的人直接去建材市场购买一块长 2.44 米、宽 1.22 米，带有深色装饰板的木工板代替工作台面了。只要木工做两个高度为 85 厘米的木柜，放在两头，直接架上装饰的木工板就可以做工作台了。比起传统的工作台，它方便又快捷，而且台面极为平整、光滑，还耐酸碱、耐烫，移动方便。

墙面，又称大墙或挣墙板，用于干燥、挣平裱刷后湿的宣纸。在加工纸笺中，许多工艺都用这种方法干燥、挣平纸张。传统的墙面制作十分严格，要让纸张两面都可以干燥。做法是先在砖墙上钉若干木楔，拉上带，带面上钉 15 厘米左右见方的木框，连接成片，墙面上下留出空间以防潮湿。钉牢固后，用直尺检验，以整个平面与地面垂直，而略向后倾为好。格框弄平以后再加包糊，即用坚固的高丽纸或牛皮纸裁成边长比木框多出 5 ~ 6 厘米的方纸包糊，每四张用稠浆使纸黏合排实为一层。包糊第一层纸时，在纸的四周刷稠浆，从正面每隔一格框堵糊蒙上，把每边留出的部分在木格的背后绷紧，使纸与木格黏合结实，这个过程北方称“扒磴”。待干后，再补糊其他空格。糊第二层时，方纸满刷浆，要错开第一层方纸的四边糊实，直到糊完十六张（或更多些）单纸。干后，再用砂纸打磨平，最后一层罩大张白纸面，然后刷以胶矾水。[1]

以上做法虽然对干燥、挣平纸张有一定的好处，但制作过程比较麻烦，即使请木工师傅帮忙，也需要多日才能完成。我们现在在实际工作中一般都采用 1.22 米 ×2.44 米的五合板来制作墙面，此方法简单、快捷。其做法是先在墙体的上方横钉一根木条，再在中间钉两根，下方钉

[1]　故宫博物院修复厂裱画组编著 . 书画的装裱与修复 [M]. 北京：文物出版社 , 1981: 5-6.

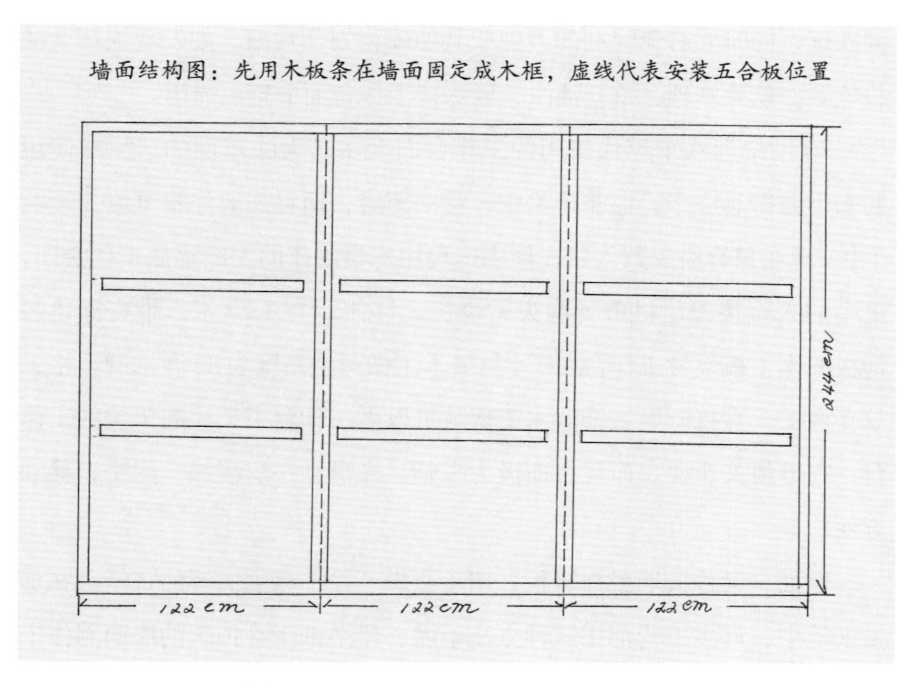

图 2.1　墙面板的固定方式

一根，将两块五合板固定在木条上。在两块板之间，再钉三根竖的木条（如图 2.1）。如此方法制作，墙体有多大就固定多少五合板。要注意的是，固定这些五合板的钉子头部一定要砸扁。在钉牢五合板后，应把钉子头部也钉到板里面，不能露出钉头，钉头易生锈，会污染纸张。两块板之间的拼接要严丝合缝，不能有缝隙。墙体完成后，用稠的糨糊裱刷大白纸，把整块墙面裱糊起来，墙面就基本制作完成。

值得一提的是，制作墙面不能图便宜而使用三合板或纤维板，因为这些材料都过于单薄，在受潮、干燥后会变形，从而影响纸张挣平时的平整度。此外，还可以使用木工板制作墙面。木工板的尺寸为 1.22 米 ×2.44 米，材质比较坚实，表面十分平整，受潮、干燥后不易变形，且单张木工板的移动也比较方便，故在没有整体墙面的情况下也可以使用木工板制作墙面。我们常做的传统加工纸一般为四尺（70 厘米 ×138

厘米）、尺八屏（53 厘米 ×234 厘米）、六尺（97 厘米 ×180 厘米）。对于单张纸的挣平，可以使用木工板制作的墙面，但在做更大尺寸或特殊尺寸的传统加工纸时，木工板制作的墙面就不能胜任了。

墙面的作用是干燥、挣平各种纸张，频繁上墙下纸会留下很多纸边粘在墙上，在做色纸时也会有不同颜色的纸边留在墙面上，影响白纸的整洁。若墙面长期不清除，会在上面留下很多凸出的横竖纸边，直接影响挣纸的平整度，故对墙面需要及时维护和清除。做法是用油漆铲将这些残留纸边一一铲除。在铲除粘纸条后，还应定期用大白纸重新裱糊墙面，以保证其平整、干净。

2. 拖纸及晾纸的空间

拖纸是我国传统加工纸中非常成熟的一项工艺，也是必要的程序，可以通过拖纸盆中的不同水溶性物质拖染后加工成各种纸张。如植物染料或化工染料水溶后可以拖染成不同颜色的色纸，也可以通过配制各种浆液拖染后，把生纸拖染成半生熟纸，还可以通过拖胶矾把生纸加工成熟纸。

晾纸，是将纸张在拖染后挂在晾纸架上进行晾干。晾纸需要的空间较大。以四尺纸为例，晾纸架子的宽需要在 1 米左右，每张纸的空间在 10 ~ 12 厘米。按单排计算，如果要晾干 100 张纸，搭建的架子长应在 10 ~ 12 米。也可以搭建两排架子，每排架子宽 2 米、长 5 ~ 6 米。如此推算，搭建三排架子则每排架子宽 3 米、长 3 ~ 4 米。另外，还需一个安放拖纸盆的地方及操作空间。如此测算后，就可以合理安排并利用有限的空间去增减晾纸的数量。

3. 水印工作台和摆放纸张的台面

水印工作台是印制木刻水印的工作台。水印工作台的面积不需要很大，单人操作的水印工作台面一般长 1.2 米、宽 0.65 ~ 0.70 米。围绕水印工艺还需要一个摆放纸张的台面，用于安放纸张，以及纸张的平压、裁切和水印后的整理，还可作为调配颜色的地方。如果空间不足可综合使用，或用其他闲置的工作台代替。

4. 小仓库

小仓库是存储各种材料及成品、半成品的空间，可根据实际条件设置。如有小仓库能归纳各种杂物及工具，那么操作间会变得更加整洁，工作环境会好许多。

至于其他的设施会在后面一一介绍，此处不展开叙述。

第二节 常用工具

制作传统加工纸所使用的工具非常多，这里很难一次性作全部介绍（在后文介绍具体传统加工纸品种时会作具体阐述）。有的工具可以在美术用品商店买到，而有的需要我们去耐心寻找，还有部分需要我们自己去制作。当然，这些需要自己制作的工具，笔者会在介绍各个传统加工纸的品种时介绍其制作方法，这里先介绍经常使用的工具：羊毛排笔、底纹笔、棕刷、刀具、直尺、垫纸板、油纸、筛网、砑石、晾纸杆、挑纸杆、起子。

1. 羊毛排笔

羊毛排笔（图 2.2）是由 18 ~ 24 支用长锋羊毫制成的管状笔并排拼接而成的。羊毛排笔毛白而长，是刷裱糨糊，刷染绫绢、纸张的专用工具。在选购羊毛排笔时，最重要的一点是查看羊毛与笔管粘接的情况。在挑选羊毛排笔时，人们都习惯拍打羊毛，查看掉毛情况，如有少量掉毛属正常现象，若掉毛多，则更换一支再查看，如果还是掉毛多，应另换一个厂家生产的羊毛排笔再挑选。买回来的羊毛排笔要经过一番处理后才能使用，具体步骤是：先用矾水将羊毛排笔浸泡晾干，为了防止在使用中出现掉毛现象，可用滴管吸入 502 胶水，滴到羊毛的根部进行加

图 2.2　羊毛排笔

固。我们一般选用管数较多的羊毛排笔来裱刷纸张，因为宽大的羊毛排笔吸水量大且刷纸面广，比较好用。每次使用后，均要洗净羊毛排笔上的杂物、杂色，晾干以备下次使用。

2. 底纹笔

底纹笔（图 2.3）是将羊毛用两块木片相夹，中间用胶填充而成的。底纹笔的羊毛较短，比起羊毛排笔，掉毛情况要少一些。但为了慎重起见，在挑选时仍需要拍打几下，查看掉毛情况。底纹笔在选购回来后，一般不需要特殊处理，只需重新清洗，除去杂毛，晾干后就可以使用。

底纹笔笔路宽、笔触均匀，适用于大面积颜色的涂刷，广泛应用于水彩和水粉绘画及大面积打底色。在制作传统加工纸时，对于小面积的纸张也可用底纹笔来刷糨糊，更重要的是用它来刷色，刷色的底纹笔一

图 2.3　底纹笔

图 2.4　用棕丝编的棕刷

般选用宽度为 12 ~ 14 厘米，以羊毛丰厚者为佳。为了保证纸张颜色均匀一致，应多准备几支或十多支底纹笔，涂刷不同颜色的底纹笔不能混用。每当刷色完成后，都要及时洗净残留的颜料，晾干后以备下次再用。

3. 棕刷

棕刷（图 2.4）是由棕丝编织而成的，分大棕刷、小棕刷、墩刷。大棕刷普遍用于洒水，而小棕刷则是裱刷纸张的工具。在用羊毛排笔刷完糨糊后，覆纸时均用小棕刷把纸刷平、刷牢、刷紧，使纸张更加平整地黏合在一起。在裱刷完成后、上墙前，再用另一把小棕刷在油纸上调稀糨糊，在要上墙的纸边缘刷上糨糊，将纸粘连在墙上干燥挣平，所以小棕刷一般都要两把。在选择棕刷尤其是小棕刷时，一定要挑选棕丝比较细而柔软且捆扎均匀者，并且刷身越高越好，这是因为棕刷在长期使用磨损后，刷口的棕丝会变短。如果棕刷够高，拆除下部捆扎的棕绳，就可以增长刷口的棕丝继续使用，这样可以用很多年。墩刷则是在裱画中用于墩边、镶缝、转边、拆边，在制作传统加工纸时也有用到。

刚买回来的棕刷是不能直接使用的，要经过加工处理。尤其是小棕刷，要先在碱水中煮洗，将黄水洗净，而且要把刷口及刷纸面在 4 号铁砂纸上进行摩擦，如找不到砂纸，可在粗的水泥地上进行摩擦，以去除刺口，使刷口光滑整齐。棕刷使用前，应检查刷口有没有较粗硬的棕丝，若有应剪除，这样在刷纸时就不会损伤纸张。每次在使用前，都应把棕刷放在清水中浸泡一段时间，甩干水分后再使用，这样棕丝会更加柔软。在刷纸过程中，还要经常将棕刷蘸些清水，甩干后继续使用，刷纸会更加顺滑，也能防止在刷纸过程中，有残浆渗出纸面粘在棕刷上，使刷纸发涩或划破纸张。每次使用后，都要清洗棕刷，以防残浆留在刷口上产生新的毛刺，清洗后应将棕刷挂在通风处晾干，待下次使用。

4. 刀具

刀具（图 2.5）是裁切纸张的工具。我国传统使用的裁切纸张的工具为马蹄刀，此刀因形状犹如马蹄而得名。马蹄刀的刀刃平直，刃口呈斜坡形，夹角约 45 度。这种刀用优质钢或夹钢材料制成，耐用、易磨。磨刀的方法有两种。一种是先磨刀的平面，具体做法是磨刀时先将刀的平面平放在磨刀石上，右手握紧刀把，用左手手指按平手背，同时推拉。

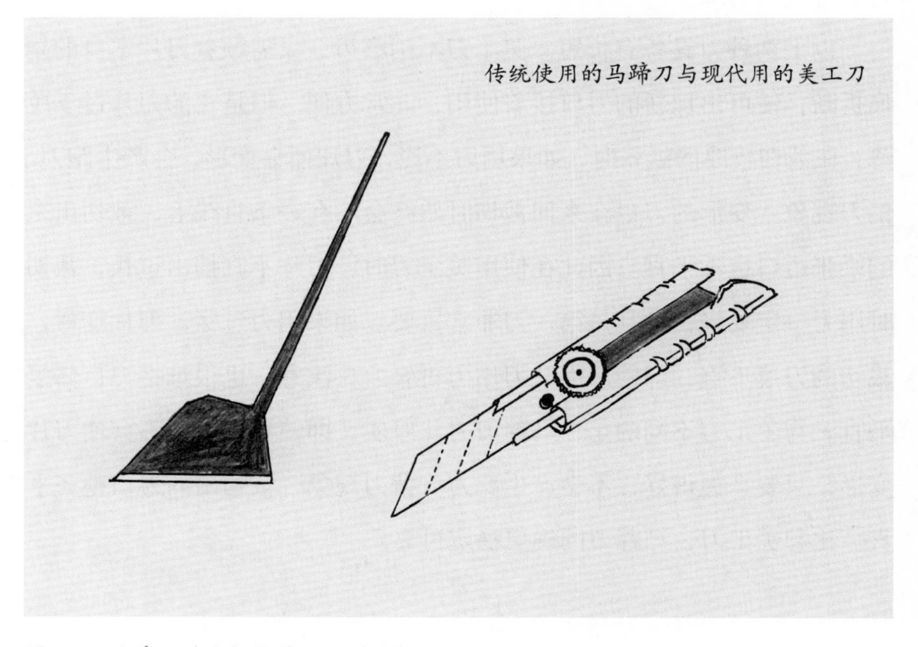

图 2.5　马蹄刀（左）与美工刀（右）

将平面磨平后，再把刀面翻转过来磨另一面的斜坡。左手握刀把，右手拇指和食指、中指摁住刀背的两面，把刀斜放在磨刀石上成 45 度角，撑稳并把好角度推拉。刀头、中间及刀尾受力要均匀。磨刀时还要不停地蘸水，以保持刀口不退火，至磨出刀锋为止。注意不要把刀刃磨卷，或磨成中间凹、二头翘，或斜坡面有弧度。磨好的标准是刀刃锋利，成一条直线，斜边整齐。刀刃锋利，裁切就省力，裁切出的纸张边口整齐。刀子不快就要磨，使用时才能得心应手。另一种方法是先磨刀的斜面，再磨刀的平面，最后再用细的磨刀石磨，我们称“养刀锋”。无论是先磨平面还是先磨斜面，磨刀的手法都是一样的。

现在很多人不用马蹄刀了，因为磨刀十分麻烦，多使用美工刀。美工刀是一种美术和做手工艺品使用的刀具，主要用来切割质地较软的材料，多由塑料刀柄和刀片两部分组成，为抽拉式结构，也有少数为金属刀柄。刀片多为斜口，前面的刀片用钝了可顺着刀片本身的划线折断，出现新的刀锋，使用方便。美工刀有多种型号。美工刀刀锋长、刀尖斜口、刀身薄，比较适应纸张及纸板的切割，因此多数加工纸厂都用它来替代传统的马蹄刀。

以上两种刀具各有长短。美工刀不用磨刃，只需顺着刀片本身的划痕折断，便可出现新的刀口接着使用，非常方便。但是它的刀片过于单薄，在裁切较厚的纸张时，如果用力不当，刀片便会变形，会产生跑刀、偏刀现象。变形的刀口在来回裁切时始终会不在一条直线上，裁切出来的纸张边口也不平直。因此在使用美工刀时，刀片不宜抽出过长，裁切时用力一定要轻，尤其是第一刀非常重要。如果用力过猛，刀片变弯，裁切的刀痕不直，即使后面几刀用力再轻、再注意，也很难将刀口修复平直。与美工刀不同的是，马蹄刀刀片厚实，即使再用力也不会使刀片变形，只要掌握得好，不会产生跑刀、偏刀现象，裁切出的刀口整齐平直。比起美工刀，马蹄刀的确更稳定可靠。

5. 直尺

直尺又称裁尺或戒尺，是裁切纸张用的尺子。传统的直尺多用楠木、杉木等做尺心，两边镶上毛竹条并刨平、刨直。无论什么材料做的直尺都需要平而直。直尺的宽窄、厚薄、长短可根据实际需要而定。通常我们把直尺按长短分为四种型号：一号直尺长 40 厘米，宽 4 ~ 5 厘米，厚 1 厘米，主要用来裁切小尺寸的纸张，如木刻水印信笺等；二号直尺长 80 厘米，宽 5 ~ 6 厘米，厚 1.2 厘米；三号直尺长 155 厘米，宽 5 ~ 6 厘米，厚 2 厘米左右，主要用来裁切四尺的纸张；四号直尺长 250 厘米，宽 6 厘米，厚 1.5 ~ 2 厘米，主要用来裁切六尺及尺八屏的加工纸。有了这几种规格的直尺，裁切信笺、册页、五尺或六尺的加工纸都够使用了。直尺在业内被称为“师傅”，如果“师傅”不平直，即使刀功再好也裁切不出又直又平的刀口，因此对它的保护尤为重要，使用后要垂直悬挂，避免受压受潮而弯曲变形。

我们现在大多使用由经机器加工的杉木条及各种杂树木条制作而成的直尺，也不再镶毛竹条。买回材料后，请有经验的木工师傅刨平校直，再在直尺的一头打上洞眼，便于垂直悬挂，同时在两个直边打上蜡，再磨光，以在裁切时方便刀片的走动。每隔一段时间，还要请木工师傅来校尺。

6. 垫板

垫板又称垫纸板，也称垫刀板，用于裁切时垫纸，防止在裁切过程中刀片划伤工作台，同时也起到保护刀锋的作用。我们多用三合板、五合板和纤维板的长条来制作垫板。垫板的宽度一般在 15 ~ 20 厘米，长度要比被裁切的纸张长 20 厘米左右，也就是说两头要伸出 10 多厘米，以便在裁切时能看到垫板的位置。只有这样，才能确定直尺的摆放，而且垫板与直尺的位置要保持一致，才能下刀裁切。对于小尺寸纸张的裁切，现在市场上有一种用 PVC 材料做的自愈切割垫，品质较为优良，自我恢复能力佳，裁切后不留痕迹，复切也不受影响，而且切割垫上印有网格，方便量取尺寸，不反光、不打滑，能保护刀片，经久耐用。但是这种切割垫虽有大小，但多为长方形，不适用于长尺寸纸张的裁切，故仅在裁切木刻水印信笺中使用较多。

7. 油纸

油纸又称隔糊，多用一层或两层刷过桐油的牛皮纸制作，也有用涂刷油漆后的牛皮纸制作的。油纸的作用是把要上墙干燥、挣平的纸张与小棕刷配合，顺着沿边四周拍上糨糊，做上墙前的准备工作。油纸具有不怕水、隔潮气、薄、柔软而又结实等特点，拍边上浆十分干净、整洁，不会在浆口造成糨糊堆积，弄脏纸张其他地方，是局部直线上浆的好工具。油纸在不断沿边移动拍浆时要用手拿，所以油纸的面积不需要很大，一般长 30 ~ 40 厘米、宽 15 ~ 25 厘米就可以。每次使用油纸后，要去除残浆，连同小棕刷一起清洗干净，用干布擦干后用夹子夹好，吊起来放在通风处晾干，以备下次再用。

现在很多人已不再使用传统的油纸上浆，而是用塑料薄片来替代，也具有同样的效果。在实际工作中，我们都已不用油纸及塑料薄片，改用玻璃杯与毛笔配合的上浆方法：把调好的糨糊装在玻璃杯里，用毛笔蘸上糨糊，直接涂在要上墙的纸边周围。这种方法也能达到很好的效果，而且更干净、快捷、方便。

8. 筛网

筛网也称筛子，在传统加工纸制作中，主要用来过筛各种原料的杂质及较粗的颗粒。它还有其他用途，如筛生虫的面粉、在淘洗面筋时过滤面筋、在调糨糊时过滤没有溶解的糨糊颗粒等。筛网大致有两种。一种是在圆形桶状的竹木片下绷上塑料丝网制成的筛网。这种筛网普遍尺寸较大，直径约 26 ~ 30 厘米，高度约 10 ~ 12 厘米，网孔一般只有一两种且没有明确的目数（目数是指单位面积的丝网所具有的网孔数目，单位是孔 / 平方厘米或线 / 厘米。目数越大，网孔越小，丝网越密；目数越小，网孔越大，丝网越稀疏。工作中，需要我们根据实际情况去选择不同目数的筛网），价格比较便宜，在农贸市场及篾匠铺都可以买到。这种筛网虽然轻，但不耐用，因为过滤面筋或糨糊后，要把粘在筛网上的颗粒清理干净，只能把筛网反过来在硬物上磕碰，使粘在网眼上的面筋及残浆掉落，才能进一步清洗网孔，在磕碰中很容易损坏。一旦丝网脱离了筛身，筛网便不能再使用了。再者，丝网是塑料制品，怕水烫，也不耐用。

另一种是不锈钢筛网（图 2.6），它是由不锈钢片压制不锈钢丝网而成的。这种筛网较小，直径约 24 ~ 28 厘米，高度约 5 ~ 8 厘米，网孔大都比较规范，在筛身都标有目数，主要用于筛料及过滤。这种不锈钢筛网一般在筛网店可以买到，虽然价格较贵，但是坚固耐用，不怕水烫，是笔者制作传统加工纸时必不可少的工具。不锈钢筛网在过滤面筋

图 2.6　不锈钢筛网

或糨糊后都应翻过来磕去残留物，把网孔及筛身清理干净，放在通风处晾干，以备下次使用。

9. 砑石

砑石（图 2.7）用于在制作传统加工纸时对纸张进行砑磨，起砑光作用，也是制作砑花笺的工具。在做册页时也用它对折后的册页纸进行砑实、砑平，使整本册页更加齐整。

砑石一般选用石质坚细、表面光滑的鹅卵石加工而成，也可用坚细的玉石磨制，大小以适手为宜。鹅卵石在砂石场、花鸟市场、河滩随处可见，用来做砑石时应按需要加以选择。在挑选石头时，若用来做砑磨纸张的砑石，以表面宽广为好，这样在使用中与纸张接触面大，砑磨起来会更省力些。而做砑花的石头则要小些，选用扁平且较圆的石头比较好。刚选回来的石头是不能马上使用的，虽看似表面光滑，但仍较为粗糙，需要进一步打磨后才可使用。具体方法是：用细的铁砂纸打磨石头表面，直至光滑，然后在纸上试砑，以不刮纸、不损坏纸张为佳。最好

图 2.7 砑石

将砑石的每个面都进行打磨，避免使用中拿错方向而损坏纸张。打磨好后，再用川蜡打磨四周，用干布使劲摩擦，使砑石表面更加光滑，这样用起来更加放心。

笔者使用的砑石是从搪瓷厂要来的鹅卵石。在加工搪瓷制品时，要用鹅卵石来滚磨冲压出来的铁皮刺口，长时间滚磨后，鹅卵石的表面变得十分光滑，而且大小都有，拿回来就可以使用，非常方便。

10. 晾纸杆

晾纸杆的作用是在染纸时把很多单张纸粘在晾纸杆上进行拖色、晾干，拖胶矾纸时也会用到。晾纸杆的材料要轻而直，这样在拖纸时纸张会比较平整，在拖染时纸张能均匀地接触色水，拖染会更顺畅。在晾纸架上要晾众多的色纸或胶矾纸，且拖色、拖胶矾后纸张会变湿加重，晾纸杆轻，就不至于在晾纸时对晾纸架产生过多的压力而使晾纸架变弯。如果晾纸架受压变形，晾纸时纸张就不能垂直。若有风，会使纸张来回摆动，相互粘连，处理起来十分麻烦。因此，晾纸杆多用较轻的杉木条制作，杉木条的尺寸宽约 2.5 厘米、厚约 1 ~ 1.2 厘米，以表面平整为好。晾纸杆的长度根据实际染纸的尺寸而定，一般要比纸张的宽度长 20 ~ 25 厘米。以四尺纸为例，四尺纸的宽度为 70 厘米，晾纸杆的长度应在 90 ~ 95 厘米，这样在粘纸、拖染后，放在晾纸架上还有一定的调整空间，便于手动操作。纸张干燥下纸后应清除粘纸时的残留物，以使再次粘纸时不受影响。使用晾纸杆后，要放在通风处，不能放在潮湿处，因长期用糨糊粘纸，会在晾纸杆上留下糨糊，一旦受潮，会发生霉变。

11. 挑纸杆

挑纸杆是在台染、刷色时辅助掀纸使用的圆木杆。在掀纸过程中，当单张湿纸掀起一半时，将挑纸杆插入中间辅助掀起尾部，这样能分担湿纸的重量，防止湿纸承受不住拉力而断开。在整张纸的台染过程中，我们都经常使用这种手法，使纸张一张张安全掀起。挑纸杆多用较轻的杉木制作，直径 3.5 ~ 4 厘米，长度 90 ~ 95 厘米（针对四尺纸而言）。现在有的人用 PVC 穿线管来替代杉木挑纸杆，它重量轻且平直，手持十分方便，使用起来也很可靠。只是它的表面过于光滑，在挑掀湿纸时会粘吸管面，不易分离，因此在使用前要用报纸将它包裹起来，方便使用。

12. 起子

起子又称竹起子，是从墙上下纸的工具，也是平时用于裁切单张纸时的竹刀。在制作册页时，如发现有粘连的页面，也可用它把页面起开。起子一般选用较厚的竹条来制作。制作方法是：把竹条剖成宽度约 2 厘米、长度为 30 ~ 45 厘米后，在竹节处（竹节处做起子的头部）锯断，然后开始加工。加工时从起子的手持部分（后部）开始，先用刀刮去竹刺，把手持部分削成手柄形，再打磨一下，以不刺手、握拿方便为好。然后削竹起子的头部（只削竹黄，不削竹青），使头部越削越薄，靠近竹起子头部 10 多厘米时要更薄，使两边犹如刀锋。竹起子头部的竹节处比较难削，可用砂纸打磨成半圆形，直至锋利。再用砂纸把竹起子全身打磨一遍，直到不刺手。最后，在竹起子的尾部打上孔眼，方便穿绳

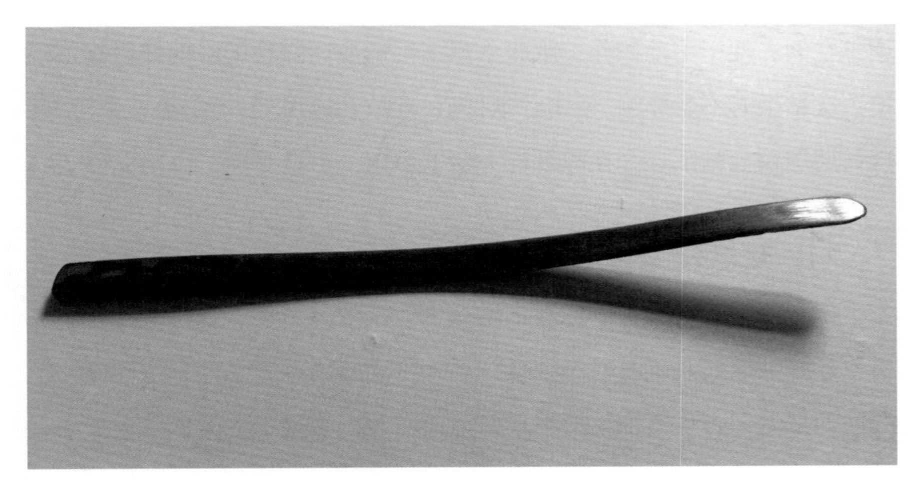

图 2.8　牛角起子

悬挂。这样，竹起子就制作完成了。之所以要用竹节处做竹起子的头部，是因为在实际工作中，竹起子的头部比较薄而且使用率高，易损坏，如果使用不当，很容易开裂，如果再强行使用，会损伤纸张。用竹节处做竹起子的头部虽然加工困难，但比较耐用，也不会轻易开裂。

现在有一种起子是用牛角材料（图 2.8）制成的，它的长度为 28 ~ 30 厘米、宽为 1.5 ~ 2 厘米，比起竹子要坚固耐用许多，很是实用。

第三节　常用材料

制作传统加工纸时经常使用的材料有手工纸、绢、面粉、川蜡、明胶、明矾等。不同的加工纸使用到的材料也不相同，在之后介绍各种传统加工纸的制作时会作具体叙述。

1. 手工纸

传统的加工纸是在手工抄造的原纸基础上进行的再加工，因此手工纸是传统加工纸最主要的原材料。我国的手工造纸历史悠久，清代以前一直领先于世界各国。随着时代的变迁，手工造纸逐渐减少，但时至今日，保持手工造纸这一传统的企业和作坊仍有三千多家，传承延续着这一古老的技艺。我国手工纸的种类有麻纸、皮纸、藤纸、竹纸、宣纸等。

（1）麻纸

麻纸是我国古代书本典籍用纸之一，是一种大部分以黄麻、布头、破履为原料，或采用旧麻、桑皮生产的强韧纸张。

（2）皮纸

皮纸是用桑皮、山桠皮、构树皮（楮皮）等韧皮纤维为原材料制成的纸张。一般可制作纸伞、纸扇及印制滩头年画，质量上乘的皮纸可作书画用纸，也可印古籍书本。

（3）藤纸

藤纸是我国古代劳动人民用藤皮造的纸，原产于浙江剡溪、余杭等地。

（4）竹纸

竹纸是以竹子为原材料造的纸。竹纸因纸张表面细腻，是木版印刷的好材料，还可作书画用纸。浙江富阳、四川夹江及福建宁化、长汀为竹纸的重要产地。

（5）宣纸

宣纸作为我国传统的古典书画用纸，是我国最为人熟知的传统手工纸之一。由于宣纸易保存、经久不脆、不褪色等特点，有“纸寿千年”之誉。宣纸现主产于安徽宣城市泾县。笔者制作传统加工纸使用的原材料以安徽的手工宣纸为主，其他手工纸也有用到，但不是太多。这里简单介绍安徽的手工宣纸。

由安徽泾县产的宣纸，又称生宣，主要原材料为青檀皮和沙田稻草。传统制作工艺流程主要有初制、精制、配料、制纸四个阶段，每个阶段又有若干道工序，四个阶段共有55道工序。宣纸具有皮料多、纤维长、质地柔软、拉力大、吸水性强等特点，是制作传统加工纸的主要原材料。

宣纸按原料配比大致分为棉料、净皮、特净皮三类。棉料类宣纸，即皮料与草料配比中，皮料占50%～60%，主要品种有四尺单、重四尺单、五尺单、六尺单、四尺夹、五尺夹、六尺夹、四尺二层夹、五尺双层夹、六尺双层夹、四尺三层夹、五尺三层夹、六尺三层夹、四尺四层夹、棉连、新夹连、短扇、长扇、二尺三接半、二尺四接半等。

净皮类宣纸，即皮料与草料的配比中，皮料占60%～85%，主要品种有净皮四尺单、净皮五尺单、净皮六尺单、净皮四尺夹、净皮五尺夹、净皮六尺夹、净皮四尺双层夹、净皮五尺双层夹、净皮六尺双层夹、净皮四尺三层夹、净皮五尺三层夹、净皮六尺三层夹、净皮棉连、净皮四尺罗纹等。

特净皮宣纸，即皮料与草料的配比中，皮料占85%～95%，主要品种有八尺匹、丈二、丈六，以及特种净皮四尺单、特种净皮棉连、特种净皮五尺单，特种净皮六尺单、扎花等。

宣纸按尺寸可分为二尺、三尺、四尺、五尺、六尺、七尺、八尺、丈二、丈六、尺四、尺六、尺八等规格。

宣纸按薄厚可分为单宣、重单宣、夹宣、二层夹、三层夹、四层夹，可以满足不同使用需求。[1]

泾县现在除了生产各类宣纸外，还用龙须草生产书画纸、机制纸，极大地满足了市场不同的需求。

2. 绢

绢是以桑蚕丝为原材料制成的丝织物。我国的丝织业距今已有几千年历史，我国也被誉为“丝绸之国”。绢富有光泽，手感滑爽，轻柔适体，多作为高端的服饰材料用于制作华美的服饰，还被用作书写、绘画的材料在历代广泛使用。在纸发明的后期，在使用绢前一般用纸把绢托裱起来，托裱起来的绢由于纸的作用会变得平直，更便于书写、绘画。这种用纸托裱起来的绢在古代又称纸绢。纸绢在我国历代使用比较广泛，而且品种十分丰富，如五色纸绢、五色洒金纸绢、五色粉纸绢、五色洒金粉纸绢、五色描金纸绢笺等，多在皇宫内饰或御用书画中使用。

如今，在文化市场上出售的书画用绢有生、熟两种。生绢的功能像生宣纸，色墨画上去即渗化；熟绢则上过胶矾水，像熟的宣纸，用起来比熟宣纸感受更加细腻润泽，是我国工笔绘画的重要材料。此外，还有色绢、耿绢等。

3. 面粉

面粉就是我们经常食用的小麦面粉，它是一种由小麦磨成的粉状物。在制作传统加工纸的过程中用来冲制糨糊，是纸张及与丝织物等材料的黏合剂。面粉的种类可分为高筋面粉、中筋面粉、低筋面粉及无筋面粉，这些面粉的等级与麦粒外皮和胚芽中矿物质(灰分)的含量有直接关系，矿物质的含量越高，面粉的等级越低，相反，矿物质的含量越低，面粉

[1] 曹天生．中国宣纸 [M]. 北京：中国轻工业出版社，1993: 91-92.

的等级也就越高。制作传统加工纸时，对面粉的等级要求并不是很高，只要面粉新鲜就可以，一般采用标准面粉或普通的富强面粉就可以。对于面粉中含的面筋，可以通过淘洗面粉去除。

4. 川蜡

川蜡又称虫蜡（图 2.9），是将白蜡虫分泌在其所寄生的女贞树枝或白蜡树枝上的蜡质物进行加工而得的一种蜡。川蜡呈白色至微黄，有蜡香味，表面光滑有光泽，无明显杂质，质硬而脆，断面呈马牙状，其主要成分是烷基酸、三方字离酸、三方字离醇、烃类化合物、树脂等，广泛用于医药片剂及食品的抛光。

川蜡在传统加工纸制作中，主要用来涂磨纸张，进行研光及研花。它含油脂比较少，在涂磨纸张进行研光与研花时，不会使纸张因施蜡而拒水，能保证原纸的吸水性，这是其他各种蜡所不具备的，是制作传统加工纸最好的蜡。此蜡可以在中药店或网上买到。

5. 明胶

明胶（图 2.10）为无色至淡黄、透明或半透明的薄片或粉粒状物，无臭无味，在冷水中吸水膨胀，溶于热水，广泛用作食品、医药的添加剂。

在对传统加工纸染色时，加入适量的明胶能起到固色的作用，同时它也是颜料的增稠剂。

6. 明矾

明矾又称白矾，是由矿物质明矾石经过提炼而成的结晶体，呈不规则块状，无色，透明或半透明，有玻璃样光泽，表面略平滑或凹凸不平，具细密纵棱，并附有白色细粉，质硬而脆，易砸碎。以块大、无色透明、无杂质为佳。在制作传统加工纸时，一定选用有一定透明度、不含杂质的上等明矾，有杂质的明矾是不能使用的。

买回明矾后，在使用前要用白布包裹起来，用锤子将它砸碎。在冲

图 2.9　四川川蜡

图 2.10　明胶

制糨糊时加入少量的明矾，可使糨糊防蛀防霉。

绘画、工笔画用的矾宣一般是用 3 克胶、1 克矾，加 15 毫升水，加热融化成液体，放在拖纸盆中拖染而制成的。

在制作传统加工纸时使用明矾有两个很大的缺点：一是明矾为酸性物质，对弱碱性的纸质纤维有一定的损伤，会影响纸张的寿命；二是纸张在吸收矾水后会变得很脆，不利于使用和保存。因此，现在都尽量不使用明矾，而用其他材料来替代。

第三章

制作传统加工纸笺的基础技法

制作传统的加工纸要掌握一定的技法。首先，要学会糨糊的制作方法，包括如何洗面筋、如何冲制糨糊、如何稀释糨糊，掌握好糨糊的浓度。其次，要学会纸张裱刷的方法与步骤。再次，要学会上墙挣平、干燥纸张及下纸的方法与步骤。最后，还要学会裁切纸张及四边的方法。

第一节　糨糊的制作

糨糊是制作传统加工纸必不可少的黏合剂，很多工序都要用到它，纸张的裱糊、挣平，册页的粘接和洒金纸的制作都离不开它。制作糨糊的材料就是我们日常生活中用来食用的由小麦磨成的面粉。小麦粉中含有面筋，由于它的存在，制作出来的糨糊黏性高，干燥后收缩率很高，托裱出来的纸张会因天气原因变形，尤其是在天气干燥时纸张还会卷起。因此，在制作糨糊前，应把面粉中的面筋去除，只用沉淀后的淀粉制作糨糊。

1. 洗面筋

洗面筋时，先用温水把面粉揉成团，放在盆内用湿毛巾盖好后醒一段时间（夏天一个小时，秋冬季节一个半小时至两个小时左右），这样既可以使面团表面不易结皮，又可以保持面团的温度和湿度。醒好面后，把面团分成若干个小面团。而后取一盆凉水，将一团小面团用纱布包住并扎紧后放入盆中，再用手揉洗，渐渐揉出白汁（含淀粉）。揉洗一段时间后，将白汁倒入另一个盆中沉淀，在原盆内再加入凉水继续揉洗，直到不出白汁为止，剩下的面团即为面筋。将纱布中的面筋取出，按上述方法继续揉洗剩余的面团。揉洗出的白汁经一昼夜的沉淀，上面会出现黄水，将黄水倒出，加入凉水与淀粉一同搅拌后继续沉淀，再倒出淡黄水。如此反复，直至沉淀的水较清，淀粉便可使用。如果淀粉不及时使用放在凉水中保存，则要经常换水，尤其是夏季，一天至少要换两次，而且要放在阴凉处冷却。高温会使淀粉发酵，发酵后的淀粉黏性会降低，甚至没有黏性。如果一次揉洗的淀粉较多，为了防止变质，最好把淀粉晒干或晾干，使用前再用水溶解。在制作糨糊前，一般要加入辅料，如少量的明矾、花椒水、抗生素等，能防虫蛀、防霉变。

2. 打糨糊

打糨糊的方法有开水冲制法、锅熬法和蒸汽吹法三种。

（1）开水冲制法

在淀粉中加入适量明矾或其他辅料后（2斤淀粉需明矾约2钱，南方湿度大可适量增加明矾配比），倒入适量温水（冬天气温低，要用热水），用木棍充分搅匀，以盆底不露沉淀的淀粉为宜。然后冲入开水（2斤面粉需3500毫升开水），用木棍顺一个方向快速搅拌，边倒开水边搅拌，直至糨糊冲熟。此时，用木棍挑起糨糊能挂丝，颜色略微发黄透明呈猪油状，说明糨糊已经冲好了。

（2）锅熬法

以2斤淀粉为例，在淀粉中加入辅料（明矾或花椒水），再加温水至3000毫升，进行充分搅拌，直到底部没有沉淀的淀粉为止。然后倒入锅内，放在炉上加热，并不停地搅拌，至糨糊逐渐变稠，颜色微黄呈透明状为止。加热时，不能停止搅拌，否则会造成淀粉结底，烧成糊状。

（3）蒸汽吹法

以 2 斤淀粉为例，在淀粉中加入辅料，再加温水至 2800 毫升，进行充分搅拌，至底部无沉淀的淀粉为好。再插入蒸汽管进行加热，并不断地搅拌淀粉，至糨糊熟透，颜色微黄呈透明状为止。

糨糊熟后，把整盆冷却的糨糊分割成小块，放在冷水中保存。夏季一天换一两次水，冬季两天换一次水，可保存半个月左右。夏天制作糨糊应多放辅料，以防糨糊变质影响黏性。

3. 糨糊的稀释

用来裱刷的糨糊是不能有颗粒的，否则在纸张干燥后会出现小的疙瘩，影响纸面的美观，因此对熟糨糊的稀释比较重要。使用熟糨糊前，将熟糨糊块取出，放在盆中进行稀释。先用木棍把糨糊块捣碎，加少量清水搅拌，使水和糨糊完全融合，再把溶液倒入 40~50 目的筛网中进行过滤。此时可用小棕刷在筛网内来回刷动，使溶液进一步过滤出去。过滤后残留的糨糊颗粒可用小棕刷碾碎，从筛网完全过滤出来。用这种方法来过滤的糨糊比较细腻，不会出现颗粒。

制作加工纸时所用的糨糊浓度是不同的，有较浓浆、浓浆、淡浆、较淡浆，因此 1 斤熟糨糊所加的水是不一样的。如托裱矾宣、绢，应加 600 毫升水，称较浓浆。裱制册页的页面应加 1200 毫升水，称浓浆。如果托裱宣纸以及洒金纸，应加 2000 毫升水，称淡浆。托裱棉连则加 2800 毫升水，称较淡浆。[1]

[1] 故宫博物院修复厂裱画组编著 . 书画的装裱与修复 [M]. 北京 : 文物出版社 , 1981: 17-19.

第二节　纸张的裱刷

1. 裱刷纸张的方法

裱刷，又称刷纸，是把两张纸刷糨糊后黏合在一起，它是制作传统加工纸的常用技法。下面简要介绍生宣纸的裱刷方法。

裱刷生宣纸时，用羊毛排笔蘸上糨糊把纸张在工作台案上刷平，使单张纸面均匀地吸上糨糊，而后再裱上一张干的宣纸进行黏合。刷浆是非常讲究的，为了使刷的糨糊均匀，笔者采用羊毛排笔根部吸浆水的方法来裱刷宣纸。

具体方法是：先把糨糊调成淡浆，用羊毛排笔蘸上浆后，在工作台案上将排笔里的浆水挤出来，把较干的排笔直对着台面轻轻敲两下，使羊毛两边开叉，然后用开叉的排笔根处去吸取案台上挤出的浆水，使排笔根部吸收浆水，而后重新拍平笔锋，使浆水吸在排笔的根部。这样在刷浆时笔根的浆水会慢慢地渗到笔锋，不用再次蘸水且刷浆更为均匀，能帮助刷浆师傅更好地掌握水分。

2. 裱刷纸张的步骤

把宣纸横放在工作台案上，用羊毛排笔的笔锋将纸均匀地通扫一遍，使整张干的宣纸大致吸收水分，此时宣纸已开始膨胀，而后掀空宣纸，整理放平，准备开始刷浆。刷浆可以从宣纸的中央或一边开始。刷浆时，羊毛排笔不要一次蘸过多浆水，否则会在宣纸上留下过多的水分，纸张吸水膨胀后会出现较多皱折和气泡，再刷平时很容易破损。在刷纸时会产生气泡，可用羊毛排笔上下排刷，把气泡赶出纸面。如果出现皱折，可从皱折两边往外排刷，但不宜过分用力，要慢慢排除，切勿从皱折的正面处反复排刷，以免导致皱褶破裂纸张断开。把纸张刷平后，再从逆光处低头查看纸张整体吸水状况，若发现某处发白，说明此处缺少浆水，需再进行补刷，直至整张纸吸水均匀为止。

刷匀浆水后就可以褙刷另一张干纸了。如果纸张尺寸较大（五尺、六尺），则需要两人配合，一人抬纸（牵纸）的一头，另一人（一般为褙刷师傅）手持棕刷并手持纸的另一头，同步走到台案前，对齐台上的湿纸四边后便可以刷纸了。当落刷开始刷纸时，抬纸的人要将纸张绷平缓慢往下放纸，并上下微动，以配合顺畅刷纸。刷纸的师傅要平持棕刷，用棕刷的平面刷平纸张，不可斜持棕刷，否则会划伤纸张。刷纸时用力要平稳，力道不能忽大忽小，以免造成纸张黏合不一。在纸张刷平后，再复刷一至两遍，使两张纸黏合得更密实牢固。

第三节　上墙挣平、干燥纸张

纸张褙刷好后，通常要上墙进行挣平并自然干燥。挣平的原理是在纸张吸水膨胀后趁湿将纸的四周打上糨糊，粘在墙面上自然干燥。干燥时纸张会收缩绷平，变得平整而又挺直。

1. 上墙的方法和步骤

刷纸完成后，从纸的一头把纸掀空，再放回工作台案上，这样能减小提纸上墙时掀纸的阻力，使整张纸提起不会破损。而后拿起油纸，调好糨糊，在纸的四周边缘约 0.5 厘米宽处拍上糨糊。完成后，一手拿着棕刷夹着纸边，另一只手夹着纸的另一边，将整张纸提起准备上墙。如果担心手夹湿纸不安全，可在湿纸边上放块小的报纸片或干纸片作拐角垫纸，这样可以增大纸的接触面，拐角就不易因提纸而破损。掀纸时，站在纸头的中央位置双手均匀用力平掀，如一边用力过大或者斜掀都会造成纸张出现折痕。这种折痕在上墙挣平时不易去除，虽干燥后稍有好转，但遇到湿润的空气还会重新出现，很是难看。遇到这种情况，还要再把湿纸重新放回工作台案上，用棕刷在折痕处及周围进行排刷，再提起上墙挣平，但这也不能保证不重新出现折痕。因此，掀纸时的平衡均匀用力尤为重要。

提纸上墙也是有要求的，讲究上墙要平直且排列整齐，所以提纸上墙时不能急于刷纸边固定，要先查看整张纸的垂直情况后再调整纸的上横面，纸张垂直后才可以刷纸的上横面。上墙时，先把纸张的横面刷在墙上，再刷纸的竖面两边，要同时左右刷，不能先刷一边再刷另一边。当发现有大的皱褶时，还要掀开纸面加以调整。在揭开纸张重新粘贴时，要重新补浆，以防缺浆。两边均要刷牢，不能留有空白处，空白处过多会造成纸张脱挣，在秋冬季时还会因为天气干燥导致纸张脱挣断裂。刷好两边后，再刷纸张下方的横面边，应左右刷牢，在中间要留 2~2.5 厘米空处做气眼。气眼的作用是在上纸时若发现纸张的某个部位有粘墙的情况，可通过气眼向纸张内吹气，使纸张与墙分离，同时它还是纸张与外面交换空气的小窗口。待纸张挣平、干燥后，用竹起子插入气眼内，将纸张周边起开，把干燥好的纸张揭下来。纸张干燥的时间视纸张的厚薄及天气情况而定。两张纸经一昼夜就可以揭纸下墙；两层或三层纸张则要看天气情况，若是天气干燥，两天可以下纸，若是遇到天阴下雨，可隔两日以上，以天气好转下纸为佳；三层以上的册页纸干燥时间要更长点，天晴下纸最好。这样，纸张会平整挺直而且好用。

2. 下纸的方法

下纸时，把竹起子从气眼处插入，先把下方纸张的横面左右起开，再自下而上起右竖面的一边，一直起到上横面，而后左手持下横面的一边，右手持右竖面上中央，双手同时用力将纸揭下。需要注意的是，在横竖起纸时，一定要起到纸头，不可留纸边，否则会影响纸张的整体性。

由于挣纸要经常使用墙面，因此墙面会残留很多粘纸条或撕纸时的纸边，长期不清理会影响挣纸的平整度。所以，要不定期铲除纸边。铲除纸边时，找一把油漆工拌灰用的铁铲，顺着纸边铲除。遇到难以铲除的纸边，可用砂纸包裹木块将纸边磨平，再用大白纸将墙面裱糊一次，墙面便又洁净如初。

第四节　方裁四边法裁切纸张和四边

1. 裁切纸张的方法和步骤

传统做法是，将纸的两个横面弯起对齐，用直尺压住，按已定尺寸在纸的两边打上针眼（戳两个洞），而后将纸放平，把直尺压在针眼位置对横的两边进行裁切。之后，如此之法再将纸的两个竖边弯起对齐，用直尺压住，按已定尺寸在纸的两边打上针眼，将纸放平，把直尺压在针眼位置，对竖的两边进行裁切。这样四边都可以按既定尺寸裁切完成，我们称方裁四边法。

裁切纸张时，先把垫板垫在纸张的下面，上面是要切的纸张，在针眼位置压上直尺，用刀具裁去多余的纸边。裁切纸张时，用左手的拇指按住直尺的一方，其余四指分开按紧直尺的前方，右手握刀，使刀平面贴紧直尺，垂直用刀。裁切时，直尺不能走动，不然刀会走偏，造成“跑刀”。使用美工刀裁切纸张时，刀片不能抽出过长，而且第一刀不能用力过大，只能轻轻沿尺划过，否则会导致刀片变弯而“跑刀”。走刀时，要自上而下且用力平稳，任何时候都不能逆刀而上，不然会损伤直尺，还可能会割伤手指。裁切较大尺寸的纸时是不能一次完成的，要先把能裁切的地方进行裁切，再去裁切前方的纸张。在衔接前面的刀口时，要注意刀口的连接处要直且有连贯性，不能出现缺口或“小尾巴”，边口要整齐，看不出移动刀口的痕迹。因此，在裁切纸张时，要始终按紧直尺使其不能移动，直至裁切完成才可以松开。裁切较厚的纸张时，刀的平面一定要贴紧直尺，并始终保持刀口上下垂直，行刀用力一致，才能使裁切出来的纸张上下大小一致。长边尺寸纸张的裁切，如尺八屏（长边为 234 厘米），往往需要两个人来配合完成，一人切纸，一人按尺，以防直尺走动影响刀口的平直。没有人配合时，也要想办法固定压住直尺，如找一块重的石头压在直尺的前方，使直尺保持垂直不会移动，再从纸的后面开始裁切，慢慢向前裁去。但用石头压在直尺上操作时石头容易晃动，不稳定，裁切时比较紧张，生怕石头掉落。更好的办法是，在裁切时用大夹子将直尺、纸张及垫板一同夹起，使直尺不能走动，这样便可以更安心地裁切。

2. 裁切纸张四边的方法和步骤

裁切纸张四边时，通常采用方裁四边法。方裁四边法是通过裁切使纸张变得整齐，四边平直且四角都呈 90 度的一种裁切方法。裁切纸张四边时，先裁切纸张的竖边（一般指长的一边），然后从中间对折，用直尺在距离纸边约 5 毫米处压住折纸的前方，使纸边重叠对齐，而后在纸的另一边用锥子扎一个针眼，再在另一头扎下针眼，以确定尺寸。然后把纸张展开铺平，在下面放上垫板，用直尺对准两个针眼后平放，裁去多余的纸边。裁切好两边后将纸张的横面对折，用同样的方法裁切另外两边。这种方法裁切出的纸张四个角都是 90 度，很少有偏差。检验纸张的角度时，可将纸张对折查看。如果中间及两边的角都能对齐，说明没有问题。如果一边不齐，要重新打眼补切。

在裁切较多纸张时，只需要在第一张纸上用锥子扎针眼就可以，但前提是第一张纸必须与下面的纸张对齐。在裁切从墙面挣平、干燥后揭下的加工纸时，纸张的长短、宽窄会稍有差异。在捋纸时，应留出裁切的空间，在按尺寸扎上针眼后往往还要复扎。复扎是进一步扎深原扎针眼，确保所有的毛边都能切除。如个别纸张尺寸不够，可再进行调整，直到每张纸都能裁切到后才可以下刀。这样，成批的纸张裁切后尺寸才会一致。

单张纸是比较难裁切的。裁切单张纸时，因纸张太薄容易走动，可在单张纸的下边垫其他的纸张增加厚度，压紧直尺，使纸不能走动，才能顺利裁切。

第四章

手工纸的染色

第一节　传统染纸简叙

我国的染色技术起源很早，在春秋战国时就已有染丝技术。至于纸的染色（图 4.1），开始于东汉时期，是从染丝、染布发展而来的。到晋朝时，染纸技术和染纸的使用又有新的发展。晋朝写诏书和五经、子、史，用青纸而不用其他颜色的纸。《北史・牛弘传》记载："永嘉之后，寇窃竞兴，刘裕平姚，收其图籍，五经、子、史方四千卷，皆赤轴青纸。"到东晋安帝时，桓玄专权后，明令公文一律用黄纸书写。

两晋、南北朝时，书法家都喜欢用黄纸写字，著述者更酷爱之。米芾《书史》记载："王羲之《来戏帖》，黄麻纸……李孝广收右军黄麻纸十余帖，一样连成卷，字老而逸，暮年书也。"又说，王献之《十二月帖》也是用黄麻纸书写。这种风气一直到隋唐时期仍很盛行。[1]

除了青、黄纸外，这一时期还生产和使用其他各种色纸。《词林海错》记载，晋桓玄下诏，令制桃花纸，有缥、绿、青、赤诸色，以后又

[1]　戴家璋主编 . 中国造纸技术简史 [M]. 北京 : 中国轻工业出版社 , 1994: 87.

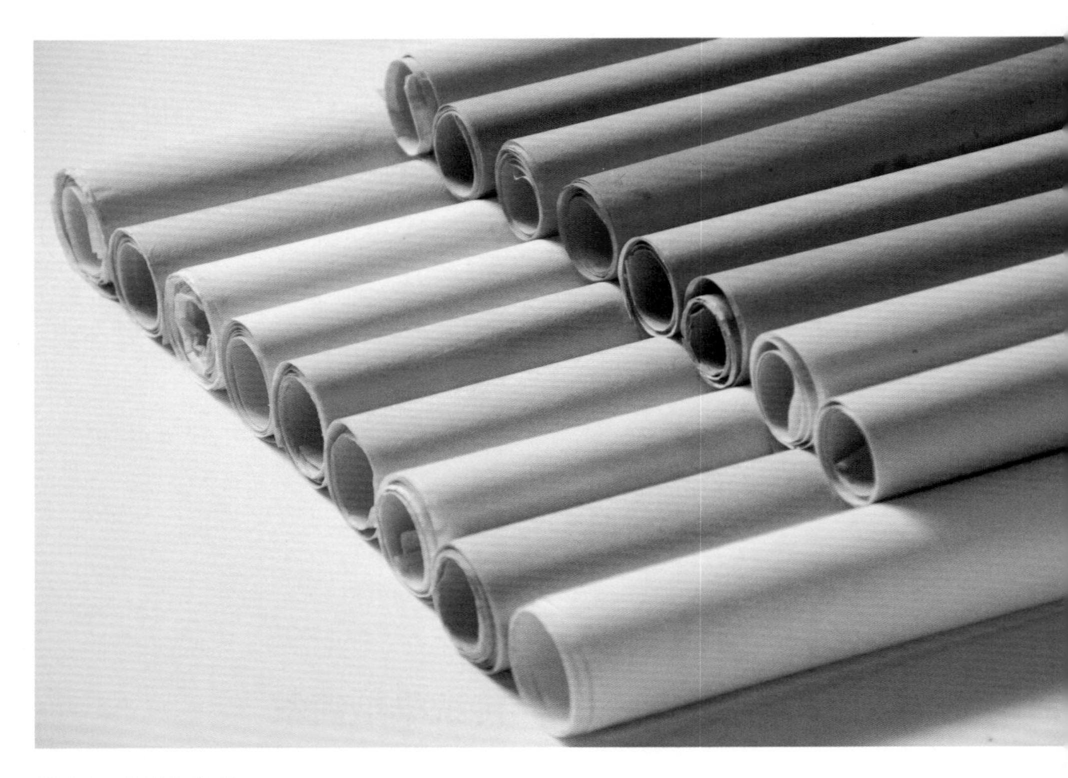

图 4.1 各种染色纸

称为浮碧、鹄白诸名，五颜六色，令人眼花缭乱。更有甚者，后赵的石虎篡位之后，为了显示自己的尊严，令人染五色纸用以书写诏书。这表明当时的染纸技术已相当高超，从单色发展为五色彩纸，也用彩色纸作为诗笺。《南史·陈本纪下》载："后主愈骄……常使张贵妃、孔贵人等八人夹坐，江总、孔范等十人预宴，号曰狎客。先令八妇人襞彩笺，制五言诗，十客一时继和……"

唐宋时期是我国造纸及加工纸发展史上的黄金时代。唐代出现了薛涛笺、松花笺等较为有名的染色纸。薛涛是唐代女诗人，经常吟诗、写诗，写诗所用纸张是她亲自设计的一种深红小彩笺，是用芙蓉花的汁加入芙蓉皮为原料的纸浆造出的色纸。由于这种色纸由薛涛设计，因而被称为薛涛笺。制作松花笺时，将槐花半升炒焦赤，冷水三碗煎汁，用银（云）

母粉一两、矾五钱研细，先入盆内。将黄汁煎起，用绢滤过，方入盆中搅匀，拖纸以淡为佳。[1] 宋代更出现了谢师厚创制的谢公十色笺，颜色有深红、粉红、杏红、明黄、深青、浅青、深绿、浅绿、铜绿和浅云等十种。[2] 说明此时已经能够分出颜色的深浅程度，同样一种红，就有深红、粉红、杏红之分，同样一种绿，就有深绿、浅绿、铜绿之分，青色实际上也是绿色，因而如果再加上深青和浅青，光绿色就有五种之多。[3]

元明时期，通过染色加工的纸笺也很多。如用五、六月戎葵（即蜀葵）叶，和露摘下，捣烂取汁，加少许云母及明胶，搅拌均匀，将桑皮纸或楮皮纸放入汁液中拖染，晾干后再经研光，呈青绿色，绿色纸面中闪现出银白色而明亮的云母，犹如蓝天上的繁星。[4] 用此法制成的加工纸称葵花笺。再如，观音帘坚厚纸（为原纸）先用黄柏汁拖过一次，复以橡斗汁拖一次，再以胭脂汁拖一次，逐渐晾干，加以研光后为宋代黄色藏经笺。[5] 此纸非常名贵，书画家不惜高价访购，因此元明仿制宋笺者甚多。古代对纸张染色素以青色、黄色为尊贵，皇帝用以写诏书，他人不能僭用。[6] 后来这种限制逐渐解除，但“黄麻诏书”的传统仍保留了下来。民间用纸的风尚也有所改变，从明代开始形成了以红纸表示喜庆吉利的观念，以致“红纸独尊，一红到底”，直到今日仍深入人心。明隆庆年间（1567—1572 年），无锡生产一种叫“朱砂笺”（图 4.2）的加工纸，用以书写喜联，甚为雅致。“纯用朱砂积染而成，胶法既善……用书春联，历数十年，鲜殷不改”。[7]

清朝廷内宫用纸，在康、乾时期，除很小部分由清廷宫纸局（厂）

[1] （宋）苏易简，（明）项元汴 . 文房四谱　蕉窗九录 [M]. 杭州：浙江人民美术出版社，2016: 142.
[2] 戴家璋主编 . 中国造纸技术简史 [M]. 北京：中国轻工业出版社，1994: 125.
[3] 《造纸史话》编写组 . 造纸史话 [M]. 上海：上海科学技术出版社，1983: 84.
[4] 戴家璋主编 . 中国造纸技术简史 [M]. 北京：中国轻工业出版社，1994: 176.
[5] 戴家璋主编 . 中国造纸技术简史 [M]. 北京：中国轻工业出版社，1994: 177.
[6] 戴家璋主编 . 中国造纸技术简史 [M]. 北京：中国轻工业出版社，1994: 179-180.
[7] 戴家璋主编 . 中国造纸技术简史 [M]. 北京：中国轻工业出版社，1994: 179-180.

图 4.2　朱砂笺（复制）

加工生产外，大部分由各地征收或派贡。光绪帝御用的五色洒金笺及其他笺纸，很是豪华讲究。而苏州所制各色加工笺素负盛名，光绪特下旨选贡此项名贵笺纸，以供御用。

清代的笺纸，承明人制法，种类甚多。在民间，北京南纸店加工的色笺花样繁多，用黄柏、胭脂、栀子、赤芍等各种有色药物做染料，捣碎熬汁后分别拖染，则成仿宋色笺。[1]

拖纸染色是我国古代染纸普遍使用的方法，工艺成熟，便于操作，一直沿用到今天。

[1] 戴家璋主编 . 中国造纸技术简史 [M]. 北京 : 中国轻工业出版社 , 1994: 209.

第二节　染纸常用的染料与颜料

染料和颜料是有区别的，染料的颗粒非常小，但染色后透明度好，可溶解于水和溶剂，对材料纸有亲和率，但耐光性低。而颜料颗粒相对较大，且透明度差，一般不溶于水和许多溶剂，在使用时往往需要借助黏合剂来使用，但往往覆盖性好，耐光性高。用来染制传统加工纸常用的颜料有化学合成染料、植物染料、美术绘画颜料和矿物质颜料等，一般都是可以用水来稀释的。不同的颜料在染纸过程中起到不同的作用，染纸的方法也不同，要根据实际情况加以选择。

1. 化学合成染料

化学染料按应用性能分类为直接染料、酸性染料、阴离子染料、活性染料、不溶性偶氮染料、分散染料、还原染料、硫化染料、缩聚染料等。

纸张的主要成分是纤维，呈弱碱性，因此在选择染料时，以中性染料为好，酸性染料对纸张纤维有破坏性作用。用化学染料染纸时，宜选择直接染料。直接染料是一种水溶性阴离子染料，其分子中大多含有磺酸基，有的含有羧基，染料分子与纤维素分子之间以范德华力和氢键相结合。直接染料主要用于纤维素纤维的染色，也可用于蚕丝、纸张、皮革的染色。

2. 植物染料

传统的植物染又称草木染、中草药染，是指在染色过程中不使用或极少使用化学助剂，而使用从大自然中取得的天然染料对产品进行染色的一种工艺。利用自然界花、草、树木的根、茎、叶、果实、种子等进行植物染色，使纸张的染色有别于化学染料染色，不会产生污染环境和对人体健康有害的废水，或其他的工业污染。来自植物的染料，是在美丽的颜色中回归自然。“草木染”使用天然植物染料对纸张进行染色，是中国传统的染色方法，它天然、环保，具有现代工业染色无法表现的

艺术性。（图 4.3）

我国利用天然有色物质染丝、染纸、染棉等的历史悠久。古书的记载和出土的文物，都证明了我国早在西周（公元前 1046—前 771 年）时已经明确分别出煮、浸、暴、染四个染色步骤，并设有管理染色的官职——染草之官（又称染人）。在秦代设有“染色司”、唐代设有“染院”、明清设有“蓝靛所”等管理机构。西晋时期的《南方草木状》记载有从苏木中提取黄色染料。明代宋应星在《天工开物》中列出了二十多种植物染料的来源，并载明了染制和定色的方法。他还指出，古代人类所穿衣服的各种颜色，是根据其社会阶级而定，不能逾越。黄色是最高级，为皇帝专用；青色为最低级，是平民衣服的颜色。但因平民人数众多，所以青色的染料需求量大。青色的染料，来自“蓝类”植物。《本草纲目》

图 4.3　用植物染色而成的纸

解释，所谓五蓝，就是茶蓝、蓼蓝、马蓝、吴蓝和木蓝。其实在分类学上，它们分属于不同科属的植物，其中木蓝和马蓝多生于华南。野生植物中也有多种是含有颜色染料成分的，其中最多的是蓼蓝、马蓝、薯莨、红花、茜草和栀子。我国多种古籍文献中记录了色彩的名称，如东汉《说文解字》中有 39 种色彩名称，明代《天工开物》《天水冰山录》则记载有 57 种色彩名称，到了清代的《雪宧绣谱》已出现各类色彩名称共计 704 种。明清时期，我国天然染料的制备和染色技术都已达到很高水平，染料除自用外，还大量出口国外，产生了深远的影响。

可以用作染料的植物有很多，在实际中要根据性价比来挑选材料。木本植物是植物染料的主要来源之一，如树皮、树根、树枝、树叶，只要是含有色素并能用于纸张染色的都可以采用。草本植物中，野生的杂

草也可做染料，如葎草、荩草、飞机草等。这些植物染料来源丰富，成本较低且不会破坏生态资源。许多做染料的植物兼有药草的作用，如染蓝的蓝草具有杀菌解毒、止血消肿的功效，其他如苏坊、红花、紫草、洋葱等染料植物，也是民间常用的药材，这些植物能使染料具有杀菌、防虫蛇与提神醒脑等特殊功效。植物染料中还有部分原料是名贵的中草药材，染出的颜色不仅纯洁艳丽，色泽柔和，而且不伤皮肤，对人体有呵护保养作用。

除了从以上提到的各种植物中制取染料，也可以从农副产品中获得染料，如茶叶、水果、蔬菜等。茶叶富含茶多酚，主要作为饮料使用，有较强的抗菌保健功能。绿茶、红茶、乌龙茶、普洱茶都可作为染料。此外，茶树的老叶、茶叶末、陈茶等价值稍低的也可用作染料原料。水果的色素大多在果壳，也有的在果树的根、皮、枝叶里。蔬菜中有些不可食用部分，如丝瓜叶、洋葱皮也都可以作染料。

需要注意的是，由于原材料的产地不同，收购或采集时间的不同，色素会有很大的不同，提取的时间、方法也有不同。

草木染的染料来源于大自然，我国幅员辽阔，地理、气候等自然条件复杂多样，染料资源丰富，草木染的工艺、技术在历史上都享有盛誉，在许多乡村和少数民族地区还保留着这一传统。因此，运用现代科学技术开发植物染料这一宝贵资源，提升染料植物资源利用水平，满足国内外对天然、环保的加工纸的需求，使草木染这一古老的技艺重新焕发生机，对于保护和传承中国传统文化也是有很大意义的。

笔者就草木染的部分颜色列举于下，以供参考：黄柏（黄色）、橡子（褐色）、艾叶（淡绿）、茜草（红色）、紫草（紫色）、苏木（砖红色）、苏枋（红色）、靛蓝（蓝色）、红花（红色）、黄栀子（黄色）、姜金（黄色）、槐米（黄色）、姜黄（黄色）、薯莨（棕色）、菘蓝（蓝色）、蓼蓝（蓝色）、荩草（黄色）、紫苏（紫色）、墨水树（黑色）、五倍子（黑色）、皂斗（黑色）、红茶（砖红色）、洋葱皮（黄绿色）、黑米（灰褐色）。

大部分植物颜色的提取，是通过对植物的浸泡和用水煮的方法。但是靛蓝颜色的提取，则要经过特殊方法获得。明代宋应星在《天工开物》中亦云："凡蓝五种，皆可为靛。"他所称分别为菘、蓼、马、吴、苋五种蓝。将蓝制成靛要经过采摘、下坑、搅拌、打花、出靛、上缸、储藏等十几道工序，历时二十天左右。所谓靛是指蓝和紫混合而成的一种颜色，靛是处于蓝紫之间的冷色。

各种植物颜色要染在纸上，大都通过拖染的方法来进行，但也有通过浸染、刷染来染制者。植物染料颜色柔和、不刺眼睛，有的植物如黄柏还有避虫功效，可以延长纸张的寿命，使纸张长期不被虫蛀。植物染料对纸质纤维有很好的亲和力，是一种很好的染色剂，经过植物染料染的纸，色泽鲜艳度普遍较好。这些都是植物染料特殊的功效，是化学染料无法媲美的。植物染料也有不足之处，那就是从植物中所提取颜色的浓度远不及化学染料的浓度高。从植物中提取的染料一般颜色都比较淡，染起颜色来要慢许多，要想获得较浓艳的色泽，就不得不反复染，一般要染好几遍，有的要染十多遍，甚至更多。如用靛蓝染制瓷青纸，用浓的化学染料只要染六遍就可以达到理想的艳度，而用植物靛蓝染要复染几十遍，甚至要染上百遍才能获得浓艳的颜色。染料上色慢、费工费时，这是植物染料的缺点。

3. 美术绘画颜料

美术绘画颜料的品种比较多，常用的有丙烯颜料、油画颜料、国画颜料、水彩颜料、水粉颜料、矿物质颜料。纸张染色及木刻水印颜料一般选用国画颜料、水彩颜料及水粉颜料，丙烯颜料虽然可以用水稀释，但基本不用，油画颜料也较少使用。

（1）国画颜料

国画颜料是用来绘制中国画的专用颜料，有从植物中制取的植物颜料及将矿物研成细末制成的矿物颜料。植物颜料比较细腻，颜色透明，可以相互调和，无覆盖力，年久易褪色；矿物颜料不透明，有覆盖力，年久不褪色。国画颜料根据形态可分两种，一种是管状颜料，另一种是块状颜料。管状颜料是由专业工厂将颜料制成软泥状，装在锡管或塑料管中，使用时只需将颜料挤出便可，非常方便；而块状颜料则以传统的加工方式将颜料加工成块状，要用水溶解后才能使用，而且每种颜色的溶解方法也不一样，需要根据厂家提供的方法使用。

（2）水彩颜料

水彩颜料泛指用水进行调和的颜料。它透明度高，色彩重叠时下面的彩色会透过来，色彩鲜艳度虽不如彩色墨水，但着色比较深，即使时间长也不易变色，适合喜欢古雅色调题材的绘画。

（3）水粉颜料

水粉颜料由粉质材料组成，属不透明水彩颜料，覆盖能力强，色彩饱和度好，一般用于水粉题材的绘画。

以上几种绘画颜料，在我们制作加工纸时，有的用来直接染色，有的用于木刻水印的印制，至于如何选择运用，在后面的染色方法内容中作具体介绍。

4. 矿物质颜料

矿物质颜料也称石色，主要有两类：一类是用天然矿石作为原料，经粉碎、研磨、分级、精制而成，主要用于绘画、工艺品仿古、文物修复等；另一类是以天然矿石为原料，经过一系列化学处理加工而成的化工合成颜料。矿物质颜料具有抗晒、耐热、附着力强等特性，但色谱不齐全，着色力低，色彩艳丽度差，一部分金属盐和氧化物毒性大。但是矿物质颜料本身具有天然的宝石光泽，用它绘制而成的作品既有传统的东方神韵之美，又具备现代绘画语言的视觉冲击力，是一种在绘画创作上极具表现力的媒材，可用于任何画种。矿物质颜料可以在任何材料上使用，如宣纸、皮纸、水彩纸、绢布、亚麻、墙壁、木板等。

矿物质颜料色系与原石名称可分类如下：

（1）蓝色系：石青（蓝铜矿）、青金石末（青金石）、绿松石末（绿松石）、紫云末（方钠石）、蓝灰（蓝铁矿）、银灰（蓝闪石）等。

（2）绿色系：石绿（孔雀石）、绿青（硅孔雀石）、芽绿（绿色泥灰岩）、橄榄灰（硅镁镍矿）、橄榄绿（橄榄绿铜矿）、椿（绿帘石）、碧玉石末（璧玉）、利久（硫锰矿）、白翠末（天河石）、黄绿（镍华）、浅绿（水胆矾）等。

（3）红色系：朱砂（辰砂）、红珊瑚末（红珊瑚）、玛瑙末（玛瑙）、石榴红（石榴子石）、赤茶（赤铁矿）、香妃（黝帘石）、岩肌（透长石）、赤口岩机（片沸石）、橘红（铬铅矿）、朱土（红色泥灰岩）、红土（红色白垩）、赤口岱赭（钠闪石）等。

（4）黄色系：雌黄（雄黄）、雄黄（鸡冠石）、茶色（黄锑华）、倩茶（纤铁矿）、棕色（独居石）、岩焦茶（水锰矿）、金茶末（褐铁矿）、岩金茶（闪石）、岩黄土（黄土）等。

（5）紫色系：岩古代紫（钴华）、豆沙色（磷钇矿）、紫茄（紫苏辉石）、驼红（钙铁灰石）等。

（6）黑色系：电气石末（黑电气石）、黑曜石末（黑曜石）、紫黑（斑铜矿）、棕黑色（黑钨矿）、岩黑（钛铁矿）、石墨（石墨）、锰黑（软锰矿）等。

（7）白色系：盛上（硅灰石）、水晶末（水晶）、方解石末（方解石）。

（8）其他色系：明矾（明矾石）、云母色（云母）等。

第三节　颜色的调配及传统颜色的特点

对于没有学习过美术绘画或没有掌握色彩知识的人来说，要调配好各种颜色的确是件难事，面对各种不同的颜料色彩，不同性质的颜料，往往束手无策，不知怎么调配。下面简要介绍颜色的调配，以供参考。

加工纸笺大都不是单一的颜色，很多是复色（多种颜色的调合），都涉及颜色的调配，尤其是染色纸、粉蜡笺及木刻水印中各个饾版印刷的颜色，都离不开颜色的调配。用业内的话来说，看你颜色调得准不准，就要看你掌握调色盘（绘画时用来调整色彩的盘子）熟不熟，如果不熟，有的颜色就调配不出来。

对于纸张的染色，刷色及粉蜡笺颜色的配制和木刻水印中饾版所使用的颜料性质都有所不同，有的是国画颜料，有的是矿物质颜料，有的是植物染料，还有的是用来染色的化学颜料，可谓品种众多。虽然颜料较多，但是对于颜色的调配方法大致都是一样的。我们平时所见的颜色众多，本书无法将各种颜色的调配都一一介绍，只能围绕简单实用的、用于加工纸笺的颜色的调配进行讲解，以便掌握。

仿古色（茶色、咖啡色）：红 + 黄 + 黑。

朱红色：大红 + 黄 + 黑（少许）。

橘红色：大红 + 黄。

淡红（粉色）：大红 + 白（或加水）。

砖红色：大红 + 黄 + 蓝（少许）。

紫红色：大红 + 蓝（少许）。

紫色：蓝 + 红。

灰色：黑 + 白 + 蓝。

绿色：蓝 + 黄。

翠绿：石青 + 黄。

麦绿：蓝 + 黄 + 黑（少许）。

淡绿：蓝 + 黄 + 白。

桔黄：黄 + 红。

土黄：黄 + 红 + 黑(少许)。

佛教黄：黄 + 红 + 黑（少许）。

这里的白是指白色。如果水色染纸，用水稀释颜料就可以降低颜色的饱和度，染色变淡下来。如果是刷染就要用到白色，在调灰色时必须用白色，没有白色，灰色是调不出来的。要想调配的颜色准确，还要反复试验、反复调制，才能更准确地掌握这方面的知识。

我国传统颜色的特点，大多十分沉稳而又含蓄，这与国外使用的色彩有着很大的不同。我国传统颜色一般都不用直接色（单独的红、蓝、黄等），多用复色。中国画的山水，多用花青染色。花青为蓝靛所制，蓝靛其实是植物青色总称。蓝靛因产地不同，名称不一，即或植物科名相同，名称亦异。绘画用的花青系采自蓝草之叶及花。花青虽是蓝色，但也不是纯蓝，而是一种蓝褐色。传统的染布、染纸采用蓝靛，又称南板蓝、马蓝，属爵床科马蓝属，是多年生草本植物，其根、茎、叶均可入药，也可加工成染料蓝靛染泥，是布依族常用的天然染料。我国古代染纸多用黄柏制作染料，而且一直沿用至今。但用黄柏所制染料染出来的纸也不是纯黄色，而是略显黄褐色，其他麦绿、橘色、佛教黄更是如此。

朱红色具有沉稳而又庄重的特点，它广泛用于重要建筑的粉刷，可使建筑物庄严、隆重、雄伟、壮观。我国很多的古建筑及寺庙均用朱红色颜色粉刷。在民间，一些文化场馆、商铺等也会采用朱红色来装点门面。许多牌匾用朱红色做底色，书写金色文字，悬挂于大门之上。

第五章

传统加工纸笺染色的五种技法

传统加工纸笺染色的方法有很多，本章集中介绍白宣纸及各种手工纸的染色方法。对不同数量的纸张进行染色，所采用的方法也不一样，主要有台染、拖染、浆染、浸染及煮染、刷染等五种技法。

第一节　台染

如需要染色的纸张数量少但品种多，为不浪费材料，一般会在工作台上进行染色，这种染纸方式称为台染。

1. 材料

台染需要的材料有安徽泾县的宣纸、书画纸、膏状国画颜料、管状国画颜料、明胶、水。

（1）宣纸、书画纸

宣纸一般选用安徽泾县的单宣。宣纸含有檀皮纤维，韧性好，纸张拉力强，比较适合染色。如果是净皮单宣更好，净皮单宣含檀皮成分多，纸张拉力更强，操作时不易破损，成品率较高。书画纸多由龙须草、木浆制成，木浆纤维短，拉力弱，时间久了会变黄，在染色过程中容易破损，一般不选用。厂家在生产书画纸时，只要加入适量的皮料就可以增强纸张的强度，这样的书画纸也可以选用，但成功率远不如宣纸。

（2）膏状国画颜料及管状国画颜料

膏状国画颜料是由天然植物、动物、矿物质原料制成的盒装小块国画颜料，颜色纯正，质量可靠，是国画的重要颜料。用花青膏、赭石膏、藤黄块等膏状国画颜料染纸前要用清水浸泡化开。浸泡藤黄块时要用凉水，热水浸泡容易变质。要经常搅拌，使渣滓等杂质沉淀。花青膏是由蓝靛加轻胶制成，比较细，用热水溶化比较快，不会影响质量。用墨作染料时要现磨现用，不要用墨汁和隔日研的墨。隔日研的墨会凝固成细小的颗粒，染色和刷色水时会出现黑的墨道和墨点，使纸张染花。管状国画颜料使用时就不那么麻烦了，只要挤出颜料用水溶化后，再加上适量的明胶水就可以，而且价格便宜，容易购买，上色率也比较高。

（3）明胶

明胶为黄色透明颗粒，在染色过程中起固色作用。使用前，先用温水浸泡，隔日放入锅中煮十多分钟后备用。在调好颜料后，倒入适量的胶液。一般染二十张纸，倒入一两胶液就可以了。天冷时胶液容易凝固，只要稍稍加热即可溶化。

（4）水

染色时使用自来水即可，用于稀释颜料和明胶等。

2. 工具

台染使用的工具有羊毛排笔、棕刷、晾纸杆、挑纸杆、糨糊、纸夹、晾纸架、竹竿等。前面四种工具前文已做叙述，不再赘述，这里简单说一说糨糊、纸夹。纸在染好色后要进行自然晾干，传统的方法是用糨糊把纸的白边粘在晾纸杆上，放到晾纸架上晾干，干燥后再将纸边撕去。每次使用后都要清理粘在晾纸杆上残留的纸边，如果清理不干净，晾纸杆受潮后粘纸位置会发生霉变，很不卫生。笔者对此进行了改良，使用纸夹固定纸边，干燥后松开夹子便可以下纸了。这样既方便又卫生，晾纸杆会很整洁。

晾纸架是用来搭晾纸杆的架子。传统的晾纸架有的是由多根竹竿捆绑搭成的，现在也有用由钢丝拉直后做成的，都要固定在一个场地使用。笔者经多年使用发现，这两种晾纸架占用场地较多，还不能兼做其他工作使用，比较浪费空间。笔者后来对晾纸架进行了改造，具体方法是：用一根长 1.8 米、直径 2~2.5 厘米的钢管做主杆，下方焊 3 个 140° ~150° 的支架，在主杆上方 15~20 厘米处打洞，攻上螺纹，安上能进退的螺丝并拧紧固定。如果管壁较薄，也可以在打洞处焊上相应的螺帽，配上同尺寸的螺丝，能拧进拧出即可。另用一根约 80 厘米长能方便插入钢管的圆钢，将其一头做成两边各约 6 厘米的 V 形叉口，将圆钢插入管内，利用管内螺丝进行固定或调节叉架的高低。这样，支架就做好了（图 5.1）。支架需要多少，是根据使用数量而定的。在这样的支架上面架上竹竿，调动支架的位置就可以晾纸了，使用比较方便，无论纸宽或窄，多或少，都可以使用。这种晾纸架可以随用随搭，用后可以拆除，不占用场地，晾四尺、五尺、六尺纸都可使用。竹竿一般选用圆直径 2.5 ~ 3 厘米粗细即可，长度在 3 米左右。尽可能平直些，一般晾衣服的竹竿也可使用，搭建方法如图 5.2 所示。

3. 染纸前的准备工作

染纸前，要先把颜料用温水调好，加上适量的明胶液，充分搅匀备用。还要将羊毛排笔的羊毛捋顺，不要散开。

4. 台染的具体操作

先将羊毛排笔蘸上色水，并在盆沿边刮去多余的水分，就可以开始在空的工作台面上刷色水。先依次竖刷一遍，而后横刷一遍，刷色水的面积应比要染的纸张略大一些。在空的台案上刷色均匀后取出一张白纸，平铺在刷过色水的台面，然后用手将纸抹平。此时干纸在少量吸收水分后会稍有膨胀，此时先把纸掀空，再放回进行刷色。刷色的方法不同于

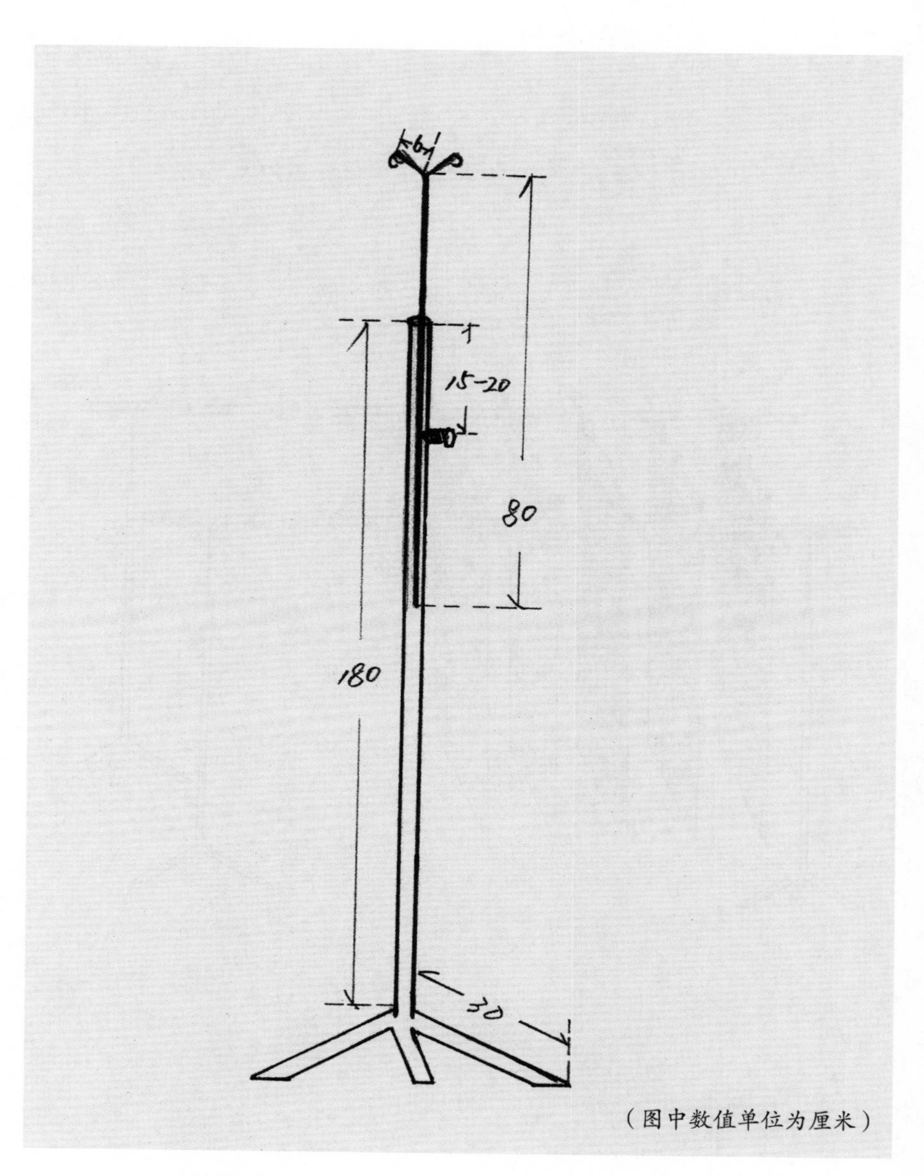

图 5.1　晾纸杆支架

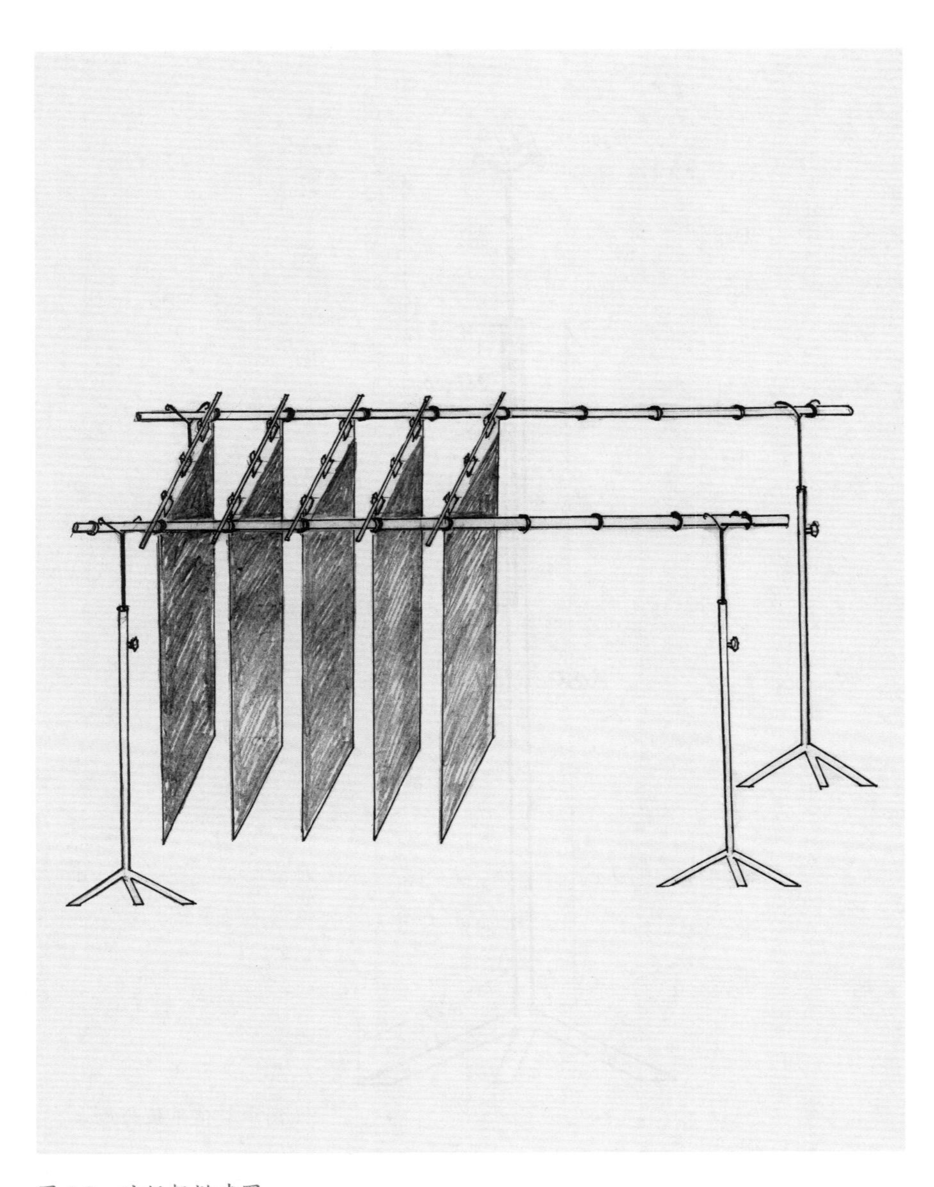

图 5.2　晾纸架搭建图

刷糨糊水，羊毛排笔始终要少蘸色水，而且要先竖刷然后再横刷，将第一张纸在台案上如同裱刷糨糊一样刷平，不能有气泡或褶皱，褶皱会使颜色变深，不易处理。在纸的一头应留有3.5~4厘米的白纸不刷色，它是用来粘晾纸杆使用的。刷平第一张纸后，再拿出另一张白纸进行覆纸，在对准刷好色的纸的四边后，用棕刷将第二张纸刷平，拿起羊毛排笔开始对第二张纸进行刷色，方法与第一张相同。在刷色时还应不时站到工作台的一头，从逆光处低头查看整张纸吸收色水的状况，若发现有局部发白处，应及时进行补刷，使颜色均匀。按以上方法操作，在染到十多张纸时应停止染纸，并将染好的纸张打翻在台案上，背面朝上，再用棕刷把已染好的纸通刷一遍，使整叠纸张吸水更加均匀。至此，染纸的工作便告一段落。而后，将纸一张张地揭开。揭纸时，用手蘸点厚的糨糊，抹在最上面的色纸白边处。拿出晾纸杆，把纸的白边粘在晾纸杆上。要注意的是，纸的两边应留有相等的距离，以便放在晾纸杆上。然后左手平着掀起晾纸杆，将整张纸逐渐提起来，慢慢用力，不可歪斜。当提纸至五分之二时，右手拿起挑纸杆，插入已掀起纸的下方，慢慢往上平抬，左手相应跟上，将纸的下半部挑起，使整张纸掀开。掀起纸后，双手提纸走出工作台，而后慢慢抽回挑纸杆，将纸垂直放在晾纸杆上，然后慢慢移动到晾纸架上，将纸平架在晾纸杆上进行晾干。按以上方法将染好的纸依次逐一揭开，分别平放到晾纸杆上进行自然晾干。

如果再染其他颜色的纸时，也按以上方法操作。为了保证染纸的干净，用过的羊毛排笔及棕刷都要清洗干净才能再次使用。在刷邻近色（相近的颜色）时可以使用清洗过的羊毛排笔及棕刷，而染色差较大的纸张时，一定要另换新的羊毛排笔和棕刷。

也可以用台染来染白的绫或绢，但不同的是绫或绢要经过托裱后才能染色。对于裱画中使用的深色镶边梳条，也可以通过台染方法来刷制。

以上就是在工作台上染色的过程，在后面讲述绢笺制作方法时还会介绍具体的操作方法。

第二节　拖染

如果我们需要染更多成刀 (100 张为 1 刀) 的纸，就要考虑用拖染这种工艺来染色。拖染是我国传统的染纸方法之一，它是把用来染色的色水放置在一个长方形的盘或盆中，利用晾纸杆把纸的一头横面粘住固定，而后把纸平放在色水中，让纸张吸收色水，边吸收色水边拖走，再利用盘或盆的边沿刮去多余的水分，能使所染纸张颜色更为均匀。此方法设备简单、工艺成熟、染纸均匀、操作方便，古代人们大多用这种方法染纸，并一直沿用到今天。小规格的纸张可用小的长方形的盘或盆来拖染，而大规格成批量的纸张，可用专用的拖纸盆来拖染。拖染用料大，一般选用染料来染色。拖染不但适用于纸张的染色，还可以用来制作其他加工纸，如矾宣、云母笺及各种颜色的写经纸、瓷青纸等。

1．材料

拖染常用的材料有宣纸、染料、胶液、配色桶、水、糨糊等。

（1）宣纸

拖染用的宣纸采用安徽泾县的四尺单宣。

（2）染料

由于拖染的纸张数量多，拖纸盆的容量大，需要的色水多，因此我们多选用化工染料做染纸的材料。化工染料上色率高，成本比国画颜料低，比较适合做拖染的材料。化学染料的品种众多，为了不破坏宣纸的纤维，我们通常采用直接染料或食用色素来做染料。化学染料在溶解时需要一定的温度，因此在配色时用 40℃以上的热水先进行溶解，待冷却后再加清水进行稀释。食用色素的溶解温度略低。

（3）胶液

胶液起固色作用，可根据色水的量添加。染色的纸张多则多加，少则少加，100 张纸约加 8 两胶液。

（4）配色桶

配色桶又称配料桶，在稀释染料调配色水时使用。在配色桶中把染料配好色，加入适量的胶液和水后，再倒入拖纸盆中。如果拖纸量大，需要在调配色水后，桶里留存适当的色水，在拖完 60 张（视纸张厚薄而定）左右后，再将留存的色水倒入拖纸盆中进行补充，尽量使成批量的纸张颜色一致。

（5）水

水用于稀释染料。稀释染料的水应根据颜色的浓度而定，在配色过程中要不断用纸来试样，以确保颜色的准确性。

（6）糨糊

糨糊是用来把纸粘到晾纸杆上拖纸用的，因此要采用较稠的糨糊。为了保证粘牢纸张，可提前一天把要染的纸粘在晾纸杆上，为第二天拖纸做准备。还有一种方法，是用夹子来固定纸张，可以现夹现拖，方便快捷，还能保证晾纸杆的干净。

2. 工具

拖染常用的工具有拖纸盆、架盆桌与木架、引纸板、垫盆块、垫板、晾纸杆、晾纸架等。

（1）拖纸盆

拖纸盆是用来拖色纸的主要工具，由铁皮敲制而成。制作拖纸盆时，需要白铁匠人配合完成。以拖染四尺宣纸的拖纸盆为例（铁皮厚 2.5 毫米、盆长 80~85 厘米、宽 63 厘米、高 12 厘米），在制作盆口时，四边应用圆钢包裹，使咬口严实不会漏水，在宽的两边应有把手（图 5.3），盆口翻边一定要平直，尤其长的两边是用来刮去多余的水分，不能有弧度，否则在拖纸刮水时会使纸张吸水后留下不规则的长痕迹，非常不美观。每次使用完拖纸盆后，要洗刷干净，放在通风处晾干。

拖纸盆作为制作加工纸常用的工具，它不仅可以用来染纸，还可以用来制作其他产品，如常用的矾宣（熟宣）就是通过用它拖染胶矾而成

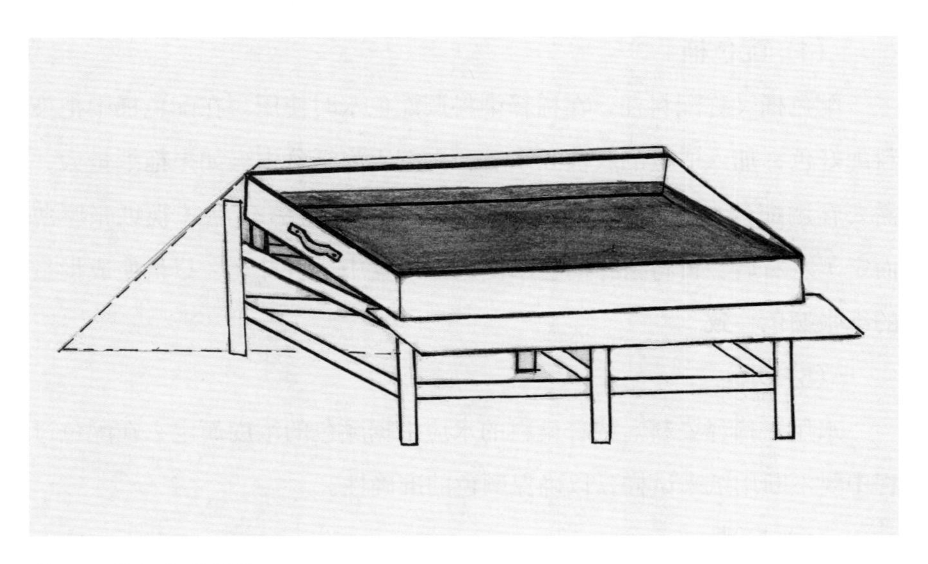

图 5.3 拖纸盆式样图

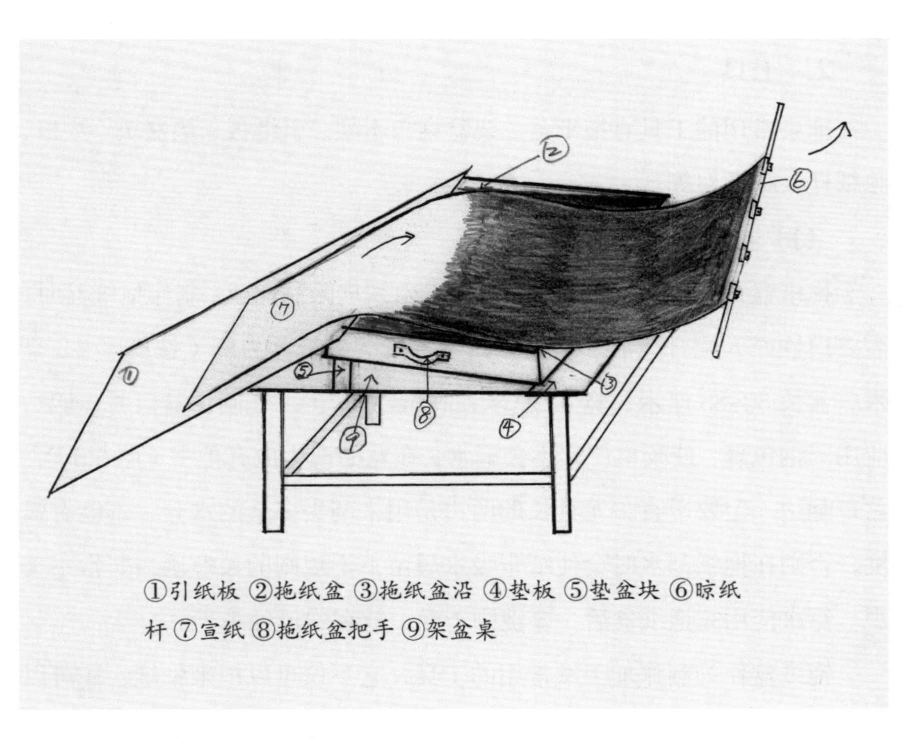

图 5.4 架拖纸盆图

的。由于矾宣中胶的含量比较多（胶、矾、水的比例为 3 ∶ 1 ∶ 15），在天冷胶会凝固时，还需要在拖纸盆下放个炉子或加热器进行加热来解决这一问题。

（2）架盆桌与木架

架盆桌是用来架高拖纸盆用的小桌子。当拖纸盆抬高到一定的高度时，拖起纸来更加轻松省力，不用弯腰低头去操作，同时也便于观察拖染时的染色状况，确保拖染的质量。架盆桌可用木材制作，也可用铁件制作，结构如同桌子，具体尺寸为桌面宽 80 厘米，长 100 厘米左右，高度在 40~45 厘米。如果觉得制作架盆桌比较麻烦，也可用粗木条做成严实的木架，尺寸与架盆桌大致相同（图 5.4），要保证其能承受拖纸盆加入大量色水后产生的压力。在天冷拖矾宣时，还可将炉子或加热器放在木架内进行加温，以防止因天冷胶液凝固而影响工作正常进行。

（3）引纸板

引纸板是搭在拖纸盆沿一边的五合板，它主要用于将干的纸张拉入拖纸盆中，使纸张下色水前保持干净。引纸板的尺寸为长 100 厘米左右，宽 90 厘米。使用时，引纸板一头搭在盆沿，一头放在地上（如图 5.4）。

（4）垫盆块

垫盆块是垫在拖纸盆下的木块，大小根据拖纸盆的尺寸而定。通常我们配的色水不需要一整盆的量，只需拖纸盆容量的一半或五分之三即可，通过在拖纸盆下垫放木块，让拖纸盆一边高一边低来调整色水水位，使拖纸更加方便。用木块垫盆的具体做法是：把调制好的色水倒入拖纸盆后，将拖纸盆的后边轻轻抬起，动作不宜过快，否则水会荡出盆口，再把木块塞入盆下并逐渐向前移动，使整盆水聚集到盆沿并与盆沿平齐时，塞实木块，即可固定水位，这样拖纸的出口更为顺畅、快捷。在拖染过程中色水会逐渐减少，只要将垫盆块再向前移动，使色水再次聚集到盆沿便可继续操作。

（5）垫板

在拖纸时，需要来回走动，会有水滴在地上，可用纸板垫在盆下，以保持地面干燥。

3. 拖染前的准备工作

拖纸前，架好晾纸架，把要染的宣纸一头粘在晾纸杆上，在架盆桌或木架上放上垫板，安放好拖纸盆，将色水倒入盆中。此时会产生一些泡沫，可用包宣纸的皮纸吸取。然后垫上木块，调整好水位，搭上引纸板，顺着盆边出口处垫上纸板便可以拖染了。为了使染色纸与来样色纸一致，此时可用小一点的纸张先试拖。晾干后，若无异样，就可以拖染了。

4. 具体操作

拖染时，先把粘在晾纸杆上的宣纸拿起，顺着引纸板拉入拖纸盆。拖到接近出口的盆沿处时要抬高晾纸杆，晾纸杆不能接触色水面，使纸张与色水面平行后，再稍稍往回退点，慢慢将纸张的前方浸入色水中，但不要淹到粘纸处，留下 1~2 厘米白纸。可双手持晾纸杆使纸张保持平衡，不发生倾斜，待纸张的前方都浸入色水后，便可慢慢往上拖，边拖边注意观察纸张与色水的接触状况。若有较大的气泡就慢点拖，待气泡逐渐变小时再往上拖。拖纸时，纸张的弯折处吸收色水较慢，需要在色水中停留的时间稍长，待折弯处逐渐变小后才能往上拖。待到纸张的尾部进入色水中，只要正常，便可迅速提起，一张纸就染好了。拖染中，纸张是漂在色水上面的，边吸色水边拖动。当纸张吸色水饱和后，再将纸张拖动至盆沿处，利用盆沿刮去多余的水分，使纸张吸水一致，以保证染色均匀。上述就是拖染纸张的全过程。

染好的纸张放在晾纸架上要注意保持距离，相互不能靠得太近，应留有一定的间隙，还应关闭门窗，不能有风，走动时也要放慢脚步，以防止来回走动造成纸张粘连。如果有纸张互相粘连（多数为纸的下角处），粘连处的颜色在干燥后会变深，与整张纸的颜色会不一致。发现后要及时分开，分开时不可用手，要用嘴对准粘连处吹气，将纸吹开。

以上是利用拖染的方法来加工各种颜色的加工纸的方法。我国古代利用拖染来制作的名纸名笺有很多，如唐代的松花笺，宋代的金粟山藏经纸、硬黄纸，元明时期的云母笺等。到了清代还利用各种有机药物、花卉，将之捶碎熬汁来拖染各种颜色的纸，同样品种繁多。

第三节　浆染

如果染成批量的纸，就要到宣纸厂请厂家配合，在打浆机或抄纸槽内染纸浆，这种染纸浆的方法，称为浆染。浆染时，在桶内调配好色水，然后把桶提到抄纸槽边，先把槽内的水和纸浆用专用工具（浆耙）充分搅匀，边搅动纸浆边倒入色水，此时可以看到整个槽内的纸浆都染上了颜色。而后再用抄纸帘抄纸，按照造纸工艺进行压干、晒纸、裁纸等，色纸就制作完成了。浆染制作的色纸颜色非常稳定，而且较为均匀，相比其他的染纸方法要好很多。这里需要强调的是，浆染抄的色纸要保证数量多，工厂的一槽浆要抄纸 800 张以上，所以每种颜色浆染的纸至少要够 800 张。

第四节　浸染与煮染

1. 浸染

浸染是将颜料用水溶解后，将纸在色水中浸泡染色的染色方法。用这种方法来染色，由于纸张都浸泡在色水中，所以染出来的纸张颜色会非常均匀，且纸面纸背都浸在色水中，故上色率也有所提高。这种工艺在制作瓷青纸时也会用到。瓷青纸是用蓝靛染料染制成的，蓝靛属于植物颜料，具有环保、无污染、对人体无害等优点。但是用蓝靛染色的速度非常缓慢，上色率不是很高，每次染色时上色不明显。瓷青纸颜色深蓝，越深越好，高端的瓷青纸要深蓝发紫，蓝中发红。要达到这一要求，就要对纸张进行反复地染色。在选择染色方法时，拖染是很难满足要求的，而刷染也不妥当，纸面在反复刷染时会起毛、起球，甚至破损，因此浸染是最好的方法。浸染时，无论是将纸张平放或竖放在容器中染色，都需要一次性配制大量的色水才能满足需要。色水越新鲜越好，使用两三次之后，色水很容易变质、变色，必须更换新的色水染色，因此颜料使用量非常大。另外，还要根据纸张的大小定制相应的容器。所以，浸染的成本较高，在染色时要根据实际情况选择。

2. 煮染

煮染是把颜料和被染物一起煮沸，让颜料渗透到被染物内部实现染色的一种染色方法。通过煮染工艺对纸张进行染色比较少见。笔者通过手工造纸的朋友发过来的视频发现，在我国少数民族地区，有人用一口大锅烧着柴火煮染一种很厚的纸张。这种染色方法方便、快捷，上色更快，上色率更高，颜料煮沸后颜色更浓，色泽更牢固，有立竿见影的效果。笔者通过调查研究后得知，这种煮染的纸是东巴纸。东巴纸是我国云南丽江地区的纳西族利用当地独有的一种叫“阿当达”（瑞香科的丽江荛花）的植物的皮为原料，采用传统的制浆工艺，用古老的浇纸法制作的手工纸。它是纳西族东巴祭司用来记录东巴经和绘制东巴图画的一种专用纸张，是一种十分珍稀的少数民族手工纸。东巴纸由于厚实、坚韧，所以不怕开水煮烫，也不必担心在煮染中使纸张遭到损坏。当然，一般纸张是不能用煮染工艺进行染色的。

第五节　刷染

很多加工纸的一面有很重的颜色，而另一面则是白纸，这种纸往往是通过刷染来加工的。所谓刷染，是在工作台上对纸张的一面进行刷色的一种染纸方法。刷染工艺只能用于对熟纸（矾宣）进行染色，染生纸是不能用这种工艺的（如图 5.5）。熟纸不透颜色，可以重复刷色，以

图 5.5 刷染的各种颜色纸

增加颜色的浓度及艳度。用刷染工艺制作的传统加工纸有很多，如朱砂笺、羊脑笺、云母笺、粉蜡笺、粉蜡描金纸等。

纸张的刷色一般分两步进行，第一步是对单张熟纸进行刷色，第二步是把刷过的纸张托裱起来，上墙挣平干燥，然后再进行后续的加工。下面介绍刷染需要的材料、工具，以及准备工作、操作过程等。

1. 材料

（1）宣纸

选用已施过胶矾的宣纸（熟宣）。

（2）颜料

可以选用矿物质颜料、植物颜料、中国画颜料。

（3）胶

选用明胶。明胶透明干净，经过温水浸泡后，只需加热就可以与颜料一起熬制。

（4）糨糊

将糨糊调成浓浆。

2. 工具

刷染常用的工具有底纹笔（宽度 16~18 厘米）、晾纸杆、纸夹、面盆、毛巾、棕刷、羊毛排笔等。

3. 操作前的准备

刷染前，搭好晾纸架，调整好适合要刷色纸的宽度。准备好晾纸杆、糨糊、纸夹。将熬制好的颜料用水调整至较稀的状态，以试刷后稍微露底色为准。准备清水、毛巾，用于擦工作台。

4. 具体操作过程

（1）第一步：刷色浆

刷色前，要将熬制的色水的浓度调淡。色水浓度之所以要淡，是因为如果过浓，再刷四至六遍，色水里的胶汁会增多结膜而增厚，使纸张僵硬，影响成品质量，业内称薄层多涂。刷色时，将矾宣横铺在工作台上，用底纹笔蘸上色水，在旁边刮去多余的水分。从矾宣的一头开始刷，一手刷色，一手按纸，防止纸张走动。手持底纹笔一定要平，不能倾斜，只能竖刷（上下），不能横刷，一笔接一笔地刷。竖刷时每笔都要平稳，上下刷到纸边时，底纹笔一定要推到纸边，不能乘势回刷，否则会导致纸张翻边，色水很容易染到纸的背面，难以处理。向下刷也是如此，刷出去后不能回刷。底纹笔上的色水刷完后，再蘸上色水竖刷，直至整张纸第一遍刷色完成为止。整张纸刷色时，应当留 2~3 厘米的白边，做粘纸晾干用。在第一遍刷色完成后，纸会膨胀一些，出现折皱现象。要等纸完全膨胀后，再掀起纸的一头平放在台案上，观察第一遍刷色的状况，从逆光处仔细看纸上有没有底纹笔掉的毛，若有，可用底纹笔的笔尖处将掉毛挑起处理。整理好纸张后，接着刷第二道色。刷第二道色的方法与第一道一致，但刷色前要根据第一道色的深浅调整色水的浓度，使整张纸颜色一致。刷色完成后，要等纸面稍干后再拿起晾纸杆，把白边粘起，挑起整张纸，晾在晾纸架上晾干，一般要晾一昼夜。晾干后，再刷后面几道色，方法与第一道一样。熬制后的色水，虽有一定的覆盖率，但整张纸的颜色均匀是刷色最基本的要求，因此不能认为刷一两遍色就可以了，一般至少要刷四遍才能达到要求。笔者一般刷六遍，以保证整张纸的颜色均匀。要想做好一张纸，就必须一步步地慢慢来，不能急于求成，否则做不出好的纸张。纸张在刷四至六遍后，纸面的颜色已经非常均匀了，这时就可以从晾纸杆取下，再裱刷一张生纸后上墙挣平干燥。

以上是在熟宣纸上刷色的方法。如果是在竹纸上刷色，刷色后的纸张是不能挑起来晾干的，一定要平放晾干。因为竹纸的表面比较平滑，直立晾干很容易流出色道，破坏整体颜色效果。

（2）第二步：回湿、裱纸、挣平、磨光

①材料：覆背用的宣纸（生宣）。

②工具：羊毛排笔、棕刷、油纸、竹起、尺子、刀、川蜡、砑石、面盆、清水、毛巾等。

③操作前的准备：调配好浓的糨糊水。

④具体操作过程：

用毛巾将台案擦干，不能有水迹，否则会影响纸张表面的颜色。取出已刷染好的色纸，颜色一面朝下，横放在台案上，拿起羊毛排笔蘸上清水，把色纸背后通刷一遍。待矾宣吸水膨胀后，将纸张掀起再平放在台案上，用羊毛排笔蘸上浓的糨糊水，开始刷浆。此时，矾宣可能还会膨胀，会产生折皱，因此要一边刷浆一边赶去折皱和气泡，将矾宣刷平，再观察矾宣的状态，如果没有折皱就可以覆纸了。拿起覆背纸（生宣），对准下面的矾宣四边，用棕刷将纸张刷平覆牢。为了使生宣与矾宣进一步粘牢，还要再排刷一遍。而后从一边将两张黏合的纸掀起，重新放在台案上，拿起油纸，将纸的四周边沿拍上糨糊，再提纸上墙，用棕刷把纸的周边刷在墙上，纸的下方留下气眼，等待挣平干燥。

两张纸上墙挣平干燥，天气干燥只需一昼夜便可，天气潮湿则需两昼夜甚至更长。可以用手心去触摸纸张判断是否干燥，若有紧绷感，说明已经干燥了。下纸以晴天最佳。下纸时，拿起竹起子，从气眼起开纸的横竖两边，双手同时用力，将纸从墙上揭下，然后放在台案上，打蜡磨光，再方裁四边，一张刷色纸就完成了。

用此方法做出的纸张，色泽艳丽，纸面光滑，可作砑花或彩绘，也可在加工过程中洒上金箔，使纸张更加美观，用于书写条屏、对联等。

以上是单张纸的刷染过程。单张纸的刷染要求纸张的拉力要好，能经得起反复刷染，如果纸张的强度不够，刷染时会破损。另外还有一种好的方法，就是先将熟纸与生纸裱糊起来，然后再刷色，这样可以增强纸张的强度，在刷色时也不会出现破损。但要注意的是，刷色一定要刷在熟纸的一面，不能刷在生纸上。

如今的书画市场上，还出现了用现代工艺制作的各种花色品种的加工纸。这些加工纸大多是单张的，花色一面是有颜色的，另一面是白色的，是利用现代工艺对纸张进行丝网印色或用喷枪对纸张喷色制成的。本书仅介绍传统的加工纸，对现代工艺制作的加工纸不作具体介绍。

第六章

虎皮宣和流沙笺

第一节　虎皮宣

虎皮宣源于清代。据传，清代某纸坊一纸工不小心将白石灰水（石灰浆）溅落在已染成的宣纸上，又舍不得丢弃，谁知干后，纸面出现了一朵朵白花，形如虎皮斑纹，便将其命名为“虎皮宣”。这种过失行为演化成“洒溅”加工方法，随着染色纸的后续传承，又演化出不同的颜

图 6.1　不同颜色的虎皮宣

色，形成形制多样的虎皮宣（图 6.1）。根据形制，又分为北式虎皮宣和南式虎皮宣两个系列。北式虎皮宣以夹素宣为基，用矾水等溅泼而成，花纹明亮，纸质厚实；南式虎皮宣以染净皮单宣为基，用糯米浆甩洒而成，花纹含蓄，纸质绵薄。

虎皮宣的制作原理，是在已染好色的宣纸上再甩洒上白色点状的液体而成。经研究发现，能制作虎皮宣的原料有多种，如石灰水、漂白液、哈粉、贝粉、碳酸钙、垩土、糯米粉、面粉等都可以产生不同的白色斑点效果。

要想在染过色的宣纸上取得很好的白色斑点效果，对染色纸的选择也是有要求的，如拖染的色纸及单张台染的色纸呈现效果就比较好。这是因为拖染及单张台染的纸颜色的牢度并不是太好，再加上白色浆液能及时漂白褪色，达到尽快还原的效果，所以白色斑点呈现比较明显。浆染、浸染及煮染的色纸则不同，这三种染色纸由于染得比较透彻，基本上把整张纸的纤维都染透了，再洒上白色液体，白色斑点的还原效果就不太明显，不宜采用。

虎皮宣有两种制作形式。一种是在较厚的宣纸上施以轻胶矾水加工成半熟宣，而后拖染成色宣，再甩洒上白色浆液，制成北虎皮宣。这种虎皮宣比较厚实，广泛应用于制作小的书本及小册的封面（图 6.2）。另一种是将净皮单宣直接进行拖染或台染，而后再甩洒上白色浆液制成薄的南虎皮宣。这种虎皮宣适用于小幅书写的信笺、诗笺及书本手折、册页的签条。

制作虎皮宣时，先将石灰水、漂白液、哈粉、贝粉、碳酸钙、垩土、糯米粉、面粉等原料中的一种或多种用温水稀释成白色浆液（浓淡自行掌握）后装在盆内，拿出棕刷待用。将染过色的宣纸平放在工作台上，拿起棕刷蘸上白色浆液进行甩洒，边甩洒边注意洒落浆液的分布情况。甩洒要均匀，不能在某一处多洒，否则浆液会洇出，连成一片，效果不好。洒后的效果如何，待稍干或用即时烘干的方法才能看出，根据分布情况再加以调整。

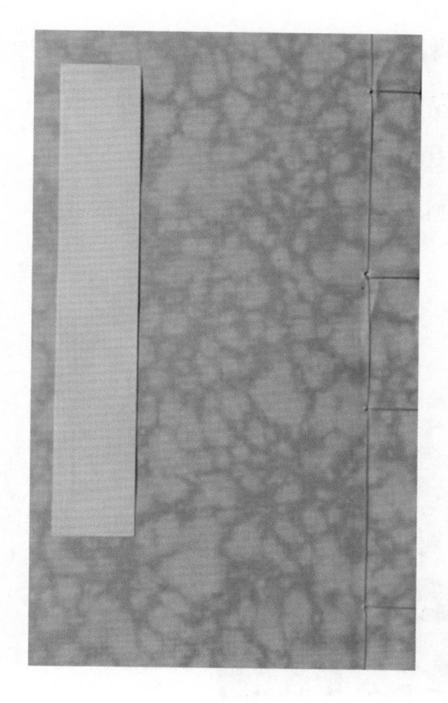

图 6.2　用作书本册页封面的南虎皮宣

第二节　流沙笺

流沙笺，又称流沙纸、墨流笺，其纸面呈现出一种或几种不同的流动的色彩（图 6.3），形成一种动态的纹式（图 6.4），犹如流动的彩色沙纹。

宋代苏易简在《文房四谱》中记载："亦有作败面糊，和以五色，以纸曳过，令沾濡，流离可爱，谓之流沙笺。亦有煮皂荚子膏，并巴豆油，傅于水面，能点墨或丹青于上，以姜揾之则散，以狸须拂头垢引之则聚。"笔者根据书中记载分别作了试验。败面糊即过期的面糊，呈颗粒状，已失去黏性。将色水滴入败面糊后，色水不易散开，再在空白位置滴入另一种色水，按此方法再滴入其他色水。通过搅动使色水有流动感，再用宣纸在上面拖曳后，可形成色彩斑斓的流动画面。可惜的是，在拖曳后，纸上除吸收色水之外还吸收了大量的败面糊，在干燥后纸张异常僵硬，影响书写。再者，败面糊有异味，使纸张有股难闻的气味，令人很不舒服。此外，笔者也用皂子膏与巴豆油之法做了试验，但加工之后，纸张吸入大量的巴豆油脂，难以书写。因此，《文房四谱》所记载的两种制作流沙笺的方法都不宜使用。

制作加工纸主要是用于书写、绘画，如果加工后的纸笺不能吸收水

图 6.3　各种颜色的流沙笺

图 6.4　流沙笺的流动纹式

墨就不利于书写，如果纸张再僵硬，又有异味，还有油脂，都应视为不合格的加工纸笺。此外，这类加工纸笺主要用于小幅的书笺、诗笺、信笺、信封，均为用于把玩的文房用品，不允许有半点瑕疵，因此这类纸笺的制作要求极高。

当知道流沙笺的纹理特点后，再去制作它其实并不是件难事。流沙笺的制作通常是在一个方盘中进行的，盘内盛有清水，而后在清水中滴入一种或几种色水，再用一支竹签或类似的工具进行轻轻的搅动，使漂浮的色水有动感，再用一张吸水性很好的纸张去吸收表面的颜色纹式，就可以制成流沙笺了。其中的关键是要让少量的色水漂浮于清水之上，形成一个面，通过竹签轻轻划动，使表面的色水有流动的纹样。要想分散水面的颜色，可以用毛笔蘸点洗洁精，滴在水面，就可以将聚集的颜色向四面散开，产生不同效果的画面。再用宣纸吸附，流沙笺就制作成功了。这就是流沙笺的制作原理。

制作流沙笺的纸张，一般选用安徽泾县产的单宣。宣纸吸水性很强，并有很好的记录笔触的特点，能比较牢固地吸收漂浮在色水上的图案。因此，它是制作流沙笺比较理想的原纸。

掌握制作原理后，可以采用很多方法去制作流沙笺。我们通常用国画颜料调好色水后放置十天左右，使色水中的颜料逐渐失去胶性，粉状颗粒沉淀，再使用上层的色水便可制作流沙笺。还有其他的方法，就如使用过期的牛奶，再滴入色水同样可以制作流沙笺，或者借助悬浮剂的加入也可以制作流沙笺。

第七章

洒金（银）纸

在已染好的色纸上再洒上金箔或银箔后的加工纸称洒金纸（图 7.1）或洒银纸。制作洒金（银）纸在我国有悠久的历史，在唐代时便已出现，一直延续至今。洒金（银）纸色彩艳丽，有金银闪烁的效果，显得更为

图 7.1　洒金（银）纸

华贵，同时又增加了艺术性。洒金（银）纸的品种十分丰富，在白纸上洒金（银）称冷金（银）纸，在有颜色的纸上洒金（银）称五色洒金（银）纸，在粉蜡笺上洒金（银）称粉蜡洒金（银）纸，在绢笺上洒金（银）称丝绢洒金（银）笺等，深受广大书画爱好者的喜爱。

第一节　金箔与银箔

一、金箔

金箔大致分两种。一种是真金箔，它是以黄金为主要原料，经化涤、锤打、切箔等十多道工序的特殊加工，使其呈现色泽金黄，光亮柔软，轻如鸿毛，薄如蝉翼，厚度不足0.12微米。真金箔具有永久不变色、抗氧化、防潮湿、耐腐蚀、防变霉、防虫咬、防辐射等优点，但价格较高，比较脆，在使用时需要特别注意。另外一种是仿金箔，又称假金箔，主要是以铜为材料压制成的像竹衣一样的薄片，经技术处理后渐渐转色，如同黄金，光亮夺目，可与真金箔媲美。与真金箔相比，其具有价格优势，但色泽不耐久，易氧化变色。

二、银箔

银箔也分两种。一种是真银箔，它是用白银打制出来的，具有色泽光亮、厚度均匀、经久不变色等特点。另一种是仿银箔，又称假银箔，是用铝制作而成的。由于铝的质地柔软，延展性好，具有银白色的光泽，压延后就可以做成银箔。虽然仿银箔价格不高，但易氧化而使颜色变暗，摩擦或触摸后会掉色。

第二节　洒金（银）筒的制作

洒金（银）筒是洒金（银）的工具，是把金（银）箔装在筒里再往下洒时使用的。洒金（银）筒这种专业工具在市场上是买不到的，需要自己制作。制作洒金（银）筒的方法较多，材料也不一样，有的用橡皮制作，也有的用纸板、铁皮、植物（如葫芦）等制作。但制作的原理都是一样的，即用材料制成筒后，在大的一头打上大小不一的孔洞，让金片或银片从孔洞中飞出。洒金（银）筒里装有如黄豆或小竹片、小木片等，目的是在拍打或摇晃洒金（银）筒时，将筒内的金（银）箔打碎，使金（银）片从孔洞中飞出。还可以通过挤压洒金（银）筒，使金（银）片从孔洞中飞出，如用橡皮制作的洒金筒就可以如此操作。大多数洒金（银）筒的两端大小不同，大的一头用于洒金（银），小的一头用于装金（银）箔，方便堵上，以防从后方倒漏出去。下面简单介绍几种制作洒金（银）筒（图 7.2）的方法。

一、用橡皮制作洒金（银）筒

用橡皮做成一头大一头小的皮筒，在大头处用丝网固定起来，不能有缝隙，在筒内装好金（银）箔后加入几颗黄豆，再把皮筒的另一头（小

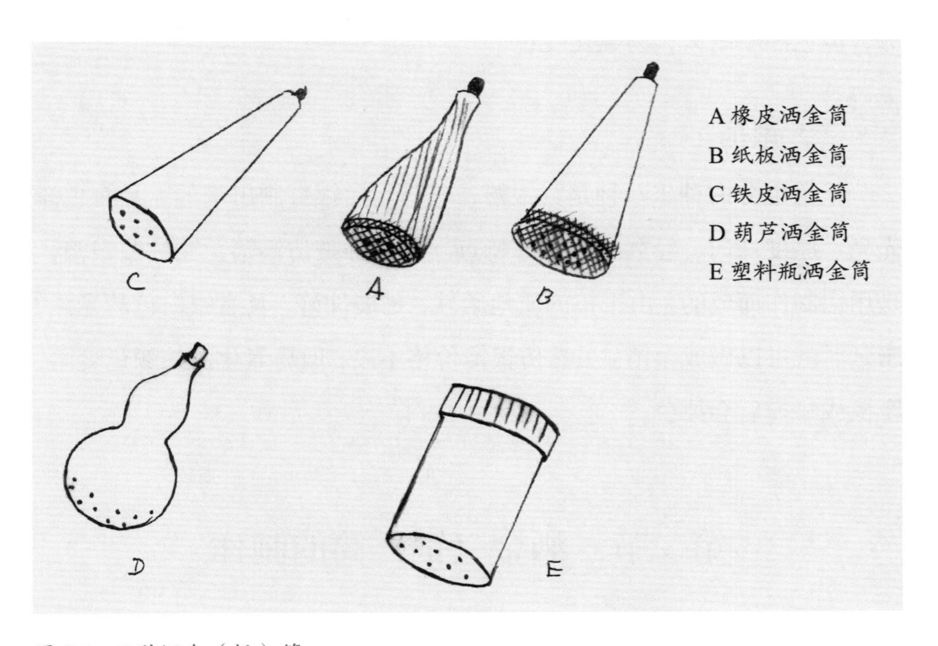

图 7.2　5 种洒金（银）筒

头）用纸团或布团堵牢。洒金（银）时，通过拍打洒金（银）筒的中间，或挤压、摇晃筒内黄豆，可使金（银）片飞出孔眼，洒落在色纸上。

二、用纸板制作洒金（银）筒

用纸板制作洒金（银）筒时，将板纸卷成一头大一头小的筒，用厚糨糊粘牢。再剪平上下两头，将大的一头糊上薄绢，用线或绳再捆扎一遍，薄绢和筒接合处不能有缝隙。在薄绢干燥后，用针锥扎上数个小的孔洞，在小的一头放入金（银）及数十粒黄豆，再堵实。洒金（银）时，可拍打或摇晃洒金（银）筒，使金（银）片飞出。

三、用铁皮制作洒金（银）筒

用铁皮制作的洒金（银）筒不怕摔打，坚固耐用，十分可靠，若是长期制作洒金（银）纸可以制作铁皮洒金（银）筒。它的形状与纸板做的洒金（银）筒类似，也分大小两头，大的一头的直径为 8~9 厘米，小的一头直径约 3.5 厘米，高度为 20~25 厘米。将大的一头处的铁皮焊实后，再用电钻打 7~8 个直径为 2~2.5 毫米的孔洞即可使用。使用时，把金（银）箔装入筒内后，放置三四根 4~5 厘米的圆形竹片或木棍（约为筷子细头的一半），拍打或摇晃洒金（银）筒，使金（银）片飞出。

四、用塑料瓶制作洒金（银）筒

用塑料瓶制作洒金（银）筒更方便快捷，只要找一个直径为 7~8 厘米、高约 10 厘米的圆形带盖、底部平整的塑料瓶，在瓶的底部打七八个直径为 2~2.5 毫米的孔洞就可以。塑料瓶的口径大，装起金（银）箔要方便得多，而且在装时不易损伤金（银）箔。在装好金（银）箔后，筒内无论装什么材料（如黄豆、竹棍、木棍）都可以，这比用其他的材料做洒金（银）筒都要方便得多。

五、用葫芦制作洒金（银）筒

除了用以上几种材料制作洒金（银）筒外，还可以用葫芦制作洒金（银）筒。葫芦获取方便，结实而又轻便，在操作时方便拿取，是个不错的选择。用葫芦制作洒金（银）筒时，只要把葫芦小的一头锯开，取出内瓤，在大的一头打上几个适当的孔眼便可以使用。用葫芦制作的洒金（银）筒具有天然的造型，古朴典雅，非常优美，传统气息浓厚，放在工作台上别有一番风味。

第三节　洒金（银）纸的制作方法

洒金（银）根据大小可分为雨雪金（银）、鱼子金（银）、满天星。雨雪金（银）是指洒出的金（银）箔片偏大，而且大小均有，犹如雨雪般大小。鱼子金（银）和满天星顾名思义就是飞出来的金（银）片如鱼子、星星一般细小。金（银）片的大小只需要调整洒金（银）筒底部的孔眼大小就可以实现。下面介绍洒金纸（银）的制作方法。

一、材料及工具

制作洒金（银）纸需要的材料有色纸、糨糊等。糨糊用水稀释后主要用于黏合金（银）箔，金（银）箔很薄，具有一定的吸附力，用糨糊加以黏合后会粘得更牢。

制作洒金（银）纸常用的工具有洒金（银）筒、羊毛排笔、棕刷、毛笔、竹起子、油纸、塑料面盆、毛巾等。

二、操作前的准备

先将糨糊调成淡浆，把金（银）箔装入洒金（银）筒内。需要注意的是，无论是装金箔还是银箔，一次不能装得太多，否则在摇晃洒金（银）筒时金（银）箔容易结成团状。如果加大拍打或摇晃的力度，金（银）箔会被打成碎金（银），极像粉末，洒到纸上后很难看，给人一种脏乱的感觉。而且真金（银）箔比较脆薄，更不能多装，一次只装五六张，用完后再装，以保证金（银）片飞出较为完整。洒金（银）时是通过拍打或摇晃洒金（银）筒使金（银）片自然散落在纸上，因此在制作洒金（银）纸的工作间不能有风，否则会影响金（银）片自然飘落。

三、具体制作过程

将要洒金（银）的色纸平放在台案上，用羊毛排笔蘸少量淡糨糊水并挤出水分后将整张纸通刷一遍。将吸收水分后伸展的纸张掀起放平，再用羊毛排笔蘸上少量糊刷平整张纸。然后拿起洒金（银）筒开始洒金（银）。洒金（银）时，手持洒金（银）筒距纸高约40厘米，边走边拍打或摇晃，直至金（银）片飞出，均匀地飘落在纸上。洒完后，观察纸上的金（银）片散落的疏密状态，如果局部过于密集，可用毛笔挑出几片放至较空的地方，如果发现金（银）箔有卷曲的状况，可用毛笔将金（银）片展平（先人则用鹅毛展平）。如果纸上某处金（银）片比较疏，再进行局部补洒，直至整张纸金（银）片均匀。制作第二张洒金（银）纸时，将要制作的纸覆盖在第一张纸上，用棕刷在覆盖的纸上通刷一遍，一是将洒好的金（银）片压平使之粘牢，二是使覆盖的纸吸上少量水分，以便省去下一道打湿纸张的工序。完成后，把两张纸同时打翻，再拿起油纸，在洒金（银）的后背四周拍上糨糊，然后同时提起两张纸上墙。上墙后，用棕刷在固定好纸的上横面后，把另一张纸揭下，再刷好洒金（银）纸的四周边沿，留下气眼后就可以挣平干燥了。

1. 托裱染色纸的洒金法

单张纸在染色后，往往会强度不大（浆染的纸张不存在这个问题），因此在刷纸上浆时应格外小心。先将染色纸用羊毛排笔刷平，如出现褶皱或气泡，去除时一定要小心。刷平染色纸后覆一张白纸，并用棕刷刷平。把色纸托裱起来，再把两张纸一同打翻，染色纸在上，白纸在下，平铺在台案上，拿起羊毛排笔蘸少许浆水，在染色纸上通刷一遍就可以洒金（银）了。洒金（银）后，拿一张染色纸覆盖在上边，用棕刷再刷一遍，将金（银）片压牢，然后拿去上面的染色纸，将两张纸再次打翻。白纸在上，拿出油纸，四边拍浆，提纸上墙，等待挣平干燥即可。

2. 刷色染纸的洒金法

通过刷染工艺制作的染色纸所染颜色覆盖率强，更为浓艳，如果再洒上金（银）箔会更加华丽，光彩夺目。这种染色纸的洒金（银）方法与上述方法略有不同，它是在刷最后一道颜色后洒金的（刷色一般要刷4~6遍）。刷染颜料本身就含有胶液，具有一定的黏连性，因此在洒金（银）前不需要再刷任何黏合剂，在完成最后一道刷色后将纸挪到一边，趁湿就可以洒金（银）了。洒金（银）时，拿着洒金（银）筒，边走边洒，使整张纸都均匀地洒上金（银）箔，若有疏密不等，可用毛笔进行调整，直到整张纸金（银）片均匀为止。洒金（银）后，是不能马上覆纸的，要等待纸张表面稍干后才可以进行后面的工序。我们可以从逆光处查看纸张表面的干燥状况，如纸的表面已经没有水迹，可以用手指轻轻触摸，看看是否粘手，如果不粘手，说明纸的表面基本干燥了，可以进行下一步工序。后面的工序要加快速度，迅速拿起宣纸的包皮纸（包宣纸的纸）或报纸覆盖在上面，用棕刷在包皮纸或报纸上通刷一遍，把金（银）片压平粘牢，而后掀去包皮纸或报纸仔细查看有没有漏刷。如果发现有局部金（银）片没有压到，盖上包皮纸或报纸再刷，直到全部金（银）片压平粘牢为止。而后，掀去包皮纸或报纸，将洒金（银）纸打翻，拿起油纸，在洒金（银）纸的背后四周边沿拍上糨糊后立即提纸上墙。需要注意的是，从覆盖上包皮纸或报纸压金（银）片，到拍纸边上墙，动作要连贯，不能停顿，如果动作慢，纸张会进一步干燥，导致含水量减少，在上墙时达不到干燥收缩的效果，会影响纸张挣平。这是刷色染纸洒金的特点，因此要掌握好时机，不可疏忽大意。在从墙面下纸后，再对纸张进行打蜡磨光，可使纸张更加平整光滑，富有光泽。这种洒金（银）纸不但可以广泛用于书法、绘画，同时还是制作彩绘和砑花笺的好材料。

第八章

研光纸与研花笺

第一节 研光纸

一、研光纸简介

研光纸，又称研光玉版笺，通过用研石碾磨纸张，把纸张压紧、压实制作而成，这种纸密实而又光滑。用研光这种工艺制作加工纸是在我国东汉末年出现的，距今已有近两千年历史。由于初期制造纸张的原材料及抄制工艺都比较简单，所以制造出来的纸张都比较粗糙，不便于书写。后来东汉的左伯对以往的造纸工艺进行了改进，进一步提高了纸张的质量。他通过对纸张进行研研，使纸张表面更加平整，书写时运笔更加流畅，提高了书写的舒适度。后来，这种工艺被广泛用于单张纸、填粉纸、粉蜡笺等的加工，增加了纸的适用性及艺术性。

如今在我国少数民族地区仍传承着浇纸法这一传统的古法造纸技术。由于传统的浇纸法造出的纸张表面不平整，于是便在纸半干或干燥后用光滑的器物对纸面进行研光，以使纸张表面平滑。历史资料中记载的研光工具有光滑的勺子、碗杯的边沿、贝壳、玉石、石头等。

本节所说的砑光纸，主要是对安徽泾县产的宣纸及质地较松的各种手工纸进行砑光后的纸。宣纸是由不规则的草料纤维及檀皮纤维构成的，相比其他手工纸张，它的结构要疏松许多，但却相对比较柔韧，在吸收笔墨后能清晰地记载笔触的层次，效果异常美妙，非常适合中国书画的表达，这是其他纸张所无法比拟的。但是也由于宣纸较松软，吸收水墨速度非常快，有些书画家不适应这种纸的特点，便想用吸水较慢的半生纸张来书写、绘画。如果我们通过砑光工艺来加工宣纸，不但不会改变它的良好性能，而且可以使它更有光泽，质地更加紧实，就可以改变它吸水过快的特点，这样书写、绘画起来用笔就比较从容，而且运笔更为舒适顺畅，并能很好地保留笔触的完整性，更显书写、绘画的力度，使作品更加完美。

二、砑光玉版宣的制作

制作砑光玉版宣常用的材料有安徽泾县产四尺单宣、川蜡，工具有砑石等。

制作砑光玉版宣时，让宣纸十张为一叠，光面朝上，平放在台案上，手持川蜡，在最上面一张纸上均匀地抹擦上川蜡就可以砑光了。砑光时，双手握紧砑石，用力均匀有秩序地自下而上推砑。每砑一次纸张都有砑石的纹路，砑纸的纹路要一路压一路，不能留有间隙，从纸的一头砑到另一头。砑完后，再从反方向往回砑一遍，以防漏砑。砑好 5 张纸后，再在最下边补充 5 张纸，继续砑光，直至纸张砑完。砑纸时，要在纸张下面垫纸，这样砑石接触纸面后比较柔和，砑光的痕迹不那么强烈，砑石的纹路比较宽广且更容易衔接，纸的表面平整光滑。如果不垫纸，单张纸容易破损。

第二节　砑花笺

一、历史名家对砑花图案的设计

砑花纸，又称砑花笺、鸾笺。宋代苏易简《文房四谱·纸谱》中记载："蜀人造十色笺，凡十张为一榻……然逐幅于方版上砑之，则隐起花木麟鸾，千状万态。"这就是说在染色纸上砑出各种暗花，对这种既有颜色又有花木麟鸾暗纹的纸，历史上叫作"鸾笺"。砑花笺的制作，在我国明清时期广为流行，它是集雕刻技艺与砑花工艺为一体的加工纸技艺。古人是把预先设计好的画稿刻在硬木板上，再以打蜡砑石木模凸出的画纹，因磨砑与压力的作用而呈现光亮而又透明的暗花画面，这就是砑花。

查阅现有的典籍发现，历史名家中的砑花笺图案设计者甚少，而且都是明清时期的书画人士，大概有以下五位：仇英（约1501—1551），字实父，号十洲，太仓（今属江苏）人，明代著名画家，与沈周、文徵明、唐寅等人合称"明四家"。在"明四家"中，其他三人都是能文善赋的才子，唯有仇英出身工匠，不能诗文。他博取众长，集前人之大成，形成自己独特的艺术风格。他善人物，尤长仕女，既工设色，又善水墨、白描，能运用多种笔法表现不同的对象。他的贡献还在于使砑花笺的名声更上一层楼，成为皇家收藏的一部分。梁同书（1723—1815），清书法家，字元颖，号山舟，浙江钱塘（今杭州）人，大学士梁诗正之子，天生颖异过人，端厚稳重。现存故宫博物院的八张黄色、棕红色砑花笺，线条流畅，笺面设计简而不俗，风格特异，素雅清新，格调高逸，有人猜测很可能是梁同书自己制造的。赵之琛（1781—1852），清篆刻家，字次闲，号献甫，浙江钱塘（今杭州）人，为"西泠八家"之一。据说现藏浙江省博物馆的粉红纸砑深红螳螂笺是由赵之琛所设计的砑花笺。戴熙（1801—1860），字醇士，号鹿床、榆庵等，浙江钱塘（今杭州）人，清道光十一年（1831）进士，十二年（1832）翰林，官至兵部侍郎，工诗书，善绘笔。现存由戴熙设计的砑花笺有五幅画稿，分别为芭蕉、桂枝、竹石等，上有戴熙、醇士题款。陈云蓝（1851—1908），扬州人，于同治年间在扬州皮市街开纸坊——云蓝阁，所造笺纸闻名于世。他精心选题、策划，并聘请国内知名书画家为其供稿，精雕细刻成版，或彩色套印，或制作砑花笺，各种图案精美至极。[1] 这些历史名家设计的砑花图案在资料中往往只有零星的记载，多没有实物，非常可惜。

精致的砑花笺，多作为贡品进贡朝廷，为皇家所用。现存于故宫博物院馆收藏的砑花笺有：纸张为蓝褐色，粉笺上砑有“蜡笺故事”，长130 厘米，宽 31.5 厘米；纸张为茶色，粉笺上砑有“兰花图”，长 130厘米，宽 31.5 厘米；纸张为淡黄色，粉笺上砑有“赤壁游故事”，长130 厘米，宽 31.5 厘米。这几幅均为明代作品，但都没有设计者的记录，都是在有颜色的粉笺上砑花，均为横式构图，图案精美，做工精良，美不胜收。

二、砑花笺的构图

在今天制作砑花笺时，我们并没有按照古人的方式，以整张纸构图的方法设计与制作砑花笺，那样既费时又费工。大面积的雕版，一是材料难找，二是刻板费工费时。我们现在主要用三种方法来制作砑花笺。第一种是利用整张纸的面积，以散点式图案布局，以单位图案设计砑花版，再用散点图案的布局方法连起来，并做到构图合理，布局错落有致。这种方法不但省心省力，而且效果较好，不用去刻整张纸的图案，同样图案的板子只需各雕刻一块，有五六块图案的板轮流替换，移动位置，重复使用，就能使不同的单体图案布满整张纸（图 8.1）。第二种方法是以上下构图的方式，将绘画的主题放置于纸张的上下两个部位相互呼应，而中间空出的位置，则用散落的小图案将上下主题联系起来。这样的构图形式，主题突出，利用散落的图案去衬托，会使整个画面生动而

[1] 刘仁庆 . 纸系千秋新考：中国古纸撷英 [M]. 北京：知识产权出版社，2018: 183-185.

图 8.1　五色洒金砑花笺

又灵活，富有生气。还有一种是连续图案法，是按照连续图案的规律设计砑花版，利用图案的大小搭配，合理组合后按照一定的顺序排列起来，做到交错连贯，有一定的连续性，这样砑出的图案，图式整齐，纸张横竖都可以书写。

砑花图案的设计与普通的画稿不同，它的图案要先刻板，而后再经过石头的磨砑，使纸张出现暗的花纹，砑花后的纸张书写、绘画后还要装裱起来，悬挂欣赏。因此，砑花的图案应当清晰可见，较为鲜明。砑花图案的线条不宜过多、过密，图案在经过磨砑后，线条会略显粗壮，如果图案线条过于密集，整个图案就显得不是很清晰，甚至会模糊成一片，看不清图案的内容，达不到想要的效果。在设计时，先用主线画出主题，辅线围绕主题展开，应减少复杂的线条，主线的周边应留有空间，做到整体图案松紧结合，主题鲜明。因此，无论是自己设计画稿还是请名家画作，都应注意这一点。

在砑花过程中，最难砑的是不规则的图案，如各种穿插的枝条、伸出的枝叶、突出的花蕾、延伸的线条等。因为砑花的图案用纸覆盖着，砑花时是看不见图案的，往往通过打蜡的痕迹或是用手去触摸来判断图案的位置，如果稍不小心，就会砑出图案周边的痕迹，影响砑花图案的美观。现在我们多将砑花版的图案改为圆形或椭圆形，这样的图案有规律，边界清晰，砑起来更为放心。

三、砑花版的雕刻及图案摆放位置

（一）砑花版的雕刻

据史料记载，五代刻制的砑花版以沉香木为原料，刻山水林木、折枝花果……从选用的材料可以看出古人对砑花版的重视程度。沉香木现已是名贵木材，用它来雕刻制版，显然已经不现实了，如今大多选用梨树板来雕刻制版。梨树板木质细腻，密度大，有韧性，现已广泛用于各种雕刻制版，如木刻水印版、金银印花笺版、木版年画等。

处理用来制作砑花版的梨树板并不复杂，买回梨树后，将树干锯成2~2.5 厘米厚的板材，而后放在阴凉通风处，不能暴晒。并在每块板材的下面垫上 2~3 厘米厚的木块，将板材架空，依次摆放，通风晾干。在放置 3 个月（我们一般放置一年）后，将木板的一面刨平，再用砂纸细磨，以便刻版使用。

雕刻制版时，先把画稿正面复制在梨树板上，再锯除图案周边多余的木料，便可以用木刻刀具（图 8.2）进行雕刻了。用于木刻的刀具，在市场上有很多，大多为斜口刀、平口刀、V 型刀、U 型刀、凵型刀、拳刀等。各型刀具有大小之分，有的用数量不等的刀具组成套装刀具出售，也有单支刀具出售，可以根据实际需求加以选择。专业的雕刻师往往要专门制作刀具，更多的是去请铁匠师傅专门制作。为方便不同内容的雕刻，打制的专用刀具少则几十把，多则上百把。

在雕刻木板时，多数选用拳刀。拳刀前方为斜刃，后方为勾刃。这种刀具较为厚实。雕刻时，用前方斜刃雕刻线条，用后面的勾刃剔除线条以外的木头，削、刻、剔都不用换刀，可一刀多用。刻板用刀时，讲

图 8.2　用于雕刻木版的刀具

究稳、准、狠。“稳”是指走刀要平稳，要做到心平气和，不能急躁，平稳用力。“准”是指下刀要准确，雕刻的刀路始终要按照画稿的线路走，不能偏刀，刻出的线条要准确。“狠”是指下刀、行刀要有力度，有股狠劲。梨木有韧性，但它密度大，相对较硬，因此下刀要用劲。木板的雕刻，花费时间较多，因此要有耐心和毅力去刻好每一刀，逐步完成。

研花版刻好后，不能立即使用，应去除雕版表面的毛刺。这种毛刺在研花时容易划破纸张，因此应当用细的砂纸轻轻地将研花版表面打磨一遍，使其较为平滑后才能使用。

（二）图案摆放位置

刻好的研花版，如何在一张纸上呈现出来？这就需要我们来精心设计各种砑花图案的摆放位置。要使图案达到错落有致、布局合理、变化有序的效果，就要事先画出具体的位置，以便在砑花时有条不紊，按图操作。

在实践中，我们用一种既简单又方便的直接摆放图样的方法来设计具体图案的摆放位置，称为摆样。以在四尺宣纸上摆放梅、兰、竹、菊四种图案为例，先用大白纸裁接成四尺宣纸一般大小，再将梅、兰、竹、菊四种图案用另一种纸张（如报纸）各剪一式四份纸样，尺寸与实际图案大小一致，而后在四尺大白纸上来摆放梅、兰、竹、菊的纸样。摆放纸样时，一要查看图样之间的距离及松紧情况；二要变换不同图案搭配的位置，即四种图案轮换位置进行摆放，而且每图使用的次数都要一致（如果梅花使用三次，兰草、清竹、菊花也应使用三次）；三要让图案之间的距离相等；四要使整张纸图案布局合理，分布均匀。这一切要求都可以直接移动图案的纸样来进行调整，直到满意后再将这些图案的具体位置用记号笔画在白纸上，并标注具体图案的名称。有了这些标注后，砑花时只要按标注的位置去摆放图案，就不会出错。

四、砑花笺的制作过程

制作砑花笺常用的材料有白的宣纸或者染色纸、五色洒金纸、粉蜡笺、粉蜡洒金纸等，常用工具有砑花版、川蜡、砑石、砑花位置图、纸夹等。

制作砑花笺前，先将设计好的砑花的图纸（一般用大白纸来作为设计图）放在最下边，然后放上一沓要砑花的纸张（单张纸十张为一沓，托裱后的加工纸如五色洒金纸、粉蜡笺及粉蜡撒金纸五张为一沓），在对齐下面的图纸四周后，把纸的一头连同图纸一起用夹子夹起，让纸张与图纸保持一致，不会移动。开始砑花时，将成沓纸张全部掀起，将砑花版放在图纸标注的位置上，再翻回上面的最后一张纸，盖在图纸上，用左手触摸砑花版确定位置后，将纸的周边压在砑花版上并压紧，而后右手拿起川蜡，在纸上有砑花版的地方磨蜡（只能轻轻摩擦，逆光看，从磨蜡的痕迹便可看到图案的大致位置）。磨完蜡后，放下川蜡，拿起研石，开始对图案进行研花，边研边从侧面查看图案是否研得完整。如果局部没有研到，再进行补研，直到整个图案完整，呈透明状，清晰可见为好。在研花时，压纸按版的手始终不能松动，如果稍有松动，纸会移动位置，研花时会产生重影且无法修复。一个图案研完后，将纸掀去，按照图纸的位置，放上第二块研花版，再将纸翻回后盖在研花版上（注意：每翻回纸张盖在研花版时，纸都要与图纸周边对齐），仍用左手摸研花版以确定位置后，将纸紧压在研花版上，而后右手拿起川蜡，轻轻打蜡。在看清打蜡的痕迹后，放下川蜡，拿起研石对第二个图案进行研花，直至图案明亮透明、清晰可见为好。按以上方法逐一研花，将整张纸的图案研完后，第一张研花纸的制作便完成了，接着就可以制作第二张研花纸了。制作时，按照第一张研花的位置去摆放研花版，再用同样的方法对第二张纸再进行研花。如此反复，直到整沓纸研完花为止。

单张纸的研花，触摸研花版相对比较方便，而经过托裱后的加工纸，由于纸张变厚，在摸纸找版时会困难一些。这就需要有耐心，而且打蜡要慢，尽可能把图案的轮廓磨出来后，再用石头磨研。同时，要熟悉每个研花版的图案位置，做到心中有数，研起来就更加放心。

五、不同加工纸的研花效果

研花是通过打蜡磨研后使纸张呈现暗花的效果，不同纸张呈现的清晰程度也不同。如白的宣纸研花后，图案明亮而又透明，但从正面看，整体图案不够明显，曾有人担心，在白宣纸上研花效果不好。但是它经过托裱后再装裱起来，图案会变得十分清晰，效果非常好，整张纸显得美观而又清雅。当然在染色纸或五色洒金纸上研花，效果也比较好，经过研花的图案，要比染色纸本身更清晰，而且十分雅致。在粉笺上研花，呈现的效果最佳。因为粉笺含有粉，经打蜡磨研后，图案不但变得更深，而且更加明亮，整个图案更加清晰，呈现出其他纸张所达不到的效果。

第九章

木版瓦当水印对联

第一节　木版水印历史溯源

木版水印，又称木刻水印，是我国特有的传统版画印刷技艺，有悠久的历史，关于其出现的时间，有汉朝说、东晋说、六朝以至隋朝说。

图 9.1　咸通本《金刚般若波罗蜜经》卷首刻板（公元 868 年）

我国现存最早的有款刻年月的版画，是举世闻名的唐咸通本《金刚般若波罗蜜经》卷首图（图 9.1），根据题记为作于公元 868 年。四川成都唐墓出土的至德本版面，据估计比咸通本还早约百年。我国西北、东部等地也有唐、五代时期的版画作品留存于世，作品大多古朴俊秀，奏刀有神，这些便是版画的起源。

宋元时期的佛教版画，在唐、五代的基础上又有了进一步的发展。刻本章法完善，体韵遒劲。同时，在经卷中也开始出现山水景物图形。同一时期的辽代套色漏印彩色版《南无释迦牟尼佛像》是我国发现的最早的彩色套印版画，在世界文化史上有极其重要的地位。

明清两朝是我国版画发展的高峰时期，在许许多多文人、书商、工匠的共同努力下，版刻出现了各种流派，创作出大量优秀作品，呈现出欣欣向荣的局面。不仅宗教版画在明代达到了顶峰，欣赏性的版画也在明代兴盛。画谱、小说、戏曲、传记、诗词等一时佳作如雪，不胜枚举，尤其是文学名著的刻本插图，版本众多，流行广泛，影响深远。

版画的发展始终与刻书业密切相关，宋元时期刻书业的中心在福建的建安和浙江的杭州，在明代的时候则转移到南京和北京。但是真正使得版画的发展进入一个新阶段的是徽派版画的兴起。自 15 世纪以来，徽派版画即以刻制闻名于世，高手如林，尤其是以黄、汪两个家族最为突出。明清两代，新安黄氏一族刻书 200 余部，能图者 100 多人，代表作品有《养正图解》《古列女传》等。在徽派刻画以典雅、精巧的风格畅行于世的时候，南京、杭州、苏州等地的版画插图也形成了自己的特色。

明代版画不仅用作书籍插图，而且也用于画家传授画法的“画谱”、文人雅士的“笺纸”、制墨名家的“墨谱”及民间娱乐用的“酒牌”。画谱中较早者是 1603 年杭州双桂堂所刊的《颜氏画谱》；墨谱的代表则为万历年间出版的丁云鹏参与绘制的《程式墨苑》；热心酒牌版画创作者是著名画家陈洪绶，他和徽州黄氏合作的《水浒叶子》《博古叶子》等，成为传世名作。古代套色版画的出现，已知最早的是明刻的《萝轩变古笺》，但影响最大的却是刊印于 1633 年的《十竹斋书画谱》和刊印于1644年的《十竹斋笺谱》，它们的作者是明代的出版家、书画家胡正言（1584—1674），他把木刻水印的两项技艺“拱花”和“饾版”（即彩色套印）发展完善到尽善尽美的境界，成为我国制笺艺术的绝唱。

长期以来，集绘画、雕刻、印刷为一体的木版水印艺术表现形式，在我国得到了广泛应用。其艺术表现形式大致可分为六大类：一是自身的版画艺术；二是水印版画艺术；三是运用木刻水印技法对中国书画的复制；四是民间的木版年画艺术；五是运用木版水印技法加工各类中国传统图案来装饰书画材料，使手工造纸更富有传统气息，古朴典雅；六是将“饾版”“拱花”技术充分运用于制笺行业，使我国的制笺艺术达到至精至美的程度，把制笺事业推向历史高峰。因本书是以介绍传统的加工纸笺为主题，所以主要就第五、第六类的艺术表现形式进行阐述。

运用传统木版水印技术印制各种传统图案来装饰书画材料，使传统的手工纸更加富有特色，所制作出的各种加工纸笺，在我国的书画市场随处可见。其中，传播较广的是运用秦汉时期的瓦当图案刻印成书法条屏及书法对联，印有瓦当的对联及条屏在书写、绘画后装裱起来，会使书法更加古朴典雅，更具特色。这种形式的木版水印加工纸，广受国内外艺术爱好者的欢迎。此外，运用木版水印形式刻印的山水、花卉等，以及运用木版水印的“饾版”技术套色印制的各种花鸟、梅、兰、竹、菊等装点书画的材料，同样收到了非常好的市场效果。

第二节　瓦当图案的种类

瓦当即筒瓦之头，主要起保护屋檐不被风雨侵蚀的作用，同时又富有装饰效果，能使建筑更加绚丽辉煌。瓦当作为反映时代艺术风格的一种建筑装饰构件，多具体构图巧妙、气韵生动、手法简练、古朴拙重的特点，夸张变形也恰到好处。秦汉以降，秦砖汉瓦闻名于世，被后人视为传世奇珍。

秦代的瓦当绝大多数为圆形带纹饰，主要有动物纹、植物纹、云纹，文字瓦当不是很多。动物纹如有奔鹿、立鸟、豹纹和昆虫等。云纹瓦当的图案结构，基本上是在边轮范围内用弦纹把瓦当正面分为两圈，外圈间四等分，内填以各种云纹，内圈则饰方格纹、网纹、点纹、四叶纹、树叶纹等。这种云纹瓦当在秦汉时期极为盛行，但汉代的纹样较秦代更显粗壮一些。

汉代瓦当纹饰更为精美，画面纹态生动。青龙、白虎、朱雀、玄武四神瓦当，形神兼备、姿态雄伟，是这一时期的代表作。

汉代瓦当除常见的云纹瓦当之外，大量出现了文字瓦当，许多是反映当时统治者的意识和愿望，如“千秋万岁”“汉并天下”“万寿无疆”“长乐未央”“大吉祥富贵宜侯王”等。这些文字瓦当，字体有小篆、隶书、真书等，布局疏密有致、章法茂美、质朴醇厚，表现出独特的中国文字之美。

瓦当图式的刻印在后来的木版水印中广受书法爱好者的喜爱，是由瓦当自身图案的特点决定的。瓦当图案的边框粗犷、稳重而大气，给人一种庄重之感，而框内的图案则疏朗而又古拙，简洁而又富有变化，给人一种清新明快、朴素流畅之感，更符合书法爱好者的书写表达。中国书法很多以诗词条屏及书法对联为体裁，书法对联较多使用著名诗词，其本身的形式特点又追求字少而意厚重、对仗工稳，书写时每字之间的间距一般以相等为好。在没有瓦当对联之前，书写对联一般要将纸张叠成五格或七格而后放开，以叠痕作为书写标记。而叠后的纸张有时又不平整，会给书写运笔造成困难，但是为了书写字体有相应的定位标记而又不得不这样做。瓦当对联的书写位置都是事先将每字之间的距离经过计算设计而成，每字之间距离基本一致，书写时只要在瓦当图案的中间去书写文字，完成后挂起来时字与字之间的位置就十分准确。书写的文字在瓦当图案的衬托下更加美观，更增加了书法艺术的魅力，因而广受书法爱好者喜爱。

在我国的古诗词中，以五言、七言较多，而四言、六言很少，因此在制作瓦当对联时应以五言、七言为主，散言瓦当主要是为了满足书画家对瓦当图案的爱好而设计的。散言瓦当，是由不规则的小瓦当组合成的，采用散点构图方式进行印制，因此它不受任何规律限制，可以以各种形式书写诗词及书法条屏。

瓦当对联除了有五言、七言、散言形式之分，还有带边框和不带边框的款式之分。带边框即是在瓦当图案的四边印有秦砖图案的边框，把瓦当图案围起来，以增加瓦当图案的装饰效果。这种方法只是在绘制刻板时增加边框而已，其刻制方法可以单独刻制边框，再单独刻制瓦当，而后组装起来印制。带边框和不带边框瓦当对联的印制方法一致，只是在带边框后，框内的瓦当图案空间要小一些，摆放瓦当图案的尺寸会受到限制，因此瓦当图案的尺寸也相应的小一些。

笔者不采用带边框的瓦当刻印，不是因为带边框增加了难度，而是因为带边框瓦当对联在书写后装裱时会比较麻烦。对联在书写好后，装裱时最先要做的就是将它托裱起来，而后方裁四边，再镶边条。在裁边时，如果瓦当的边框四个角中任意一角不呈 90° ，四边是很难平直的，裁切时就很困难。如果按边框去裁切，就有可能出现上下尺寸不准确的问题，使整个裱件有误差，装裱起来会一头大一头小；如果按装裱方法去裁切，又有可能会切到边框，使边框不完整，比较难看；如果按预留边框去裁切，又很难保证裁切的直线与边框直线的平直，这样更加难看。鉴于这些实际情况，多数书家都不大能接受带边框的瓦当对联。

第三节　五言、七言、散言瓦当对联的制作

下面具体介绍不带边框的五言、七言、散言瓦当的三种制作方法。

第一步，确定瓦当对联的具体尺寸。

在制作前，要考虑刻印瓦当对联所需纸张的尺寸。传统的对联如以绘画条屏（即中堂画）为例两边会配上一副对联。对联的内容一般根据主人自己喜爱的诗句请人书写，也有根据中堂画的内容书写对联。对联的长度一般与中堂画心同长或长于中堂画心，但不能短于中堂画心。

现在的中堂画小的为三尺整张（约 100 厘米×55 厘米），而多数则以四尺整张（约 138 厘米×69 厘米）画作中堂，因此对联的长度应在 138 厘米左右，宽约 34 ~ 35 厘米，所以现在市场上流通的对联基本上都是四尺对开（四尺对半切开，约 138 厘米×35 厘米）的尺寸。笔者就四尺对开的三种瓦当的具体制作方法进行分类介绍于下。

第二步，确定瓦当的内容及尺寸。

瓦当分为动物纹、植物纹、云纹等，可根据喜好挑选，一般一种形式的对联以一种图案为主。如五言瓦当对联，如果选择了动物纹饰，那么五个瓦当就要选择五个不同纹饰的动物图案，如果选用云纹，那五个图案都要选用不同的云纹纹饰。一般不建议在一副对联中既有动物图案又有云纹图案，否则图案不统一，会比较混乱。在选择好图案后，要根据纸的尺寸，以及瓦当在纸中的比例将瓦当图案适当放大或缩小（如图 9.2），并且每个瓦当的尺寸应大小一致。如五言瓦当，因瓦当少而且距离大,尺寸应大一些,七言瓦当相对要小一些,而散言瓦当以散点构图，尺寸要更小一些。图 9.2 是根据纸的尺寸比例计算得出的，五言瓦当每个图案圆的直径约 17 厘米，七言瓦当中每个图案圆的直径约 14 厘米，而散言瓦当则在 9 厘米。以上是根据纸与图案的比例设定的，仅供参考。

第三步，雕刻木版瓦当水印版。

在瓦当图案定稿后，将稿子反面复印到木板上就可以雕刻了。适用于雕刻木版瓦当水印版的木材有很多，如椴木、银杏木、枣木、苹果木、梨木、桦木、杉木等，好的五合板也可以，用梨木板来雕刻则最好不过了。五言及七言瓦当的图案大，只要选择不开裂、不变形的材料就可以雕刻。而散言瓦当图案小，雕刻时一定要用梨木。梨木材质硬度较高、密度大、有韧性，一般较小而精细的版都选用梨木来雕刻。

木版瓦当水印版属于粗版，瓦当图式以粗犷、简洁而著称，因此只要木材不易开裂、变形，吸水均匀，都可以做雕刻材料。

木版瓦当水印版的雕刻与一般的木版雕刻不同。一是图案的雕刻一定要深，一般为深 2 ~ 3 毫米，尤其是图案线条的密集处要刻得更深。

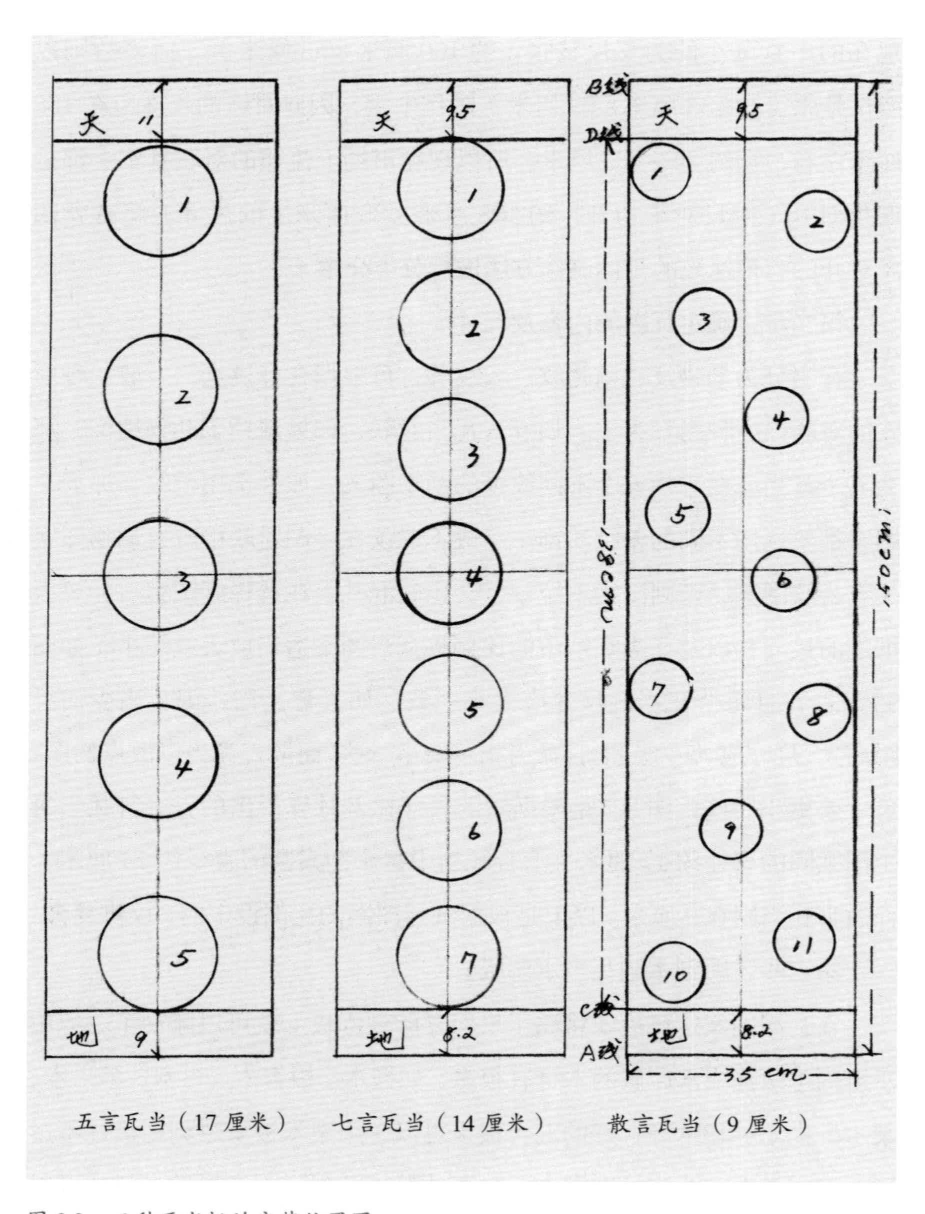

图 9.2　三种瓦当板的安装位置图

雕刻完成后，要将堂内（即线条以外的空白处）的木屑清除干净，不能有残余。否则，木屑一旦沾上水就会膨胀，水印时会出现点状痕迹，影响整个图案的整洁。二是在刻板完成后，要用钢丝锯将图案外围多余的木料锯除。锯的时候，一般不可能一次到位，应用刻刀将延伸的边角彻底清除。如果清除不干净，在水印时，会印上残边的痕迹（我们称搭板子），非常难看。因此，在刻板完成后，修版是十分重要的，无论是用什么材料刻板都应注意。三是一组形式的瓦当对联水印版，只能用一种材料雕刻，不能混用，而且材料的厚度也应一致。因为在后期的水印中，如果材料不同，会导致吸水不一致，印出的图案深浅不一；如果厚度不一致，印出的图案会出现高低不平的现象，出现局部塌陷，在用棕耙摩擦时还会擦到厚板的边缘，印出残边痕迹，非常难看。

水印版在雕刻完成后，还应用细砂纸打磨一遍，去除材料表面的毛刺后，才可以组装试版。因此，要想印一张干净而又整洁的木刻水印图案，就得在刻板的各个环节倍加注意才行。

第四步，在衬板上固定木版瓦当水印版。

瓦当图案雕刻完成后，就要按照图纸的实际尺寸安装瓦当水印版了。瓦当水印版一般安装在五合板上，称衬板。安装前，先找一块五合板，锯成三块长 150 厘米、宽 35 厘米的长方形板，分别作为五言瓦当、七言瓦当、散言瓦当的衬板（图 9.2）。而后按四尺对开宣纸实际尺寸画出上下两道线——A 线及 B 线（确定宣纸长度的标志线），而后在宽的中间（17.5 厘米处）画出中间线，以便垂直安放瓦当，然后在 C 线与 D 线中间画出 F 线，以便安装中间的瓦当。

五言、七言瓦当均为单行竖式排列，而竖式书写对联有它的特殊性，那就是上下要留天地头（上方要留有的空间称天头，下方要留的空间为地头）。这种留天地头的方法在我国书法及绘画留框时都有相应的规矩，它是根据近大远小的视觉效果来决定的，尤其是在雕塑艺术上更讲究这种效果。因此，在印瓦当对联时，应根据这一原理预留天地头，并画出确定线。

虽然三组瓦当在同一种尺寸的衬板进行了固定，但是由于图案的大小不一致，上下安放的比例也有相应的变化。现将三组瓦当的具体摆放位置进行如下说明，以供参考。

摆放五言瓦当前，在A线的9厘米处画出C线作地头，在B线的11厘米处画出D线作为天头，在C线与D线中间画出中线F线。先将三个瓦当放在C线、F线及D线上，再将4号瓦当放在C线、F线中间，把2号瓦当放在D线及F线中央，这样1—5号瓦当的安装就完成了，其中每个瓦当之间的距离约8.25厘米。在固定前，还应观察瓦当是否垂直，如果没有问题，可用白乳胶进行黏合，干燥后再用钉子在瓦当板背面钉牢，以防其在受潮后移位。

摆放七言瓦当前，在A线的8.5厘米处画出C线作为地头，在B线9.5厘米处画出D线作为天头，在C线与D线之间画出中线F线。先将三个瓦当分别放在C线上、F线中央、D线下，而后将2、3号瓦当放在D线与F线之间，再把5、6号瓦当放在F线与C线之间，其中每个瓦当之间的距离约3.66厘米。在固定前，还应察看瓦当是否垂直，如果没有问题，可用白乳胶进行黏合，干燥后再固定待用。

摆放散言瓦当，要做到错落有致、分布合理。摆放前，在A线的8.2厘米处画出C线作地头，在B线的9.5厘米处画出D线作天头。之后找几张报纸叠起来后，按瓦当实样剪成11个直径为9厘米的圆形，在C线与D线之间合理摆放出瓦当。摆放时，纵观竖的两边线及中间线，先根据直线错落摆放，而后再根据两个一组的原则进行局部调整，最后再观察每个瓦当之间的距离并进行调整。如不放心，可请人远距离协助观察，这样很快就可以调整好各个瓦当的散点位置。完成后，在每个瓦当的具体位置处画上线，用白乳胶将它们一一固定，干燥后用钉子在瓦当背面钉牢。这样，散言瓦当就算是摆放完成了。

第四节　木版水印工具的制作

用于木版水印的两个重要工具棕把和棕耙都是用厚的棕皮捆扎自制而成的，市场上买不到。

一、棕把的制作

棕把是上水刷色的工具，形状犹如喇叭，上半部为手握的把柄，下半部是散开的棕丝（刷水口），用于往木刻水印板上刷水（图 9.3）。制作棕把时，找一块嫩的大棕皮（嫩棕皮较细软、吸水比较均匀），或者是使用后的棕皮，如用后的棕皮扫帚。顺着棕皮的斜横纹剪成长约 45 厘米、宽约 15 厘米的长方形。再找一根木筷子，锯成 8 厘米长，而后从棕皮的一端拐角处裹着木筷子向内卷起，要卷得紧而实，直至卷完

图 9.3　用棕丝捆扎的棕把

棕皮。在卷紧的棕皮一头用结实的绳子扎紧，而后往下 3 厘米处扎一道，再往下 3 厘米扎一道，一直扎到离小头 8 厘米左右，以方便手握为好。卷完后，下半部的棕皮已成不规则的喇叭口状，此时可用剪刀对散开的喇叭口处的棕丝进行修剪，直至喇叭口整齐，放在工作台上能平稳站立就可以了。抓起手柄再往工作台上用力敲几下，再剪去不规则的棕丝，使刷口比较平整。然后拿起针线将散开的棕丝的外围缝起来，使刷口在刷水时水分比较集中，不会四处溅。这样，棕把的捆扎也就基本完成了。

新制作的棕把是不能直接使用的，因为棕皮里有较硬的棕丝，长期使用会对水印版造成伤害，影响版的使用寿命，因此要对棕把的刷水口进行处理。处理时，将刷口蘸水后在粗糙的水泥地上用力进行摩擦，使粗硬的棕丝变软，一次不行可多磨几次，再把棕把的刷口放在手掌心上，另一只手转动棕把，以感觉棕丝不刺手为好。

以上是传统的木刻水印棕把的制作方法。笔者在长期的使用中发现，这种棕把虽然比较方便、耐用，但是也有不足之处。一是它的刷口比较小，蘸的色水较少，要印刷如瓦当这么大的水印版，往往要来回多次蘸水刷版，而且涂刷还不均匀。二是棕把的棕丝虽然经过处理，但是棕丝还是比较硬，对版的损害还是比较大。三是棕把在蘸上色水后比较难以清洗干净，尤其是根部残留的色水不容易去除。综合以上几点，我们改用平时用来刷鞋的猪鬃刷来替代棕把，收到了不错的效果。猪鬃刷毛软而且刷口宽，蘸水面比较广，而且它表面平整，刷水更加均匀。多大的版就用多大的刷子，用起来十分应手。但需要注意的是，不能使用塑料刷来代替。

二、棕耙的制作

（一）制作的材料

棕耙是在木版水印版上刷上色水并覆盖上宣纸后，在宣纸上进行摩擦的工具。通过棕耙按压、摩擦，能使木刻图案清晰地印在宣纸上。

棕耙的制作要比棕把复杂一些，它是由木耙、垫板及厚的棕皮捆扎而成的。由于木刻水印的图案大小不同，棕耙的制作大小也不一样，通

图 9.4　三种不同尺寸的棕耙

常有三个尺寸。笔者常用的有两个尺寸，以中号棕耙（如图 9.4，长为 18 厘米、宽为 3.5 厘米、高为 5 厘米）为例，制作时需要准备的材料有木把、垫板、棕皮、绳子、剪刀和广告纸。

木把长 18 厘米、宽 3.5 厘米、高 5 厘米。制作时，选一块木块，将其上方用木工刨把四周的边角刨成坡形，目的是手持时不伤手，将两头的中间锯成或刻出凹槽，用于固定捆扎的绳子（如图 9.5）。做木把的木材以较沉的杂木为好，用起来比较应手。

垫板是棕耙内垫棕皮的衬板，它的作用是捆扎后能让外面的棕皮稍稍凸起，我们称肚子。这种棕皮的肚子，在摩擦时能使宣纸与木板贴得更紧，摩擦时图案能更为清晰。垫板长为 18 厘米、宽为 3 厘米，可用三合板或五合板制作。

棕皮是摩擦木刻水印的重要工具的材料。棕皮要选用厚实的、老的、宽大的、保存完好的，以棕丝富有弹性、呈棕黄色、色泽光亮为好。薄的、颜色发暗的棕皮或嫩的棕皮由于强度不够，制成棕耙后不耐用，是不能使用的。

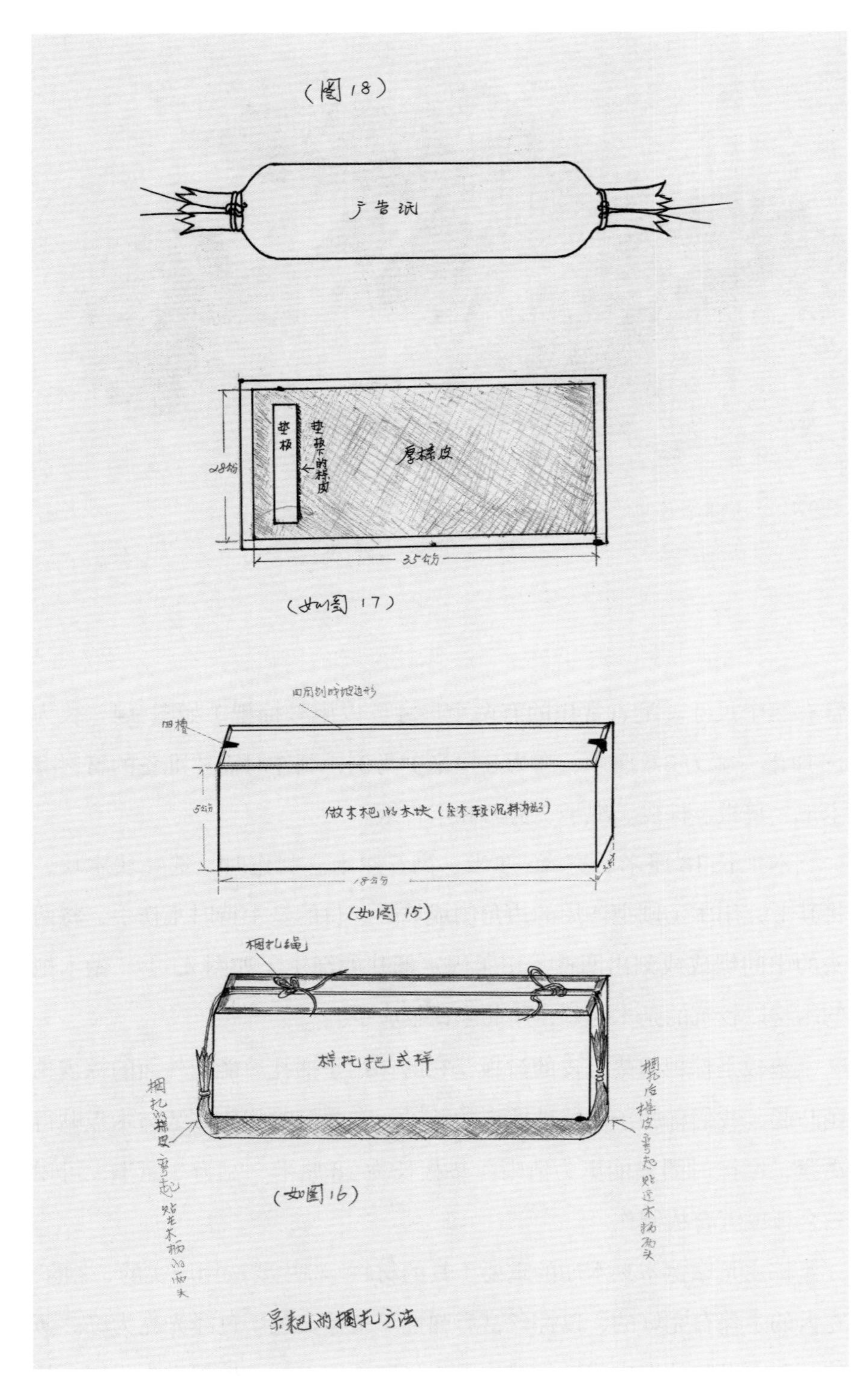

图 9.5　棕耙的制作

绳子是棕耙能否捆扎紧实的关键，一定要选择棉质的编织绳。棉绳不打滑，捆扎棕皮比较牢，打结后不易脱落，这种绳子比较容易获取。也可以用运动鞋的鞋带，而且长度也够。

此外，还要准备一把剪刀和一张 18 厘米 × 35 厘米的小广告薄铜版纸。

（二）制作的步骤

在准备好以上几种材料（图 9.6）后，就可以制作中号棕耙了。制作棕耙可按以下五个步骤进行。

第一步，先将棕皮剪成两三片 3 厘米 ×18 厘米大小后，放在垫板上。

第二步，把厚实的棕皮剪成长 30 ~ 35 厘米、宽 24 ~ 26 厘米左右，并准备同样大小或稍大点的广告纸。

第三步，将剪好的两三片 3 厘米 ×18 厘米的棕皮放在垫板上面，下面再垫上广告纸。

第四步，用广告纸连同棕皮裹住垫板及棕片后一同卷起来，垫有棕片的一面用力卷紧卷实，直到把整张棕皮卷完为止。之后，可在两头用夹子夹住卷好的棕皮，防止回弹。夹好后，可拿起绳子，从中央打个活扣，将活扣套进卷起的棕皮的一头，在离垫板约 2 厘米处将绳子拉紧打结（绳子的两头要预留 25 厘米左右系绳，如果绳子不够长，可一头长一头短，但短的一头的长度不少于 12 厘米，长的一头一定要够 25 厘米）。打结的结头一面应是正面的凸出面，用同样的方法把另一根绳子打个活扣，将卷起的棕皮另一头也拉紧打结，打结处也在凸出面。完成后，用剪刀把卷好的棕皮两头修剪整齐，再把边上修剪平整。后面就可以将卷好的棕皮捆在木柄上了。

第五步，拿起木柄，将下方放在棕皮上，凸出面朝外，而后把卷好的棕皮两头朝内弯起，让其贴于木柄的两头。在捆扎前，要将卷的棕皮打结处在桌上磕几下，使两头更紧密地贴在木柄上。而后，拿起捆扎棕皮的其中一根绳子和反方向的另一根，从两头顺着凹槽将绳子交叉用力拉紧，边拉边磕两边的棕皮，直至拉不动，当绳子已经紧实后，在凹槽

图 9.6　制作棕耙实际使用的材料

的附近打结固定。再用同样的方法拿起另一根绳子，用同样的方法拉紧打结。通过两道绳子的拉紧、打结，卷起的棕皮连同垫板已紧紧捆扎在木柄上，整个棕耙的捆扎也就完成了。

最后，撕去广告纸，露出整齐的棕皮，再把棕耙正面在工作台上平拍几下，去除棕皮内的棕灰就可以使用了。

棕耙是在水印的宣纸上进行摩擦的工具，避免不了要接触较湿的宣纸，长时间使用会使棕耙比较湿，在湿纸上摩擦时会损伤纸张。因此在水印时，要准备一块工业蜡，不时用棕耙磨蹭几下蜡，这样能令棕耙在摩擦宣纸时更为顺滑。

以上介绍的是中号棕耙的制作方法。不同的木版水印图案要用不同大小的棕耙。大号棕耙的长度是 30 厘米，宽度为 4 厘米，高度为 5.5 厘米，垫板为 3.5 厘米 ×30 厘米，主要用来印制瓦当对联及大面积的木版水印图案；小号棕耙长度是12厘米，宽度为3.5厘米，高度为4厘米，垫板为3厘米×12厘米，主要用于小的木版水印信笺等精细的图案印制。大号、小号棕耙的制作方法都与中号棕耙相同，只不过是长度、宽度、高度及垫板尺寸不一样。木版水印品种及尺寸较多，但只要有这三种不同尺寸的棕耙，基本上印什么尺寸都够了。中号棕耙建议要多做几个，以便在有损耗时能轮换使用。

第五节　木版瓦当水印对联的印制过程

一、操作前的准备工作

在完成瓦当版的雕刻后，将其固定在五合板上，准备好棕把或猪鬃刷、棕耙后，就可以进行瓦当水印试印了。在试印前，还要准备颜料、调色盘、盛色水的盆、方盘、毛笔或油画笔、海绵、猪鬃刷、蜡等材料及工具，并调制好色水。

（一）材料及工具

1. 颜料

木刻水印的色水是由国画加清水稀释而成的，笔者用管状国画颜料来调配。国画颜料细腻，比较容易溶解于水，比较适合调制木刻水印的色水。黑色部分则可用一得阁墨汁。

2. 调色盘

调色盘是用来调制颜色的盘子，一般家用的瓷盘就可以使用。

3. 盛色水的盆

印瓦当水印需要的色水很多，因此要用大点的盆来作盛色水的容器，这是为了进一步稀释颜料水。

4. 方盘

方盘用于盛稀释的色水，它的长为40厘米左右、宽为30厘米左右，不锈钢盘、塑料盘、搪瓷盘均可使用，但盘子的底部必须是平的，以便吸水更均匀。

5. 毛笔或油画笔

毛笔或油画笔是用来调色的。

6. 海绵

海绵在蘸刷色水时起到缓冲的作用，有了它，就可以很好地掌握上水的分量。海绵的厚度在 1.2 厘米左右，容易购买，买回来后剪成长 25 厘米、宽 18 厘米的方块备用。

7. 猪鬃刷

猪鬃刷选用长为 20 厘米左右的毛刷，以猪鬃长 2 厘米左右为好。不能使用其他材料的毛刷，尤其不能选用塑料刷。

8. 蜡

蜡是润滑棕耙的材料，使棕耙在磨印时能减少摩擦，避免损伤纸张，同时能使图案更清晰。

（二）调配色水

以仿古色为例，用大红、藤黄、墨汁来调制。先把大红和藤黄颜料分别挤在调色盘中，用油画笔或毛笔把两种颜料一起搅成橘色，再倒入少许一得阁墨汁搅拌成咖啡色，并观察离仿古色还差多少后再补色，直到调成仿古色。而后加少量清水进行初步稀释后倒入盆中，再加水进一步稀释，察看整盆色水的浓度。此时，可用油画笔蘸点色水在宣纸上试涂，如果浓了就加水，如果颜色暗淡或偏色、少色，就把颜料挤在调色盘中调色后倒入盆中。需要注意的是，不能把颜料直接挤进盆中，这样颜料一时无法溶解，成团的颜料溶解不开，会影响调色的时间。瓦当水印属大面积水印，所用的色水的量也大，色水也要一次性调配完成，而后逐步加入方盘中供水印时使用。

二、木版水印瓦当对联的具体操作过程

先把固定好的瓦当水印版放在工作台上，工作台要方便三人同时操

作。把要印的材料纸放到工作台一边后，就可以进行水印前的准备工作了。

印之前，要先润版。润版是指在水印版上刷色水，使其吸够水分。润版前，用油画笔在盛色水的盆里把色水搅匀，倒入方盘中。第一次倒色水要稍多一点，具体润版方法是，轻按下猪鬃刷，使其上色水后刷在瓦当版上。刷色水时，水分一定要少，只刷板子的凸出图案面，并围绕圆形瓦当版刷，依次把各个瓦当部位均匀地刷到。新的瓦当版是用干燥的木板雕刻而成的，要想它的表面比较湿润，要刷很多次色水才行，只有这样才能使板子吸足水分。但无论是润版还是水印都不能用过多的色水去刷，否则多余的水分留在瓦当图案的缝隙中会淹到图案。润版是水印前必须要做的工作，不能心急，只有慢慢地去润。新的水印版润的时间要长点，通过不间断地刷水使水印版不断地吸水，直到表面吸水饱和，水印版的图案部分有水的亮光，才可以放上材料纸进行水印。每次水印前也同样要润版，只有这样，印出的图案才清晰、干净。

木版水印瓦当对联的纸张应选用宣纸，宣纸吸水性强，印制出的图案效果比较好。木版在雕刻完成后，图案凸出，在它的表面不断少量地刷水，直至表面吸水呈饱和状态，然后盖上宣纸吸取木版表面的色水，就能印出刻好的图案。再刷水，再用宣纸吸水，不断地将图案印在宣纸上。如果在刷色水时，色水过多，就会淹到木版的内部缝隙，形成聚水点，在水印时，宣纸会同样吸起多余的水分，导致除了图案以外，还会因吸取大量的水迹造成图案模糊，这就是不能刷水过多的原因。因此不管在什么时候都应该控制刷色水的量，只能少而均匀地刷，才能保证印出的图案清晰。

印制木版瓦当对联的工作通常由三人配合完成。其中一人站中间，负责刷色水和磨印工作，是保证木版水印瓦当对联质量最关键的人员。中间刷色水、磨印的人不但很辛苦，而且要能熟练地掌握各个瓦当版的上水量，只有所有瓦当上的色水都一致，印出的瓦当图案才均匀。另外两人则站在瓦当图案的两头，负责拿纸及换纸工作。当中间的人用猪鬃刷刷好色水后，站在两头的二人拿起宣纸的两头分别放在五合板的A、

B 线上，使纸的两边与五合板的边平行后放低宣纸，再由中间的人拿棕耙磨印出瓦当图案。而后，由两头的二人将印好的成品放到一边，中间人再刷色水，放上空白纸继续印，印完后再放到成品的一边。这就是木版瓦当水印对联的印制过程。

放在方盘海绵上的猪鬃刷，通过接压海绵的轻重来调整上水的量。如果感觉刷子水分不足，可稍稍用力按压以增加刷子的吸水量，如果刷内含有足够多的水分，可放在海绵上不用吸水，只要继续刷一遍就可以印了。同时，还要注意颜色深浅的调整，如果在水印中颜色在逐渐变淡，可将海绵翻过来，翻过来后的海绵颜色会深点。印一段时间后，如果海绵色水不足不够用时，可再从盛色水的盆中倒点色水进行补充，但一定要将色水搅匀后再倒，以保证色水浓淡一致。用于磨印图案的棕耙，时间长了免不了磨起来会发涩，可用棕耙在蜡块上摩擦后再使用，用起来会更加顺畅。在印不同的颜色和各种染色纸的瓦当时，应多准备几个猪鬃刷和海绵。有颜色的猪鬃刷和海绵是不能混用的，否则会显得颜色很脏，不干净。

木版水印在初期是比较难印的，尤其是大面积的木版水印。这是因为在刷水过程中水印版的吸水和宣纸的吸水量还不够协调，只有在熟练掌握，做到水印版的上水量与纸的吸水量一致后，才会越来越好印，印出的质量也会越来越好。水印后的成品，要分层晾干，可以 10 ~ 20 张为一沓放在室内的竹竿上晾干，干燥后再组合成刀叠放在一起进行包装。

第十章

木刻水印信笺

木版瓦当水印对联与木刻水印信笺，虽都属木版水印，但在水印品种档次中差距较大，一是单色的水印，一是复杂的饾版套印，前者简单，后者技术难度极大，因此分为二章。

木刻水印信笺是以木刻水印技术，在宣纸上印上各式精美、淡雅的图案，用以书写的信笺、书笺及诗笺。它尺幅不大，却很精致。

第一节　饾版与拱花

一、饾版

饾版是把画稿图案按不同颜色勾描下来，每种颜色刻成一块小的分版，把这些分版堆砌在一起，逐色依次套印或叠印，最后形成一幅完整的图案的印刷方法。饾版印刷时，图案中每个分版都在不同的位置，而且每块分版颜色都不一样，把每种颜色的分版印在相应的位置上，根据位置再对下一块分版进行印刷，直到所有的分版都印刷结束，整个饾版的印刷也就完成了。以《十竹斋笺谱》中文佩笺（图 10.1）的一图为例，这张木刻水印图案中印有五种颜色：整个图案的轮廓线是由黑的墨色印出来的；周围的图案、网纹及内里圆圈是由淡红色的块面印制成的；中间的空白处是由淡绿色的块面印制成的；中间大红色印章是由小的方形木刻章印制的；整个图案的外框是由灰色的线条印制成的。因此，这幅木刻水印作品是由五块雕刻的分版（图 10.2）通过饾版形式印制完成的，又称五色套版印刷的木刻水印信笺。

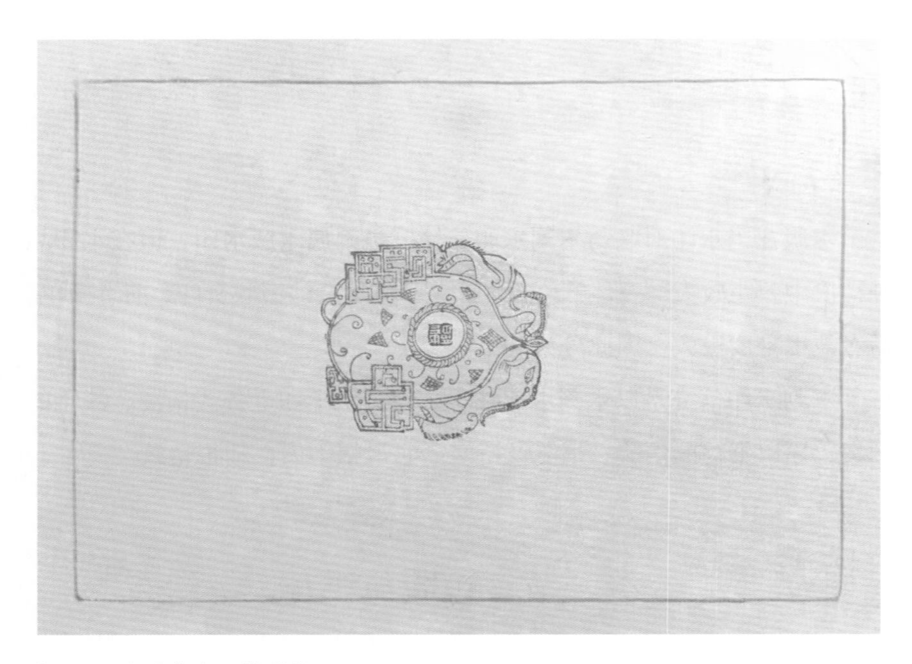

图 10.1　十竹斋文佩笺图式

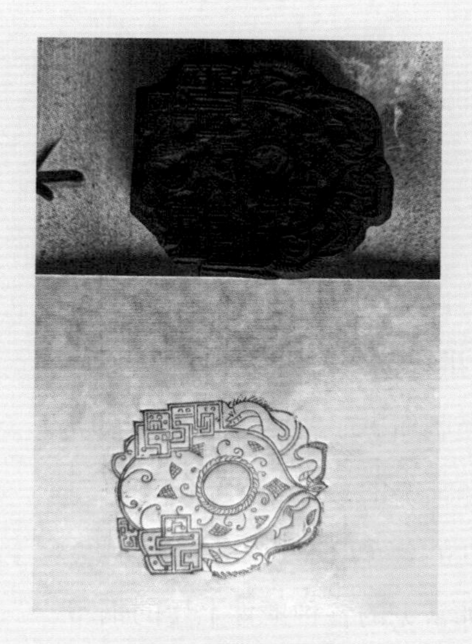

①文佩笺轮廓线为线条版

②文佩笺图章为书画印章版

③文佩笺的淡红色部分为块面版

④文佩笺的淡绿色部分为块面版

⑤文佩笺的外框线条版

图 10.2　文佩笺的五块分版

二、拱花

拱花是一种不着墨的刻版印刷方法，以凸出或凹下的线条来表现纹理，让画面呈现出浮雕效果（图 10.3）。拱花把一种图案分成凸凹两版，在加工时，把纸张夹在中间，通过按压使版面拱起花纹，主要用于印刷画中的图案轮廓、行云流水、博古纹样、禽类的羽毛、花草的枝茎等，用于印制信笺时，可以增加信笺的美感和立体感，使笺纸更加清新雅致。拱花这种工艺在各个领域被广泛运用，如常见的各种证件上压的钢印、人民币上凸出来的纹式等都是根据这一工艺制作的。

图 10.3　在图案中压出立体的拱花效果

第二节 木刻水印信笺的制作

木刻水印信笺的制作工艺比较复杂，涉及分版、描绘、复印、选料、雕刻、饾版、水印、色彩、晕染、拱花、套框、裁切、分拣等十多道工序。笔者在长期的工作实践中，面对这一传统而又复杂的工艺，逐步将其中的部分工序进行了改进。这些改进并不妨碍传统的木刻水印艺术效果，还提高了饾版的准确性，使产品的质量不断提高，同时提高了木刻水印的印刷速度，提升了生产效益。

第三节 木刻水印信笺的分版、描绘、选料及雕刻

木刻水印信笺的制作是一个漫长而又复杂的过程。制作时，首先需要对整个图案的各种颜色进行分版，而后进行描绘、选料、刻板等，然后才可以进行后续的一系列制作过程。

一、分版

木刻水印版制作的第一道工序是分版，是把原作品的画面根据木刻水印的特点进行饾版前的分版。这道工序由熟悉木刻水印各道工艺的画师来进行分色，设定版块将原作上的同一种颜色笔迹分在一块版面上，画稿有几种颜色就要分成几块版。

木刻水印信笺的分版大致可以分为三种：第一种是绘画中的轮廓线和主线，称线条版；第二种是绘画中的题跋，有文字和印章，称书法印章版；第三种是以颜色表现的着色块面，称块面版。

线条是中国画的造型基础，起骨干作用。因此，在木刻水印图案的描绘及雕版时，都应遵循传统的方法，表现笔触的坚实，描绘、雕刻的线条要做到明快、有劲并富有弹性，转折及转弯要讲究自然流畅。这里说得简单，但要实际做起来并不是那么容易，需要有娴熟的技术。线条

版的雕刻，在整个水印版中属最难的一种。尤其是雕刻细而长的线条，要做到粗细一致、挺拔而有力量，又富有弹性，这就需要雕刻师要有很高的雕版技术和良好的心态。除线条以外，图案中各种小的点以及小的圆圈也是雕刻中的难点，需要雕刻师有足够的耐心。

书法印章版要精细而又准确地表现书法的精神和章法布局。这类刻版一般版面小，是雕版的重难点。尤其是图章则更小，一般只有黄豆大小，在刻这类版时，除了需要精细的刀具，还要借助雕刻的专用夹具、木床来协助雕刻。

块面版大多为木刻水印中需要上颜色的块面，它的作用是在绘画时对图案着色。块面版根据画面上着色的面积大小分成大块面和小块面，上色有简单上色和多色上色之分。简单上色是指只要上一种颜色印在画面上就可以了，在绘画中称这种着色为铺底色和平涂法。而多色上色又称复色，它是根据绘画中的点染、烘染、罩染等不同的方法来进行染色的。块面版的雕刻虽然比较简单，但是它非常重要，需要吸水均匀，不能有任何缺陷，因此对木材的吸水性有一定的要求，雕刻时的选材非常重要。

完成分版后，再按照版上的图案进行描绘。

二、描绘

描绘人员按照分版的实际图案进行描绘。描绘时，用一张雁皮纸[1]覆盖在画作上，用毛笔将线条描绘下来。如果原稿是珍贵的历史资料或重要的作品，可将画稿复印或拍摄下来，按原尺寸制成复印件或照片，再描绘到雁皮纸上。分多少块版就描绘多少图稿，要尽可能按照原画作的笔法描绘，起笔、运笔、收笔都要把握好，这需要描绘人员在充分理解原作艺术风格后才可以动手描绘。在分版描绘完成后，一般在版边标注版的类型和要留出的内容，以便雕刻师能按照分版的内容雕版。

---

[1] 雁皮纸是一种半生熟的纸张，这种纸薄而较透明，是最适宜描绘的纸张，现在已经很难找到了。

三、选料

在完成分版和描绘后，把稿样交给雕刻师进行刻版。刻版是制作木刻水印信笺的第一道关键工序，也是承上启下的工序。在正式刻版前，要将描绘稿翻过来裱糊到木板上，在裱糊到木板前要选料，主要是挑选木板的位置进行裱糊。木刻水印的雕刻一般选用的是梨树木料。梨树木料比较细腻，木质相对比较紧实很耐磨，在遇水后线条膨胀率很小。梨树木料在雕刻前要经过一番加工后才能使用，先将树干锯成段，再将每段锯成 1.8~2.2 厘米厚的板材，之后把板材浸泡在水中 2~3 个月进行脱脂（也可通过煮板脱脂），泡好后将板子放在通风处晾半年到一年，这样板子才不易开裂和变形。晾干时，要在每块板上垫上木块，将梨木板架空。在使用前，应用木工刨把板材刨平，再用砂纸打磨光滑。

梨树木料的木质结构有它的特性，不是什么地方都可以用来刻版的。一般板材的木节周围木质紧，是不能用来刻板的。木纹越密且呈暗红色，说明木质越紧，而靠边的地方木材的纹理粗且发白，说明这些地方木质疏松。木质的松紧直接关系到板子的吸水性，是影响分版的一个很重要的因素。如果在雕刻时选材不当，在后期的木刻水印中，板子会因为局部过紧出现吸水困难，使图案的局部印得不清晰，无论怎么补刷颜色也解决不了问题，导致刻好的版不能用。所以在雕版前，选择木材的位置很重要。

线条版、书法印章版、块面版这三种版对木材的要求是不一样的。线条版一般是绘画中的主线，在水印中往往用比较重的颜色去印刷。由于线条比较细，要考虑线条版的耐磨性以便能长期使用，雕刻这种版应当选择质地比较紧实的板子，因此线条版是可以选择靠近较密木纹的地方刻版。但要注意的是，线条经过的地方要避免过密的木纹，避免在后期的水印中局部线条因木质过紧而吸水困难，出现印得不清晰的情况。而书法印章版则不同，虽然它的笔画比较细小，但是版也要有一定的吸水性，如果吸水差，水印起来字迹不清晰，图章也不会清楚，因此雕刻这类版面时，离开木纹细密的地方较好。而块面版则讲究版要有良好吸水性，版面没有缺陷，水印起来吸水要均匀，因此块面版一定要选择木板靠边的地方雕刻。木材靠边的位置，往往木质疏松，具有良好的吸水性，水印吸水也十分均匀，有利于块面版的上色。

四、木刻水印版的雕刻

在选好分版材料的具体位置后，取少量的浓糨糊均匀地涂在木板上，将描绘好的雁皮纸稿反过来贴在梨树板上。待干后用手揉搓雁皮纸的表面，去除上面的纸质纤维，使描绘的黑色画稿更加清晰地显现出来。阴干后，接下来就是雕刻水印版了。要做到“运刀如运笔”绝非一件容易事，描绘出来的一根线条画家只需要一笔，而雕刻师则需要在线的两侧各刻一刀才行，而且这两刀还要稳、准、狠，才能很好地把线条刻出来。多数雕刻师使用的刀具为拳刀，还有的使用斜口刀。无论使用什么刀具都要熟练，犹如画家手中的画笔一样，精心操刀才能够刻好各种各样的线条。

第四节　对传统饾版工艺的改进

一、传统饾版工艺

传统的木刻水印饾版印刷方法，是把各分版用膏药团加温后，将木刻版粘在水印台上进行水印的。每当印完一块分版后便撬开分版，再装上下一块分版进行饾版印刷。饾版把各个分版饾到要衔接的位置成为一幅完整的画面，各个分版要严丝合缝才行，是不能错位的。饾版是整体图案衔接的关键，且较为麻烦，因为刻版的图案都用宣纸覆盖在上面，看不清下面版的位置。只有隔纸去摸下面版的衔接情况，再不断移动下面的版，与已印好的图案进行衔接，在衔接准确并固定版后，才可以试印第二块分版。如果试印位置不准确，还要不断敲打下面的版进行调整，直到与上面的图案完全吻合。整个饾版过程都是通过移动下面版子的位置来调整的，固定在水印台上的纸张是不能移动的，否则整个水印图案就完全乱了。因此在装分版时也同样需要摸版，去寻找准确位置，整个图案有几块版就要去校对几次。

二、对传统饾版工艺的改进

做出口业务时，外商不但对产品的质量要求很高，且对交货的时间要求也很严格。传统饾版印刷耗时较长，效率不高，为了节省时间，提高生产效率，笔者与木工师傅、水印工作人员经过长时间的研究后，摸索出了一套新式组装分版的方法，即用衬板来固定分版，替代传统的饾版形式，收到了很好的效果。具体改进方法如下：

在水印台放分版的地方，用 2 根长约 10 厘米、宽约 1 厘米的三合板条钉成一个 90° 的角，称龙门桩（具体的安装位置在下面会作详细介绍），而后按分版的大小采用三合板或五合板来做衬板。木板水印信笺的分版一般都不会太大，水印版大多在 10 ~ 15 厘米，因此衬板一般长约 20 厘米、宽约 16 公厘米就可以，有多少块分版就要准备多少衬板。做衬板的五合板至少两条边要呈 90° ，与水印台的龙门桩靠在一起应比较严实才行，如果中间有间隙，可用木工刨将它刨平，保证每次套印都比较准确。这两项工作准备好后还需要做一个简易的工作台，来进行后面的一系列工作。

第五节　简易工作台的搭建

饾版用的简易工作台，类似于传统的木刻水印台，只不过比正式的水印台简单而且小许多。其实它只是一块板而已，但是可以通过它来组装分版，而且还可以在上面进行木刻水印信笺的实际打样工作。它不占地方，需要时只要将板的两头搭在桌子边就可以操作。用完后，取下板子及纸样，将它竖起来放到一边就可以了，很是实用。在木刻水印雕版完成后，版是否符合水印的要求、实际水印中还会出现哪些问题、饾版

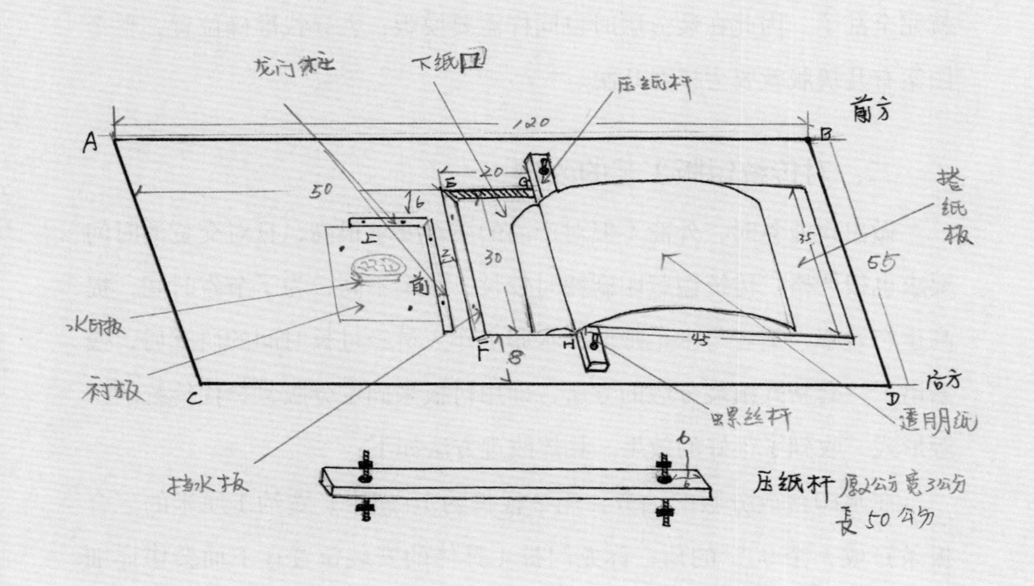

图 10.4　简易水印台的结构图

的准确度如何、水印中颜色如何搭配等问题，都可以通过在简易工作台上操作来发现并解决。做这种简易工作台取材十分方便，只需要厚约 1 厘米、宽为 55 厘米、长约 120 厘米的木工板就可以制作。下面具体介绍简易工作台（图 10.4）的制作方法，以供参考。

如图 10.4 所示，图纸的 AB 表示为前方，CD 表示为后方（即靠近操作位置的一方），先在距离 AC 线的 50 厘米处和 CD 线的 8 厘米处打个 20 厘米 ×30 厘米的方洞，是木刻水印后下纸的地方，称下纸口。在打好方洞后要将洞口的四周用木工锉锉平，不能有毛边，否则容易刮纸，损坏产品。锉平后，找一根厚 2 厘米、宽 3 厘米、长 50 厘米的杂木条，将它刨平来做压纸杆。这两项工作完成后，就要打孔了。打孔时，用 10 毫米电钻钻头先在压纸杆两头距离 6 厘米处各打一个孔，而后把打过孔的压纸杆放在简易工作台上与方口 GH 平行处，在压纸杆两孔距

GH 点相等距离处用电钻顺着压纸杆的孔打穿木工板，再用一根螺杆穿进去，两头用螺帽拧紧。然后再顺着压纸杆的另一头孔将木工板打穿，再穿进螺杆，两头用螺帽拧紧。通过穿在压纸杆与水印台之间的螺杆的两个活动螺帽的松紧调整压纸杆的距离，压紧固定一头的材料纸，使纸张不会移位。要夹多少材料纸一般是根据水印信笺的数量而定的，根据笔者的实际经验，一次性夹纸数量在 3 刀左右比较合适（如果是用于打样，一次夹 50 张纸就够用了），如果再多，水印起来会有偏差。因此，用来调整松紧的螺杆长一点比较好，一般在 12 ~ 16 厘米，而螺杆的直径在 6 ~ 8 毫米。这种螺杆一般需要请师傅帮忙，用圆钢来加工才行。如果找不到，则可以到卖自行车零配件的商店购买自行车的中轴，这种中轴的长度正好够用，而且它也是靠活动的螺帽来调整松紧的。

之后，再做一个挡水板。挡水板是固定在 E 的位置上，它的作用是在水印刷水时防止水溅到材料纸上。挡水板是用五合板条制作的。制作时，将五合板条锯成宽约 5 厘米、长约 30 厘米的条状，用砂纸打磨一遍长边，以防刮纸。做好挡水板后，把它卡放 EF 一边，要平行高出水印台面 2.5 厘米，然后在水印台的洞口用钉子将挡水板的下半部钉牢。完成后，再在台面上钉上龙门桩。龙门桩是挡衬板的标志，可以使更换分版更快捷，它的位置在距挡水板的 2 厘米处。钉龙门桩时，在与挡水板平行的位置先钉上 1 根 1 厘米宽、10 厘米长的三合板板条，而后在 90° 角的位置距 EG 线以下 6 厘米处再钉一根 1 厘米宽、10 厘米长的三合板板条，龙门桩就完成了。最后，再锯一块五合板作搭板。搭板是用来放材料纸的，有了它，纸就可以平放在活动板上，更方便操作。搭板的宽度为 35 ~ 42 厘米、长约 50 厘米，一头可以搭在压纸杆上的两根螺杆之间，也可以搭在螺杆之上，搭板的另一头则搭在水印台上。

这样，简易的工作台就制作完成了。有了这个简易的工作台，就可以组装分版了。

第六节　分版的组装

饾版中的分版包括在衬板上的校对、衔接、组装，是一项技术活，它需要把刻好的分版固定在一定的位置上与其他的分版进行衔接，直接关系到整个饾版图案的整体性和一致性，因此这项工作需要提前去做。我们可将雕刻好的版放在透明的纸下，对各个分版进行逐一校准衔接，然后将分版固定在衬板上。

一、上纸

首先，准备10张左右的复印或透明的玻璃纸，并裁成22厘米×55厘米的条纸，选用20张左右；其次，拿出一块衬板，将90° 角的一边对准龙门桩，挤紧合严后，用两个小钉（可选用小号鞋钉），在衬板的两个靠边位置把衬板固定在水印台上；再次，松开压纸杆的活动螺帽，取出压纸杆；最后，将20张复印或透明的玻璃纸平铺在水印台上，纸的一头覆盖住衬板，并往外延伸20厘米左右，方便手拿，纸的另一头在压纸杆方向并伸出一些，此时可放上压纸杆两头穿上螺杆，在两头拧上螺帽把复印或透明的玻璃纸压紧，使纸不能动，而后放上搭纸板，将纸翻回放在搭纸板上。以上工序称上纸，现在只不过上的是复印或透明的玻璃纸而已。

在做好以上工作后，准备一些材料，如一卷双面粘的胶带纸、粘木料的白乳胶、2B铅笔、记号笔、复写纸、棕耙等，再取出画稿的原作，放在一旁以便参考，接着就可以安装分版了。

二、校对、组装饾版

将各个分版固定在饾版上，首先要校对线条版。线条版一般是整个图案的轮廓，它的位置比较重要，先把它固定后，后面的饾版才有目标。线条版的图案分上下部分，如树的图案，树根为下，树叶为上，把图案的下方放在衬板的上方位置，水印后根就在下（印出来是反方向的）。

在放在适当的位置后，用双面胶纸贴在分板的中间后背位置（不要全部贴上，只是初步粘贴），贴上双面胶，粘在衬板上。粘好后应用笔在分版的底部靠近版画出周围的线，以示它的固定位置，再压紧分版使它初步固定在衬板上，再用记号笔在衬板上标注上下，以方便后面上版能找到方位。先把第一块分版固定到衬板上（第一块版不需要校对），再直接固定在龙门桩上。而后取出一张没有用过的复写纸，覆盖在线条版上，用左手从搭纸板上拿起最上面的一张透明纸，覆盖在有复写纸的线条版上，右手拿起棕耙，缓慢地在透明纸上进行摩擦（用力会使版子移动），使线条版上的图案印在透明纸上。复印纸通过摩擦，印出来的图案比较清晰，而玻璃纸可能不够清晰，可以用细砂纸在玻璃纸的一面进行打磨后再盖上复写纸磨印，这样图案会清晰很多。如此操作磨印线条版，要多印两三张，以防有图案不清晰，给后面的对版带来困难。在磨印完成线条版后，将纸再翻回搭纸板上，将衬板上的钉子拔出来，把衬板连同分版一道从龙门桩取出来，取出白乳胶，在衬板与分版的周边涂上胶水，再用毛笔填实两板之间的缝隙，放在一边晾干待用，第一块饾版就初步安装完成了。

接下来安装第二块分版。拿出第二块衬板，将 90° 角对准龙门桩，将衬板挤紧，在衬板上钉两颗钉子（一般钉在分版的周边，不能钉在安装分版的地方），将衬板钉在水印台上（一般不将钉子钉死，留有钉头以方便用后将钉子拔出），而后再取出第二块分版放在衬板上进行饾版。有了第一块线条图案后再对第二块版，翻回透明纸覆盖在第二块版上，再移动下面的分版进行饾版。在透明纸下能很清楚地看清两个版子的衔接位置，在找准位置后，翻回第一张透明纸，放进下纸口，再翻到第二张已磨印的线条版的透明纸，再校对，如果没有问题，可将透明纸翻回。左手按住分版，右手拿着铅笔在板子的底部沿边画出分版的位置线，从衬板上拿出分版后取出少量双面胶纸，将分版的中心位置粘上（粘的面积不要大，留出空间以便白乳胶进一步黏合），而后顺着铅笔画的位置线重新粘到衬板上，使分版与衬板初步黏合，再翻回透明纸察看版是否有走动。如有偏差，可以移动分版进行校正，如果没有问题，放上复写纸，盖上透明纸，用棕耙在上面缓慢地摩擦，再掀开透明纸看两个版的饾版是否吻合。如果没问题，再用第二张印的线条图案校对，没有问题第二块分版就校对完成了。翻回透明纸，从衬板上拔出钉子，把衬板连同分版一同从龙门桩取出，并用记号笔标注上下前方的位置，开始用白乳胶固定分版。在分版的底部抹上白乳胶，再用毛笔将分版与衬板的缝隙填满后放在一边等待晾干，第二块板子的饾版就完成了。

按照这种方法再将第三块版放进龙门桩进行校对，完成后再用同样的方法去校对其他版。有多少块分版就装多少块衬板，直到校对完所有的板子为止。

所有的分版安装完成，白乳胶干后，如果不放心固定的牢度，还可以把分版翻过来，在分版面垫上毛巾，从衬板背后有分版的地方钉上两颗钉子，将分版进一步固钉在衬板上。也可以用电钻打个小孔，再用木螺丝将两板拧紧固定。在分版干燥和加固时，要注意观察分版下面画的位置线，如果分版有走动就要再上龙门桩进行重新校对和固定。

所有分版都安装在衬板上，后面的工作会方便很多，只要按照衬板标注的位置，挤严龙门桩就可以水印了。印完一种颜色后，拔出衬板上的钉子，再装上下面的分版时，只要挤严龙门桩，再在衬板的边上钉上钉子固定，就可印第二套板子了。当然，这种对版不是绝对准确的，在水印过程中，不同纸的收缩会有不同，在饾版套印中会有一些偏差，但是问题都不大，只要在换版后试印一两张就可以发现问题，再对衬板进行适当调整就可以了。

新雕刻的版，是否完全达到水印的要求，需要进一步检验。刻好的版子只有印出来才能发现问题，比如板子雕刻还有什么地方不到位、整体的线条还存在什么问题、版子还有哪些地方清除不干净、饾版的每块分版是否准确等等，这一系列问题都要通过反复修版和不断试印才能逐一去解决，直到刻版完全没有问题后才能进行水印打样。

第七节　木刻水印信笺工作台的制作及传统的印刷方式

一、木刻水印工作台的制作

木刻水印信笺的印制，是在一个专用的工作台上进行的。工作台是由一个台面和两个工具柜搭建组合起来（如图 10.5）。工作台面的结构与前面介绍的简易工作台面差不多，面积要大一些，并且要在龙门桩的前方，距下纸口 6 厘米处安装一个用于拱花的压杆。下面就木刻水印工作台的制作进行介绍。

首先，准备一块长 130 厘米、宽 75 厘米的面板，厚度可根据实际情况来定。笔者用的工作台是厚度为 2.5 厘米的杉木板拼接起来的，由木工师傅按要求制成。也可用木工板来替代面板，把木工板加工成长 130 厘米、宽 75 厘米后，将四边刨平磨光，在 CD 线的 8 厘米处，BD 线的 42 厘米处锯出一个 20 厘米 ×30 厘米的长方形洞口，长边为 CB 方向，宽为 CD 方向。打洞口可用两种方式，一是用木工电锯锯，没有木工电锯也可以用电钻按画出的方口线，沿线逐步打孔，将方口打穿，再把打孔的连线敲断成方口，而后用木工锉把边口锉平就可以了。这个方口是在水印时用于投放纸的下纸口。

压纸杆用 2.5 厘米厚、4 厘米宽、43 厘米长的杂木来制作。关于它的安装在前面已作介绍，下面对用于拱花的压纸杆进行说明。

用于拱花的压纸杆是根据杠杆原理制作的。在压纸杆的底部与水印工作台之间有一个铁的构件，它可以上下动，类似于老式窗户的铰链，但它比铰链的两边要长、要严（定制，见图 10.5 ①），左右不能有缝隙，使压纸杆不能左右晃动。铁件的两个表面都有四个孔，一面将它固定在水印工作台上，另一面则固定在压纸杆的下方，把拱花板固定在压纸杆（图 10.5 ②）上，通过压纸杆压出拱花图案。这种方法能使拱花图案压印得更清晰，且较省力，这就是安装压纸杆的作用。工作台下面的两

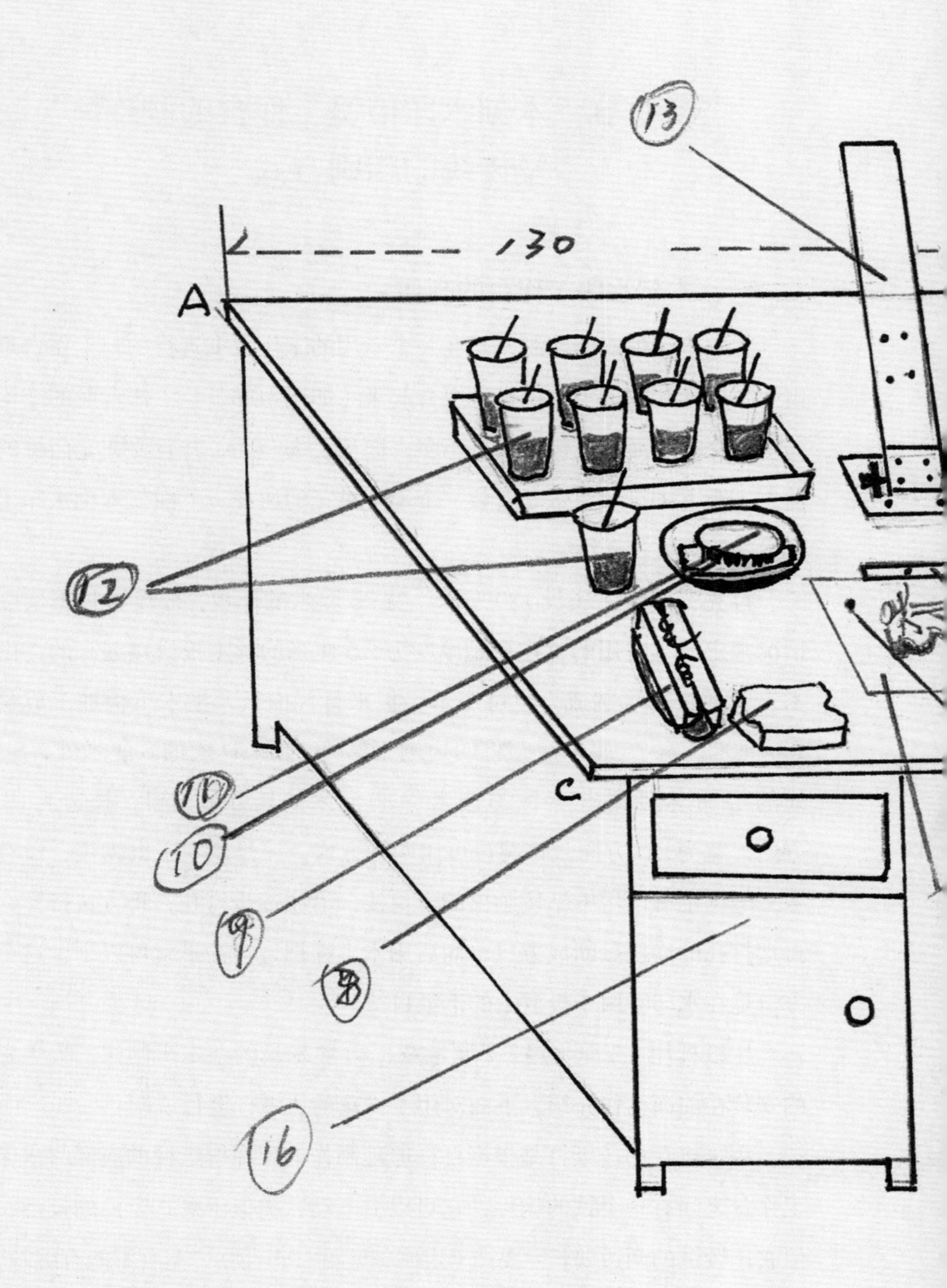

①固定衬板的钉子 ②龙门桩 ③固定分版的衬板 ④挡水板 ⑤压纸杆 ⑥调节松紧的螺杆螺帽 ⑦搭纸板 ⑧白蜡 ⑨棕耙 ⑩猪鬃刷 ⑪海绵 ⑫盛颜色水杯子 ⑬拱花压杆 ⑭活动铁构件 ⑮材料纸（宣纸）⑯工具柜 ⑰下纸口 （单位：厘米）

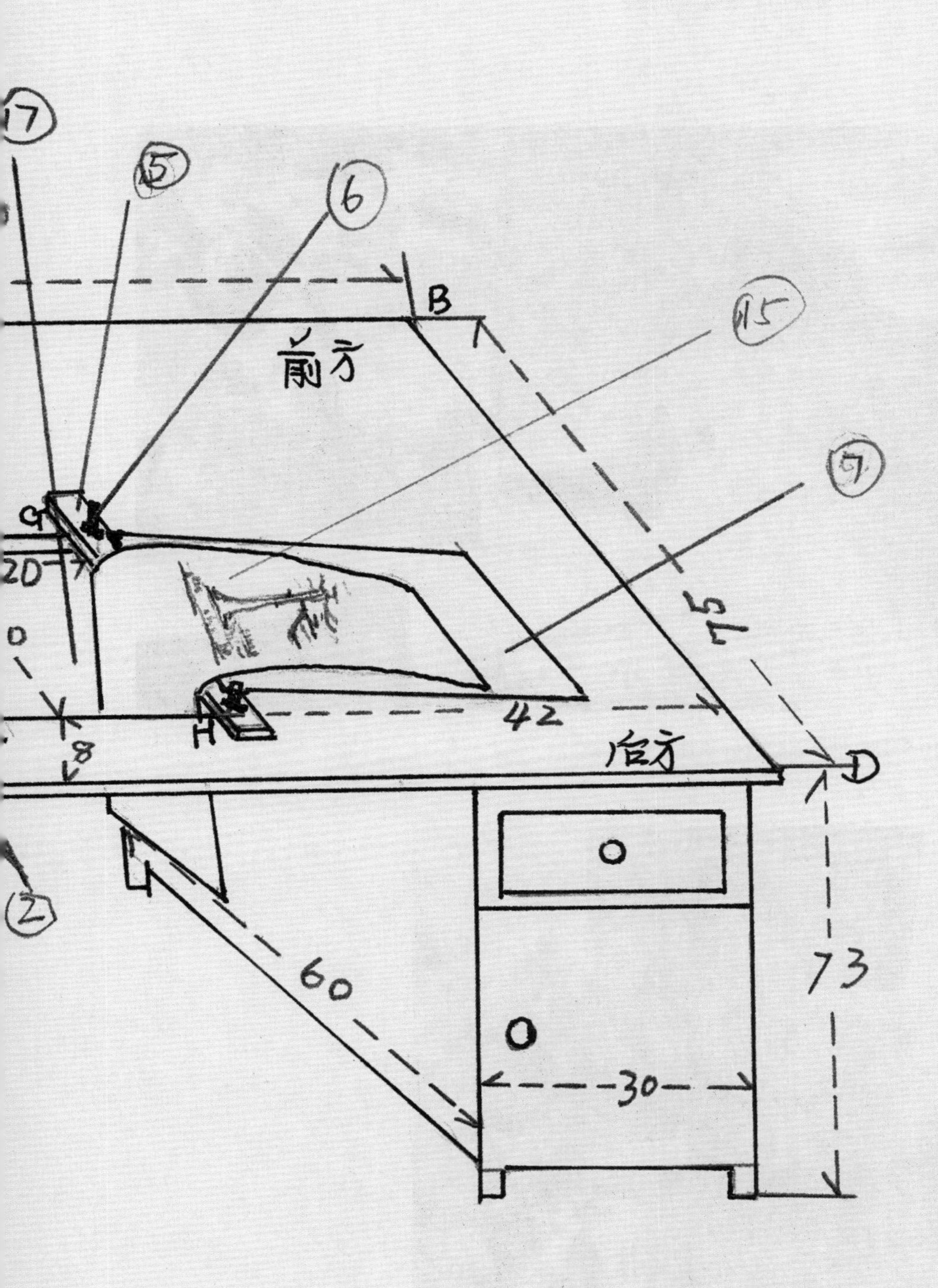

图 10.5　水印信笺工作台

10.5 ①水印台上的压杆铁件铰链安装

10.5 ②拱花版安装在压杆上

个工具柜，用于抬高水印工作台的高度，也是存放一些工具及摆放颜料的地方。工具柜的高度为73厘米，比普通的写字台要矮一点，方便操作。工具柜的宽度为30厘米，比较窄，方便水印时工作人员双腿的活动，不影响下纸口的纸张。工具柜的长度为60厘米，前方齐平工作台，后方则伸出15厘米，便于操作。在实际工作中，可把水印用的调色杯子，上颜色水的盘子、棕耙、白蜡、钉子等都放在水印板的一边，而使用的工具则放在水印搭板的一边，这样用起来会比较顺手。水印台不固定在工具柜上，移动起来非常方便，可以根据需要进行调整和移动。

二、木刻水印信笺传统的印刷方式

木刻水印信笺是以压一头印一头的方式印刷的（图10.6）。传统的木刻水印信笺多为长方形，尺寸都不是很大，偏小的有13厘米×25厘米、15厘米×25厘米、16厘米×26厘米（这种尺寸偏多）、18厘米×26

图10.6　水印信笺的印刷方式是压一头印一头

厘米，偏大的有 18 厘米 × 28 厘米、20 厘米 × 30 厘米。笔者多印较大尺寸的纸（日本称半纸），尺寸为 24.5 厘米 × 33.5 厘米。木刻水印信笺每套有 40 或 48 张装，多为 4 种图案，少数有 8 种图案，每种图案有 10 或 12 张；还有少数为每套 40 张装，由 8 种图案组成，每种图案为 5 张装不等。

制作木刻水印信笺时，先把两个信笺尺寸的面积放大后（留有加工量，将材料纸裁成长条，例如印 16 厘米 × 26 厘米的信笺，它的材料纸就要裁成 18 厘米 × 55 厘米，采用一头固定、一头印制的方法来进行水印。固定一头是为了防止纸走动，保证在水印中纸的距离始终保持一致，这样在套印图案时，纸的位置才准确。而固定纸的另一头也是用来水印的，只有在成沓的纸印完之后才可以调头再印另一边。在水印时，每印好一张纸后将纸放入下纸口，纸会自然垂直，处于自然晾干的状态。宣纸的吸水能力强，印后的颜色是不会互相黏

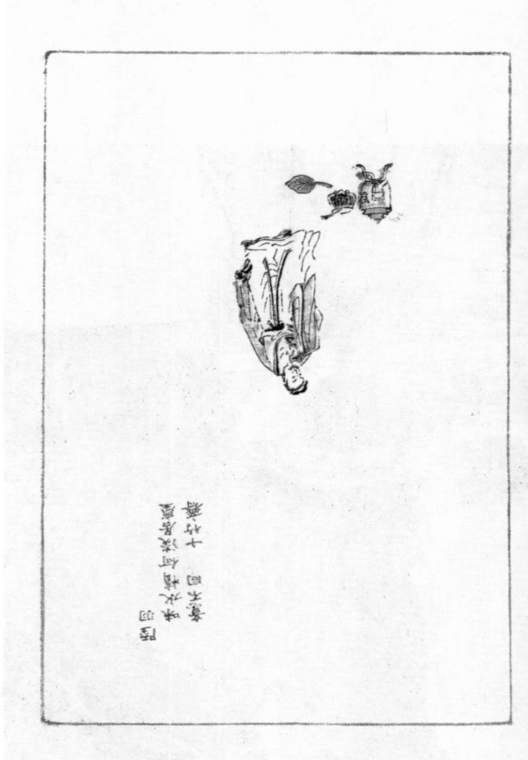

图 10.7　整条纸上的两个图案

连的。这样不断印，再不断放入下纸口，直至一种分版的图案印刷结束。结束后，把下纸口印好的纸全部翻回放在搭纸板上，将第一块分版从龙门桩取下，放上第二块分版，将分版成 90° 角对准龙门桩挤严后，在衬板两边钉上两颗钉子固定，再进行第二块版的水印。印完后，按上述方法印其他分版，直到整个整套分版印刷完成，才可以松开压纸杆的螺帽，将成沓纸进行调头，再去印另一头的材料纸。取出第二种图案的分版，再按以上方法逐一将第二种图案的所有分版印刷完成，结束后就可以把整条纸从压纸杆上卸下来。这样，整条纸的两面便有两个图案（见图 10.7）。之后，再重新更换一叠新纸，用上述方法再印其他图案。

第八节　木刻水印信笺的印刷方法与步骤

水印前，首先要把材料纸裁好并压平，其次把成套的水印版按顺序摆放好，再次要在材料纸上标出图案的位置，最后准备好水印所需的颜料、工具等。下面以印刷尺寸为 16 厘米 ×26 厘米，每套 40 页、4 种图案，印刷 60 套的木刻水印信笺为例，对印刷方法和步骤进行阐述。

一、印刷前的准备

（一）材料纸

材料纸选用安徽泾县产的四尺单宣。需要提前把材料纸裁成尺寸为 18 厘米 ×55 厘米的长条纸，以 300 张为一摞，裁 4 摞。另外，裁切书画纸 20 张，作为水印前的试样纸，尺寸与材料纸相同，裁好后在每一摞纸的上面分别放 5 张。而后在每摞纸上夹一张报纸后叠放在一起，在材料纸的上边压一块平板并在上面压上重物，使宣纸的折弯处平整。裁剩下的纸头不能丢，放在水印台的一边，可用来试样（试纸）。

裁好的水印材料纸两头各印一个图案，而每个图案在纸上位置不同，在上纸前应用铅笔画出具体图案的位置。具体方法是：将纸对折，画出中间线，以示两个图案的分隔线，依此再去标注图案的具体位置，以便在上纸时能找准位置，防止印偏。

（二）水印颜料、水

水印用的颜料多选用透明性能好的中国画颜料或水彩画颜料，也有人用日本产的水性版画颜料（特殊画面需要）。国画颜料色彩稳重，比较符合中国传统的木刻水印色彩效果。

水印用的水为自来水。

（三）工具

制作木刻水印信笺常用的工具有盛颜料水的杯子、毛笔、上色水的盘子、海绵、猪鬃刷、钉子、白蜡块、棕耙、临时垫板、锤子、扳手、电工起子、老虎钳、半湿的毛巾等。

盛颜料水的杯子可用平时喝水的玻璃杯子。

毛笔是用来调整色水的，把色水搅拌均匀。

上颜色水的盘子是在水印时盛水的盘子，普通的盘子即可。盘子的口径在 18 厘米左右比较合适，要深点，盘底要平点，因为里面除了装色水还要放块海绵。

棕把是传统的木刻水印工具，是用棕丝绑扎起来的上色水的工具。但棕把的刷口不够宽，上色水不均匀，用猪鬃刷更合适。木刻水印信笺的都是一些小的分版，所以猪鬃刷也不需要太大，长 12 厘米左右、宽 5 ~ 7 厘米，露出的猪鬃在 1.5 厘米左右即可。每刷一种颜色，可用记号笔在刷背上标注上颜色，这样就很容易找到它。一种颜色一个猪鬃刷，这样使用起来会十分方便。

把海绵剪成 12 厘米 ×9 厘米后放在盛色水的盘子里，在刷色水时，将海绵放在色水之上再放猪鬃刷。海绵起缓冲和调整吸水量的作用，使刷子不直接接触色水。一个颜色用一块海绵，不能混用。

钉子是用来固定分版的，通常使用小的鞋钉。鞋钉有棱角，可以更好地固定分版。

白蜡块用普通的工业蜡即可。棕耙在磨蜡后，使用起来会更顺滑。

棕耙是木刻水印的专用工具，是在水印版上色水后，盖上宣纸摩擦纸的工具。

临时垫板是用一块长45厘米、宽20厘米的五合板做成的，它的作用是在上材料纸校对分版的位置时，临时放在下纸口，用来盖住下纸口，在上纸时使成沓的纸能平直，防止纸因有方洞而下垂。在上纸结束后，再将它抽回，露出下纸口，继续后面的工作。

锤子是用来钉衬板用的。

其他工具如扳手、电工起子、老虎钳是在上纸、下纸时松紧螺帽时使用的工具。

半湿的毛巾是用来擦手的。在水印时，要来回翻动海绵来调整颜色的浓淡，手免不了会沾上色水。此时一定要用半湿的毛巾将手擦干净再去翻拿纸，如果手不干净，纸就会有痕迹。

二、印刷的顺序

制作木刻水印信笺时，准备好成套的水印版，再把每套的分版分开，开始按分版的顺序印刷。木刻版的水印顺序，一般先印图案的主线条分版，这样整体图案就有了具体的位置，再印书法印章版，而后印小的块面版，最后印大的块面版。印刷顺序是不能颠倒的，块面版的吸水面积大，在水印后，宣纸会因含有较多的水分而变松，如果再印线条版会造成纸张的破损，也会影响线条的清晰。因此要先印线条版，再印其他各个分版。

三、具体操作过程

在做好准备工作后，就可以制作木刻水印信笺了，具体分五个步骤进行。

第一步：调色。根据第一套线条版的颜色进行调整。把相应的国画颜料挤在盛色水的盘子里，用毛笔把颜料调开，根据线条版的颜色添加其他颜料进行调配。每加一种颜料都要用毛笔搅拌均匀，并观察颜色的变化，只有颜色均匀后才可以加清水，再用毛笔搅动，观察加水后颜色的变化。如果颜色正确只是浓了就加清水，直至完全符合第一套线条版的颜色，才可以将色水倒入玻璃杯内。一般调整的色水有大半杯就可以了，但是新版吸水量大，要多准备一些。色水最好一次性调好，如果不够用，再调色水时颜色很难一致。

第二步：上版。把第一块分版的线条版上在龙门桩上，把衬板与龙门桩挤严后，再用钉子将衬板的两边钉在水印台上，固定后再检查下板子是否晃动。如有，再加钉子固定，直到板子钉牢为止。在水印中，版是不能晃动的，更不能有移位的现象。

第三步：上纸。上纸是把裁切好压平的材料纸上在水印工作台上。先在下纸口处放上临时垫板，挡住下纸口，再拧开压纸杆的螺帽，取出压纸杆，拿出一沓已压好的（300 张）宣纸，宣纸的光面朝下，一头盖住线条版，另一头放在压纸杆的位置。然后在线条版一边掀开成叠的纸放到一边，再放下最上面的一张纸，用手去摸下面线条版的位置进行调整。调整时一定要连着成沓的纸同时移动，按事先画好的位置调整，直到找准位置后，将纸整理平直，拉齐放上压纸杆，上好螺杆，拧紧螺帽，把纸的一头固定好。而后取下临时垫板，放上搭纸板，将纸全部翻放在搭纸板上。判断纸的位置与线条版的位置是否符合要求，可用两个方法来验证。一是在线条版上放一张复写纸，再覆盖第一张书画纸做试验，用棕耙在书画纸上摩擦出图案，放在搭纸板上察看图案的位置。二是可以用猪鬃刷刷上色水再盖上书画纸，用棕耙摩擦试印一张，放在搭板上察看图案的位置，看看位置有没有偏差。如有偏差，松开螺帽，使成摞的纸方便移动后调整位置，拧紧螺帽把纸压紧，再试样，直到调整后的图案印在规定的位置。完成后，检查确认螺帽拧紧后才能进行下一步的工作。在校对图案位置的同时，必须要注意成沓的纸是否垂直，以及左右留的裁切边的位置是否准确，都符合标准后才可以固定。

第四步：润板、试印。将调好的色水，用毛笔搅匀后从玻璃杯倒入盛颜色水的盘子上，对新版进行润板。新版吸水量会比较大，因此要多倒一点色水到盘子里。倒好色水后，放入海绵、猪鬃刷，而后轻轻按压猪鬃刷，蘸上少量的色水开始对板子进行润板。新版的润板时间会比较长，需要一次次地刷板。为了防止色水溅到宣纸上，保证宣纸干净，可用一块干毛巾覆盖在宣纸上。每次刷水润板，只需要将猪鬃刷蘸少量的水，刷的时候要有耐心，一直刷到从侧面看板子有水的亮光，说明板子的吸水已经基本饱和，就可以试印了。

试印的时候，可用一张小的材料纸进行。试印的目的是看调配的色水与原作品的颜色是否一致。如果有问题，再调整色水，如果整体的颜色偏淡，可把垫的海绵翻过来，再蘸色水印。这是因为国画颜料的成分不完全是颜料和胶，里面有少量的粉状颗粒，这种颗粒在海绵表面的水分被吸收后，往往沉淀在海绵的下面，海绵下面的颜色会浓点。如果将海绵翻过来后刷色水印颜色还是淡，再补加颜料。在试印没有问题后，可翻开第一张书画纸开始印了。

第五步：水印。水印时，拿起猪鬃刷在水印版上均匀地刷上色水后，从搭纸板上取出一张材料纸，拉紧后平放在水印版上，拿起棕耙在宣纸上摩擦，印出图案，而后把印好的图案投入下纸口，再拿起猪鬃刷在水印版上均匀地刷上色水，再从搭纸板上拿出第二张材料纸继续水印。这就是木刻水印信笺的制作工序。

在实际的操作中，除了双手不断地配合，工具的使用也是十分重要的。猪鬃刷是通过在海绵上按压的轻重来调节水分的，按得轻水分就少，按得重水分就多。在水印时，发现颜色逐渐变淡后，可以将海绵翻过来调整色水的浓淡。用猪鬃刷刷版时，只有在接触版后才开始刷色水，动作幅度不能大，如果动作大了色水会溅得比较远，虽然在板子与纸之间安装了挡水板，但也可能会溅到材料纸上，污染材料纸。用猪鬃刷刷版时要围绕水印版的图案转圈刷，遇到线条粗或密集的地方（如粗的树干、密的树根），应多刷一会，以保证整体版面吸水均匀。在印一段时间后，如果海绵水分不足，再从玻璃杯中倒出一点色水进行补充，倒水之前应用毛笔把色水搅匀。

手持棕耙要平稳，在宣纸覆盖在水印版上，棕耙接触到宣纸和版后才开始摩擦。动作要慢，摩擦要稍用力，边摩擦边看印的图案是否完整，不能漏磨。遇到图案中伸出的枝条时要多注意，可将棕耙持平顺着枝条的方向来回摩擦。棕耙是在有水分的纸上摩擦的，时间久了会发涩，可在方块蜡上摩擦几遍，以保证棕耙使用顺滑。经常使用棕耙，棕丝会折断，可用剪刀剪去，以保证棕耙表面平整。使用棕耙时间长了，棕皮的表面会出现大面积脱落，这把棕耙便不能再使用了，要重新捆扎新的棕皮。

在水印中，一只手从搭纸板上取出纸张交换到另一只手时，一定要将纸拉平绷紧放在水印版上，不能左右移动。而且每张纸都要拉平绷紧，只有这样才能保证后面饾版套色的准确。

以上就是木刻水印信笺的制作方法。

木刻水印信笺的印刷特点是先慢后快，水印版经过润板后，会越印越好印。其中的原因，就是梨树板的表面虽然经过打磨后变得光滑，但是它的木质纤维里仍有空隙，通过不断地刷色水，色水里面的颗粒就慢慢地把木质纤维之间的间隙填满，板子表面就更加平滑，更加好用。我们称为熟板。这种板子刷色更均匀，更好用，板子由生到熟需要约300印。

在第一种色水印好之后，第一块线条分版也就印好了，从下纸口翻回所印的水印纸到搭板上，再进行第二套分版的水印。在水印台上拔出固定第一套分版的钉子，将第一块线条版撤下，取出第二块分版，将它与龙门桩挤紧，用钉子固定，并检查是否钉牢。而后调制第二块分版的色水，调配的方法与第一套一致，只不过颜色不一样。后面的工作与印第一块线条版的顺序是一样的。完成后，再印第三块、第四块等分版，印制的方法和工序与前面两块是一样的。直到所有的分版全部水印完成后，第一套图案版的印刷才算真正完成。单次成品只不过300张木刻水印信笺，而60套的木刻水印信笺需要600张的成品，所以还要进行后面300张的水印工作。松开压纸杆后将还没有印的白纸一头调过来，重新开始印另一头的300张材料纸，接下来的印刷方法和工序与前述300张相同。全部印刷完成后，松开压纸杆的螺帽，把成摞的水印成品放在工作台上，用一块平板压上，以保证纸张的平整。此时工作台上应保持干燥，要远离盛水的杯盆，以防杯倒盆漏造成不必要的损失。

第一套图案水印结束后，就可以进行第二套图案的水印工作，也是按以上操作方法和步骤印刷。第二种图案印刷完成后，再印第三种、第四种图案，直至完成四种图案的印刷。

以上是木刻水印的具体印制方法与步骤。在实际水印工作中，难免有印得不好或印坏的纸张，遇到这种情况要及时作标记，如果不作标记，在成摞的宣纸中是很难找到的。笔者的做法是把印得不好或印坏的纸张前方打个折，纸的折头伸出纸边，这样在检查时就很容易找到，在后期的整理、裁切时，可把这张次品从中抽出。

第九节　木刻水印信笺的拱花及晕染技法

木刻水印信笺还有两个重要的技法，一是拱花，二是绘画中的晕染效果印法。

一、拱花

拱花的图案版是由凸凹板刻成的上下模板，通过把宣纸夹在模板中间按压而形成凸出的纹式。这种工艺是在我国明末木刻水印信笺中独创的工艺。这种凸出的纹式素白而又高雅，有着强烈的立体感。拱花有一定的难度，宣纸上在模板压印下受力后，纸的周边会变形，出现不规则的荷叶边，比较难处理，因此多数做法是把纸闷湿后再拱花。宣纸闷湿后，上下按压后图案拱出的效果要好许多。但是这样纸张干燥后还是不平整，又不能用其他挣平方法，只能用电熨斗将拱花周边的纸烫平。如今，还有人在半干的纸上盖上布料进行按压，来实现凸显图案的效果，还有的人用手掌、手指直接按压图案，使图案有凸出感，同样收到不错的效果。这些手法只有一个目的，就是让拱花图案更为凸出，让笺纸更加美观。

二、晕染

怎么还原绘画中的晕染效果，是木刻水印的一大难题。中国写意画是水、墨与色彩的融合，画家用不同的笔法把它在宣纸上体现出来，所呈现的绘画艺术效果是丰富多彩的。绘画中的晕染效果更是多样化。晕染的方法都不一样，往往不是一次完成的，有的是重复晕染的。中国画有干染和湿染之分，干染就是在作画主题完成或未完成时，直接用墨或颜色进行晕染，湿染是把整张宣纸喷湿后再进行晕染，这些手法的运用表达了画家不同的绘画艺术语言。中国画的着色技法主要有填色法、染色法、罩色法、破色法、泼色法、烘托法、反衬法等，每种着色方法都有着不同的效果，因此没有中国绘画基础的人是很难把握这些着色方法的。要在木刻水印中重新还原作品的绘画艺术，就需要我们加强这方面的学习，来理解中国画的着色方法。

在木刻水印信笺中，能表现各种着色效果的技法多数是在块面版上进行的。块面版是填色的板块，也是着色的范围，但用猪鬃刷来刷色，不能把各种颜色的晕染效果表达出来，因此木刻水印中有种技法叫掸色。掸色是用毛笔蘸上色水，模仿原作的绘画方法在块面版上着色，再印到宣纸上，以达到还原原作的效果。更有绘画基础好的水印技术人员，直接用毛笔在宣纸上着色，以更加逼真地表达原作的内涵。对于厚重颜色的水印，还需要加入水粉画颜料。在还原原作的湿染中，还要将整张宣纸喷雾打湿来印刷。总之，方法是多样的，运用的手法也有很多。如果能抽出时间去学习中国画，相信会有更多的手法与技巧出现。

以上这些着色的方法，可能会给初学者带来不少困惑。其实在木刻水印信笺中不是全都要那么多复杂的套色，它的表现手法是多样化的，我们可以根据自己能掌握的技法，从简单的图案入手，通过学习雕刻、分版、饾版、拱花及水印技法，来掌握、传承这项传统的技艺。我国著名的《萝轩变古笺谱》的图式有 178 幅，《十竹斋笺谱》的图式有 283 幅，在众多的图案中，有很多是由不同线条色块组成的，是集古人精湛的绘画、雕刻、印制等技艺制作出来的精美作品。我们学习复制它们，既是对传统的木刻水印技艺的传承，也是对我国历史文化的传播。笔者鼓励大家要大胆学习，从简单入手，逐步深入，一旦有了成果，就会对后面学习复制复杂而又精美的水印信笺更加有信心。

第十节　木刻水印信笺的套框及分拣包装

一、木刻水印信笺的套框

在接触众多的木刻水印信笺后，就会发现有套框和不套框的信笺。套框的信笺大多是一些名笺，这种套框的信笺往往给人古朴的感觉，更符合我国传统的制笺规则。那为什么有很多木刻水印信笺不套框呢？这是因为信笺套框较难，一是选木料难，二是雕刻难，三是水印难，四是裁切难。因此，不是名贵或讲究的信笺，是不套框的。

先说选木料难。一般传统的木刻水印信笺，如《萝轩变古笺谱》《十竹斋笺谱》的边框多为 14.5 厘米 ×21 厘米，要在梨树板中找这么大面积且木质的松紧都一致的板材是比较难的。边框的四边木料不能过紧，否则会增加刷色水的难度，而且线条经过的地方又要远离木节和木质结构紧的地方，所以选料比较困难。

再说雕刻难。传统的边框线宽度只有 1 毫米，而且四边都是直线，不但要横平竖直，而且四个角都是 90°，不能有偏差，这就给雕刻带来不少难度。雕刻这种线条要刀功精湛，刻板不能有丝毫的偏差，走刀要非常平稳，不能偏刀，否则整个线条就有缺陷，这个线条版就不能用了，很考验雕刻者的技术。

又说水印难。整个大面积的板子只有四根线条，我们常说“除了线条就是坑”，在这种板上印刷要十分小心。刷色水要小心，用棕耙磨印更是要小心，手持棕耙要放松持平，用力要轻缓，不能着急，刷的速度不能快，否则棕耙容易掉到坑的边沿，印上去很难看，整个水印信笺便成废品了。因套框的水印都在最后一道工序印刷，套框的标准是根据水印的图案四边留的距离而定的，一旦套框出了问题，就前功尽弃了。

最后说裁切难。每套木刻水印信笺都有 40 或 48 张装不等，四种图案，每种图案 10 或 12 张不等，这些印有边框的信笺必须要以边框线为基准去裁切四边，信笺的边框线与裁切的边必须平行才行，而且两个边的留白都要一致。信笺的天地头一般为天宽地窄，切的线、留的白边也应平行才符合标准。这些都给裁切边带来不少难度，如果一个边裁切得不符合要求，那相对的边一定也会有问题，就会很不协调，十分难看。因此，带着框的信笺在我们看来不是四条，而是八条平行线，只要有一个边裁切得不平行，怎么看都会十分别扭。在实际的工作中，笔者也采取了相应的方法去解决，具体的做法是：先把每 10 张或 12 张为一沓的信笺两条横竖各一边按照相应留的边，先平行裁切两刀。在切后要先检查成沓的信笺是否整齐、有没有移位。如看不清晰，可打针眼将成沓纸扎透，再翻开看有没有误差（一般刚印的水印只要下纸时小心，是不会有移动的），若没有问题先放到一边。后面的三个图案都按这个方法，在同样的位置在横竖留的白边先裁切两刀，把裁切了两边的四个图案叠放在一起，在工作台上将这两边垛齐，再去切另外两边。裁切只能一套两套地切，只有这样才能保证四个边留的白边是相等的。这样操作，速度缓慢，但总比切坏了要好。

二、木刻水印信笺的分拣包装

木刻水印信笺的分拣包装分七个步骤进行，具体如下。

第一，把印好的信笺从中间切开，并抽出印坏的信笺。

第二，每种图案的 10 或 12 张为一沓，并左右移动位置分开，方便分拣。

第三，把四种图案放在工作台上，每种图案为一沓，四种图案为一组分拣到一起成套。

第四，每四套为一摞，把印好的信笺全部整理完毕。

第五，四套图案为一摞，在工作台上把四边垛齐，用刀方裁四边。

印有边框的信笺，则将每沓按边框线先切两刀，而后将每两套按切好的两边对齐后再摞到一起，再切另外两边。

第六，再把信笺分开，每套信笺用 1 厘米左右宽的宣纸条做的腰带进行封贴、盖章。

第七，投入纸包装袋，在包装袋后面的下角印上品名、规格、数量、生产厂家等。这样，木刻水印信笺的包装就完成了。

木板水印信笺的包装，20 世纪七八十年代前由于条件的限制，均用厚的印刷纸袋包装，封面印有木刻水印的图案和生产厂家，九十年代后期也有用铜板纸印刷的封面或锦盒包装的，再后来比较讲究的就用桐木盒进行包装。

第十一节　木刻水印信笺与木版水印画的区别

当我们要了解和学习木刻水印信笺的知识，在翻阅书籍和相关资料，或打开电脑寻找相关的内容时会发现，绝大多数的资料都会介绍中国木版水印画的发展史和木刻水印的制作技艺。随着了解的深入，会觉得木刻水印信笺与水印版画的表述都连在一起，不容易区分，甚至觉得木刻水印信笺就是木版水印画，其实二者不是一回事，而且资料中讲的具体使用的工具也不一致。笔者现就这个问题进行如下阐述。

木刻水印信笺与木版水印画都要运用木版雕印技术。木刻水印信笺是把这种雕印技艺运用在小的信笺上，是专门给文人书写信件的信笺和写诗抄诗的诗笺，它的图案更小巧又精致。这种信笺与诗笺的历史发展高峰是在我国的明朝天启年间，由安徽人胡正言和江宁人吴发祥首创饾版、拱花技术，并完美地运用在《萝轩变古笺谱》（图 10.8）和《十竹斋笺谱》中。它是我国最早的彩色套印技术，也是我国对世界印刷业的一项重大贡献。饾版、拱花彩印技术，是根据设计画稿的笔迹粗细、曲直方圆、刚柔枯润、颜色深浅、浓淡冷暖等制成若干版块，再对照原作将版子饾印、拱花，由深而浅，依次叠印，力求与原作一致。

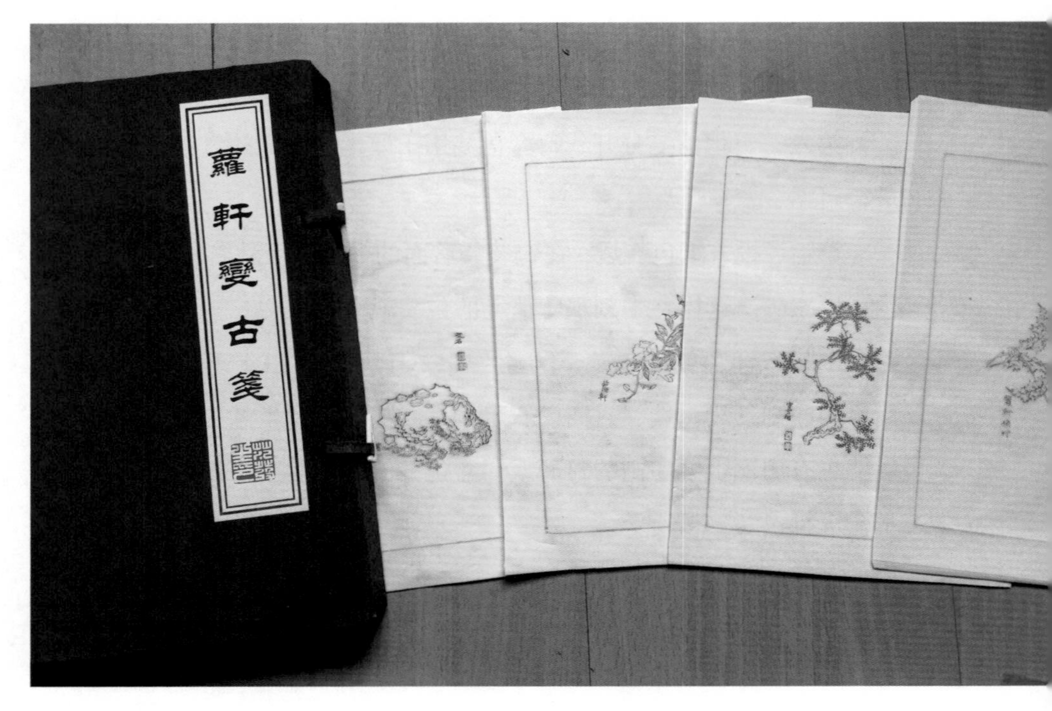

图 10.8　萝轩变古笺谱

木版水印画是继明末的木刻水印技法在我国兴盛后兴起的，是以木刻水印技法来复制中国书画，为现代版画艺术。它的制作中心是以还原书画作品为标准，用木刻水印的方法去复制它（图 10.9）。为了达到与原作品的一致性，在印刷材料上多根据作品的原材料来复制，有的在宣纸上，有的在皮纸上，有的在连史纸、棉麻纸和画绢等材料上进行水印，以达到逼真的效果。这种艺术版画吸收了中国传统绘画的精髓，民族特色鲜明，通过艺术家的创作，把木刻水印的印痕之美表现得淋漓尽致。这种木版水印画独树一帜，为外国人所赞叹。

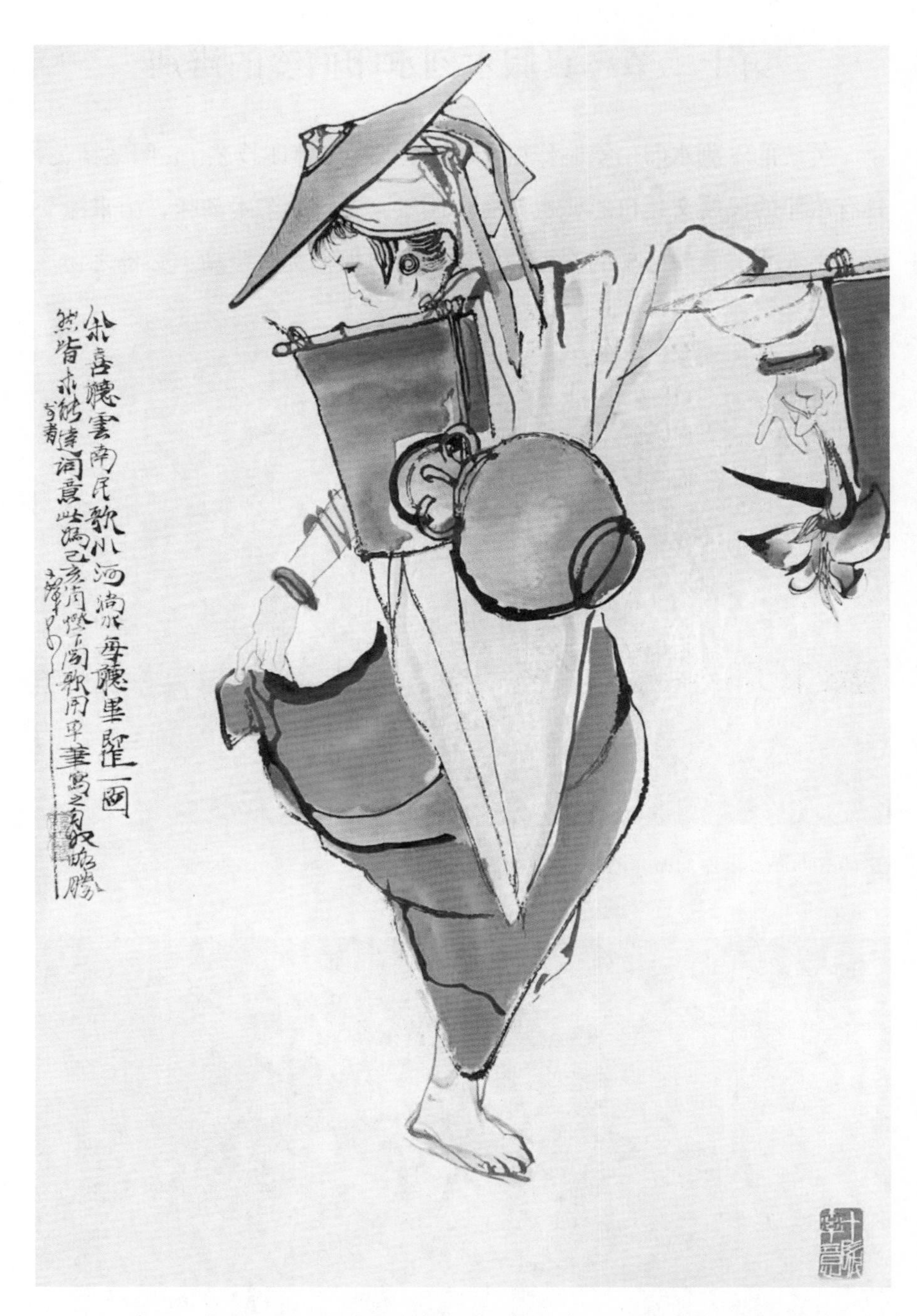

图 10.9　木版水印画是以画家作品为中心进行复制（上海朵云轩复制陈十髮作品）

第十二节　真假木刻水印信笺的辨别

传统的木刻水印信笺制作，需要精湛的手工雕印技艺。它图案精美，具有浓厚的民族文化色彩，也具有中国绘画独特的艺术韵味，历来深受广大文人及书画爱好者的喜爱和欣赏，并被视为文房珍品、必备之物。

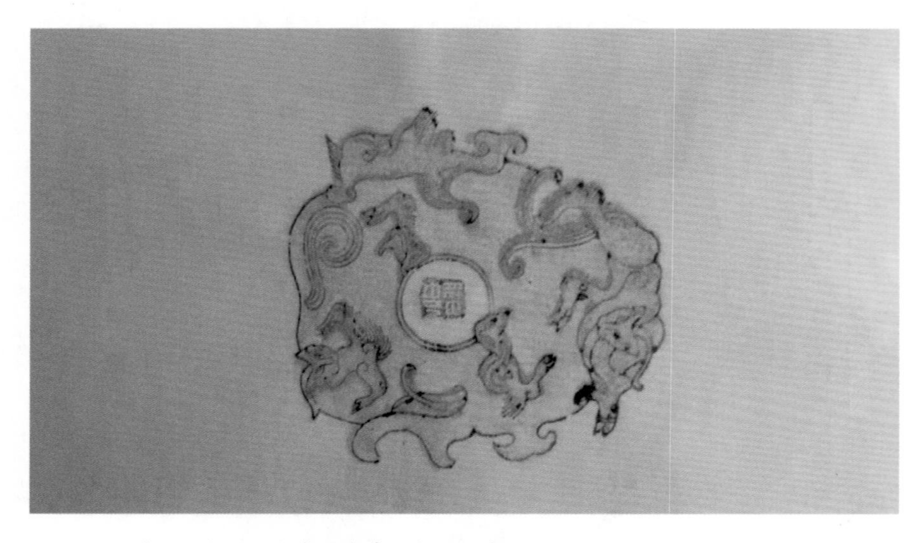

图 10.10　手工水印反面颜色明亮有棕耙刷压痕迹

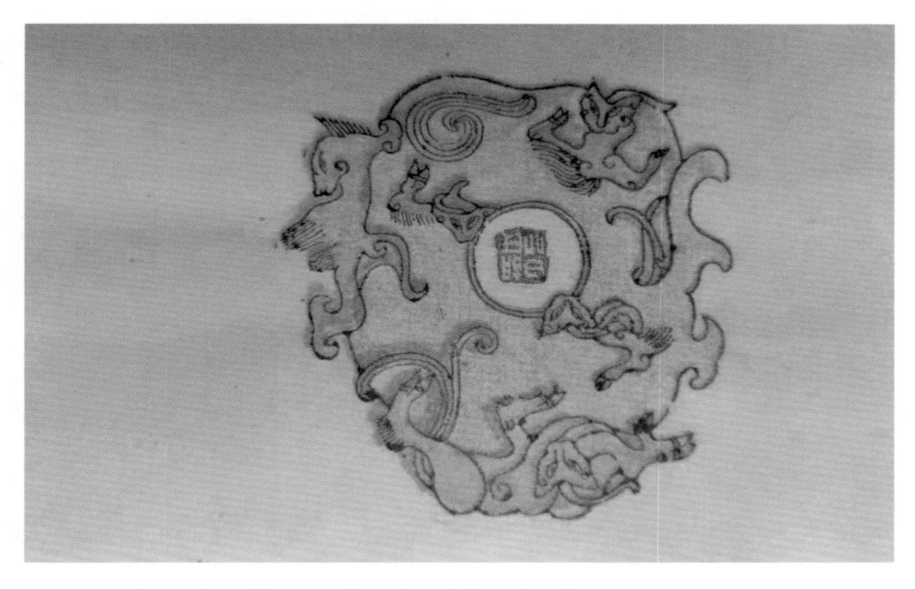

图 10.11　手工水印信笺块面颜色干净、颜色通透明亮

图 10.12　机械印刷的水印信笺块面颜色较脏不透明

图 10.13　机械印刷的水印信笺后背纸张面平没有任何痕迹

因此，历史上及现代文化名人信笺和诗笺，同样也被视为藏品在收藏界被争相收购，具有一定的历史文化价值。从 20 世纪 80 年代至今，随着机械印刷的进步，文化市场上出现了大量机械印刷的“木刻水印信笺”。由于它们采用了电子扫描技术，能逼真还原作品的原形原貌，再以宣纸印刷，给购买者辨别真假增加了难度，没有深入接触过木刻水印信笺的人是很难进行分辨的。

手工印制的木刻水印信笺，是用传统的国画颜料用水调合后刷在雕刻的木板上，再印到宣纸上的，也有稍重的颜色色块是将水粉颜料用水稀释后，再印到宣纸上的。因此这种水印信笺的颜色是透明的，它的颜色部分与宣纸的墨韵效果是一致的，具有不拒墨、书写自如的优点。而机械印刷的信笺在染色的部分是不透明的，而且色块很厚重，纸张色块部分会有僵硬感，显得颜色比较脏，在书写时经过这些地方不会有墨韵的效果。还有伪造得比较粗劣的“水印信笺”，在图案密集处写不上字，而且在笔墨经过的地方，笔触的图案的两边会出现两道白线，使书者比较扫兴而不悦。因此，辨别木刻水印信笺的真伪，首先要观察块面印染色部分是不是有通透感。如果染色部分比较厚且脏，这种信笺肯定是印刷品而不是手工制品，因为机械印刷无法达到真正的水印效果。除了这一点，从笺纸的后背也能分辨出来。手工印制的木刻水印信笺，图案是将色水刷在木板上，再用棕耙在纸背磨印出来的，因此水印时宣纸会因为吸水能力强，使色水渗透到后背。如果在选购信笺时，笺纸的后背十分干净平整，没有透出的颜色，也没有棕耙摩擦的稍有凸凹的痕迹，那么这种“木刻水印信笺”就是机械印刷品。（参见图 10.10–10.13）

第十一章

经折

第一节　经折的产生与发展

经折是一种可以拿在手中翻阅的折页，携带方便，能左右翻页。现在市场上难以见到它的踪迹，但很多寺庙及书法爱好者一直在使用。经折是在唐朝中后期出现的，它的产生与佛教有关。传统的书籍及佛教的经书由于文章过长，大都为卷轴，给寺庙僧人日常诵经带来不少麻烦。任何一种纸张长期卷曲都会产生惯性，需要借助镇纸来压住。如果在翻阅时不随时调整镇纸的位置，左右两端会同时向中间卷起，如果调整不当，还会造成卷轴滑落，无法适应佛教弟子正襟危坐的诵经姿势。后来人们进行了改革，按照长卷文字一定的行数和宽度，一反一正地将经书折叠起来，形成长方形的手折，然后在首尾分别粘上硬纸，做封面与封底，便产生了后来的经折。

在经折产生之后，由于阅读方便、翻阅省事，很快便流行起来。宋代以后，佛经（图 11.1）、道藏大多采用这种装帧形式。除了书籍以外，我国古代许多纸坊、纸铺把纸张折叠起来，做成这种形式的素白手折，作为书写、记事的文房用品，也使手折在宗教、文化领域广受欢迎。用

图 11.1 佛教使用的经折

经折这种形式来书写、记事，一直流行到新中国成立初期。如今，经折在国内外文化市场还有一定的需求。

第二节　制作素白经折所需的材料及工具

经折的翻阅形式与册页的翻阅形式是相同的，不同的是，册页的纸张厚实，是用多层纸张裱糊而成的，粘接与经折有所不同，需要将材料纸一正一反地摆列起来，再用糨糊粘接而成，而经折只用单张纸正反折叠而成。因此做经折的纸张不需要任何加工，直接折叠就可以了。如果长度不够，可以再粘接一张纸，直到叠至一定的厚度或一定的页数就可

图 11.2 素白经折

以了。为了保证经折的页面平整、挺直，一般采用夹宣来制作最为理想。夹宣是由两张纸组合而成的，相比单张纸要挺直许多。经折的制作看似简单，但在制作中还是有一定的难度，要把很长的单张纸折叠成一本尺寸一致、叠起整齐的手折还是需要有一定技巧的。下面介绍素白经折（图11.2）制作所需要的材料、工具等。

一、材料

制作素白经折所需要的材料有安徽泾县产四尺净皮夹宣、厚纸板、装饰布、糨糊、大白纸等。

经折为单张纸折叠而成，使用时要经常翻折，因而要求纸张纤维要长，具有一定的拉力和韧性。如果纸张过薄、柔软，会在翻折过程中出现新的折痕，甚至造成折叠处断裂，因此用净皮夹宣来制作经折是比较合适的。安徽夹宣是手工晒纸时，将两张纸合并起来晒制而成。安徽泾县产四尺净皮夹宣质地较厚，洁白绵韧，润墨效果好，耐老化。

厚纸板用来做经折的封面及封底的衬板。经折尺寸小，是在手中把玩的文房用品，要用普通的厚纸板做封面及封底衬板。纸板厚度在0.12 ~ 0.15 厘米，以平实而不易变形为好，加工时用砂纸将四边磨成坡边会更为美观。

装饰布是装饰经折面板及底板的材料，可选的品种有很多，如各种颜色的丝绸、蓝色棉布或蓝色带白色碎花的布等，颜色不要过于鲜艳，图案不能过大，要能与小的封面协调。

大白纸即普通白纸，是用来裱糊封面封底裸露的纸板的。

糨糊用于粘接纸张，裱糊封面、封底及白纸。

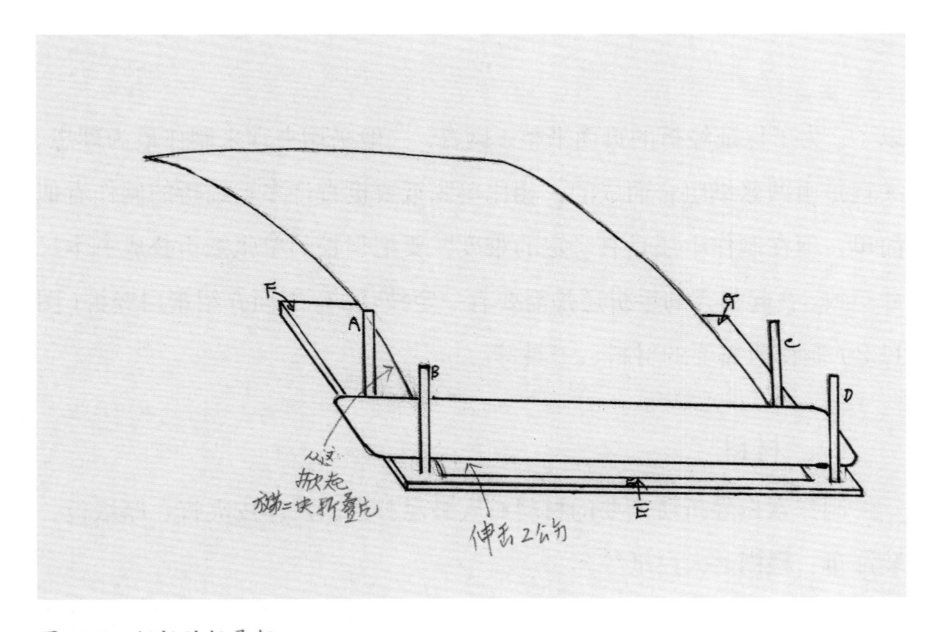

图 11.3　经折的折叠架

二、工具

制作素白经折常用的工具有折叠片、支架、针锥、刀、尺、裁纸垫板等。

折叠片、支架是制作经折的专用工具，都需要自己来制作。下面分别予以介绍。

折叠片是折叠纸张、统一宽度的模具，用薄的钢片或硬的塑料片来制作。折叠片的厚度为 0.5 毫米，大小是由经折成品的尺寸来决定的，宽度应较经折成品小 2 毫米左右，要把夹宣的厚度及折叠片的厚度计算在内，而长度需多出 8 厘米，是因为折叠要在支架上完成，支架上有 4 根支柱，用于保证折叠片的整齐，而每折几张纸后还要抽出下面的折叠片，要留有操作的空间。例如，要做宽 9.4 厘米、长 22 厘米的经折，应做宽 9.3 厘米、长 30 厘米的折叠片。折叠片要做八九片，宽度要统一，它是决定经折整齐的关键，不能有误差。折叠片的四边还要做成弧形，方便折纸后抽动。在完成折叠片的制作后，还要用砂纸对宽的二边进行打磨，使之光滑，不能有毛刺，以防抽动时伤到纸张，出现裂缝。

支架是控制统一叠片的装置，使折叠的每张纸的宽度都能保持一致。支架是用木板和木条制作的（图 11.3），底板如同底座，要厚而沉，这样操作起来就不会左右摇晃。底板可用木工板制作，厚度应在 1.8 ~ 2 厘米，宽度应比折叠片的长度两边各短 1.5 厘米左右，长度可适当放长，这样摆放在台案上操作就更加稳定。支架的四根支柱是用来控制折叠片的，每折叠几张纸后，要抽出下面的折叠片。在实际操作中，折叠片要轮换反复使用，因此 AB 和 CD 支柱之间的距离要比折叠片的宽度宽 1.5 毫米左右，以方便自由抽动；而 AC 和 BD 支柱之间的距离是折叠纸张的距离，因此要比纸张的宽度两边各宽 1 厘米左右，保证在折纸过程中有适当的空间，便于操作和观察。

针锥、刀、尺及裁纸垫板都是用来裁切折叠前的纸张，以及裁切折叠后纸张的两头毛边。

第三节　经折的制作方法

一、制作前的准备

以制作宽 10 厘米、长 28 厘米、厚 30 页的经折为例，先将四尺净皮夹宣（70 厘米 ×138 厘米）按成品尺寸的长加长 2 厘米也就是 30 厘米裁切，把四尺净皮夹宣先裁成 30 厘米 ×138 厘米的长条，而后用木板或重物把裁好的纸平压起来，压平宣纸的折痕，使纸张更为平整，以备使用。准备 8 ~ 10 片宽 9.8 厘米、长 34 厘米的折叠片，将糨糊调稀，并准备好其他工具。

二、具体制作过程

摆正折纸的支架，支架的 E 出口靠近自己，而支架的 F、G 朝前方。取出一张已经裁好的四尺净皮夹宣长条，光面朝上，使长条纸垂直于折纸架，平放在台案上，将纸的一头朝自己（E4）的方向拉近，超过折纸架的 B、D 支柱 2 厘米，压上折叠片（如图 11.3），观察长条纸前方是否垂直，如果不垂直，叠到后面歪斜后还要重叠。之后，一只手按压折叠片，另一只手掀起长条纸，面向自己折过来，顺手把纸拉紧，使纸张紧贴在折叠片上。然后在纸的反面压上第二张折叠片，将长条纸贴紧折叠片朝反方向（前方）拉去并调整好位置，再折叠后面纸张的正面，放上第三块折叠片，再往回拉，将纸拉紧，使纸张始终紧贴在折叠片上。在不断拉纸压纸的过程中，始终要注意观察长条纸是否垂直以及折纸是否整齐，以便在拉直时进行调整。当折叠到八九张时，可以将下面的折叠片抽出来循环使用。如此操作，直至纸尾不够折叠片的宽度，便停下来准备粘接第二张纸。经折一般在折纸的边缘，即折边处平行进行粘接，这样在展开经折时就不易露出粘接的地方。粘接的具体方法：在折叠处的边沿留出 0.6 厘米切边，裁切后将纸边翻过来，捋平在折叠片上，在纸面上抹上糨糊，拿出第二张纸进行粘接，并观察第二张纸是否垂直，保证纸张垂直后，将纸接在上一张纸的边沿。如果有出边的情况暂不用处理，待干燥后再进行切除。有经验的师傅在操作过程中，会在折纸架的垂直方向放个器物或压根直尺作为标记，以保证纸的走向始终处于垂直状态，以便折纸整齐。接好纸后，为了防止粘连到其他纸面，可以在粘接处夹张纸条，干燥后再拿掉。这样反复折叠，直到折够30页为止，而后在收尾处留下2厘米后将纸切断，折叠纸芯便完成了。而后抽出折叠片，将折好的纸从支架上取出，并将折好纸的两边用手压平，用块木板平压在上边，再去制作第二本经折。

待一批经折折叠完成后，用木板平压经折，纸芯基本定型，再按照具体尺寸将经折的两头进行裁切。裁切时，掀起纸边，对准另一纸边，按实际尺寸打上针眼，垫上垫板，用裁纸刀方裁两头。这样，经折纸的核心部分就完成了。

三、封面、封底的制作

经折的封面、封底的制作与册页的封面、封底制作在工艺上差不多，不同的是，册页的封面、封底要大一些，除了材料纸要厚实以外，材料板也要大许多，一般用薄的木板或不变形的胶合板来制作。相比册页，经折较小，又称手折，是用手把玩的文房用品，而内部的纸张又是单张的夹宣折叠而成的，因此做经折的封面、封底应用轻而薄的纸板来制作，重的薄板或贵重的木材都不适用于制作经折的封面、封底。如果衬板较沉，反而在使用中容易滑落，造成不便，因此多用0.12 ~ 0.15厘米厚的纸盒板来制作。用于装饰经折封面的材料多用各种颜色的丝绸、蓝色棉布或蓝色带白色碎花的布等，这些材料均比宋锦要薄很多，而且粘连及翻边都比较自如。在封面、封底制作完成后，对衬板的裸露部分要用白纸裱糊起来。经折封面、封底的制作工艺程序与册页的封面、封底制作方法一致。

四、纸芯与封面、封底的粘贴

经折的纸芯与封面、封底的粘贴与册页不同。册页的材料纸比较厚，因此粘贴时四周都要抹上糨糊，将它粘在封面及封底上。而经折由于纸芯比较轻，因此不必把四周都粘上，只需要将宽度的两头预留的白边往回翻起，在两边抹上少量的糨糊进行粘贴就可以了。当然，签条也是少不了的。经折的签条没有册页签条那么复杂，不必用染色纸或其他加工纸来制作，只需用现成的净皮夹宣裁成签条就可以使用，尺寸比例与册页相同，粘贴的位置也与册页的相同，贴在经折的翻开处上方，位置与翻开面的边位置相等就可以了。

第十二章

刻画笺

第一节　刻画笺的制作要求

刻画笺全称为“御制淳化轩刻画宣纸”，是我国明清时期非常流行的名纸名笺之一，也是清早期宫内的御用纸。其制作工艺流程是，将设计好的图案用刻刀刻在宣纸上，而后再用两张宣纸把刻画好的图案宣纸裱在中间。刻画笺的特点是图案透光，装裱后能清晰地看出宣纸中的精美图案，故又称刻画透亮笺。（图 12.1、图 12.2）

刻画笺的制作，无论是材料的选择，还是裱糊技术的要求都十分严格。材料纸要选用含皮量较高、韧性好、较薄的净皮单宣或净皮棉连。刻画好图案的宣纸薄而软，用水和糨糊裱作是很难的，稍有不慎就会破坏刻画的图案效果，前功尽弃，这就需要操作人员具有高超的裱糊技术。刻画笺的制作集刻纸技艺及裱糊技术为一体，在我国历史上众多加工纸中享有很高的地位。

图 12.1　刻画笺

图 12.2　清代刻画笺《清竹图》

第二节　刻画笺画稿的设计

刻画笺可设计的图案有很多，如我国传统的吉祥图案、龙纹图案及山水、人物、花卉等，都可以设计成刻画笺画稿。刻画笺的画稿应根据刻画笺的特点加以选择，既要图案线条明朗，又要图式结构有明显的粗细变化，还要能适应用不同的刀法去完成它。在确定画稿的主题后，还应根据刻纸的特点加以改进，如在图案的连接处，要预留图案的连接点，既要考虑到整体画面的完整性，又要考虑到刻出来的图案不能断纸、断线。刻画后的纸张整体效果，不但要表现图案的整体性，而且要考虑到刻纸的完整性，不能在刻纸后提起纸张出现局部因刻空而出现脱落的现象，否则会给后期的制作过程带来诸多困难。

第三节　刻画工具的制作

在刻画稿设计完成后，就可以对宣纸进行刻画了。宣纸由于质地柔软而且有一定的韧性，在刻画时要比普通纸要困难一些，要用自制的蜡盘、刻纸刀等专用工具来完成刻画。

一、蜡盘的制作

蜡盘是垫在刻纸之下的垫盘，由热蜡溶入香灰制成，因它是装在一个方盘内，我们称之为蜡盘。蜡盘是刻纸时垫纸的工具，在刻纸时能很好地保护刀刃，使刀刃锋利而不受损伤，即使刻纸时用力过大，也不会对其他物体造成损伤，刻纸刀在刻纸走刀的过程中没有障碍、在转向时也十分自如。

制作蜡盘前，先要做一个木框，用于盛蜡灰时使用。先准备几根宽2.5~3厘米、厚0.6厘米的木条，钉成长约35厘米、宽约26厘米的木框，在底部找一块三合板或五合板将木框钉起来（图12.3）。制作好木框后，取一定数量的香灰，用筛子过筛后，去除粗的颗粒，留下细的香灰待用。

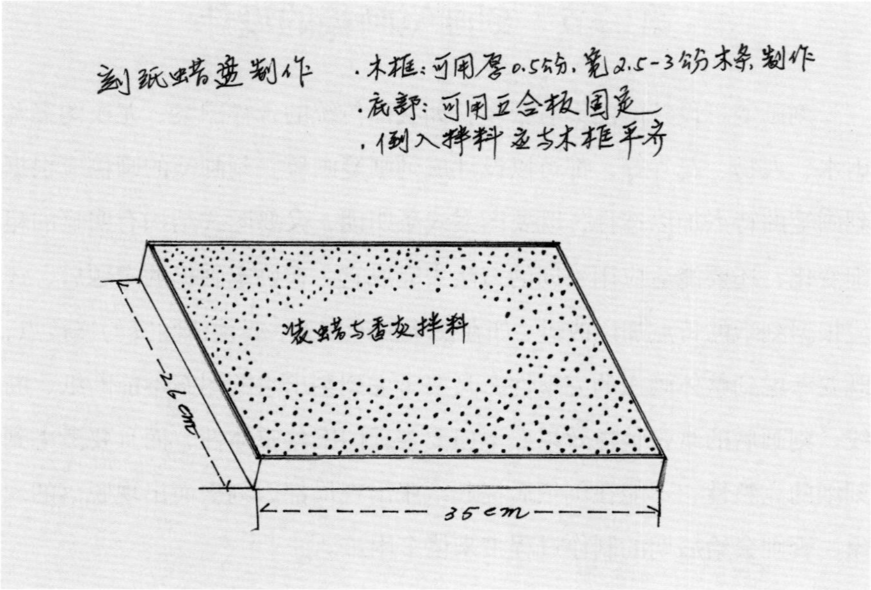

图 12.3 刻纸蜡盘

再去市场购买一般工业用的蜡，或平时使用的蜡烛。材料备齐后，将蜡放入铁锅中加温融化，再把香灰倒入锅内，与蜡液一起搅拌，直至成糊状。而后趁热一起倒入木框内，用一块木板将热的蜡灰与木框赶平，再压实，待冷却后，蜡盘便制作完成了。

多年来，在制作刻画笺时有一个问题一直困扰着笔者，就是在刻纸过程中总是避免不了有蜡灰颗粒钻到刻纸里，如果拿起已经刻好的纸去抖颗粒，来回抖落会影响刻纸脆弱的连接点。于是笔者对蜡盘进行了改进，那就是用一块稍厚的橡皮垫来替代蜡盘。橡皮垫的厚度只要达到或超过 0.3 厘米就可以使用，尺寸可以比传统的蜡盘稍大点，方便刻纸时走刀就可以。橡皮垫具有很好的柔韧性，它不但不伤刻纸的刀锋，而且也不会产生颗粒，刻纸可以保持干净整齐。现在还有一种材料叫切割垫，它是由橡胶合成材料制成的，在切割后能自动愈合，使用非常方便，也可以替代传统的蜡盘。

二、刻纸刀的制作

在宣纸上刻画，要比在普通纸张上刻画难。普通纸比较挺直，纤维短，硬而脆，多张纸叠在一起，下刀时没有让劲（即弹性），只要用力刻就可以了，如果刀锋锋利，刻过的纸张就会自动分离，刻出的纸芯很容易取出。而在宣纸上刻画则不同，宣纸纤维长，薄而软，有一定的柔韧性，下刀时纸有让劲，即便用刻刀刻，纸张仍有一定的粘连，必须在完成周边的刻画后再往前刻一点，才能彻底完成刻纸，取出中间不需要的纸芯。因此刻宣纸的刀有一定的特殊性，一是刀形细长，二是刀片偏薄，三是刀的含钢量高（需要自制）。

自制刻纸刀时，找一根用来锯钢材的手锯条进行改造，这种锯条厚薄适中，含钢量很高，比较耐用，只要在砂轮上打磨成需要的形状便可以使用（图 12.4）。需要注意的是，打磨时不能急于求成，不宜过快，

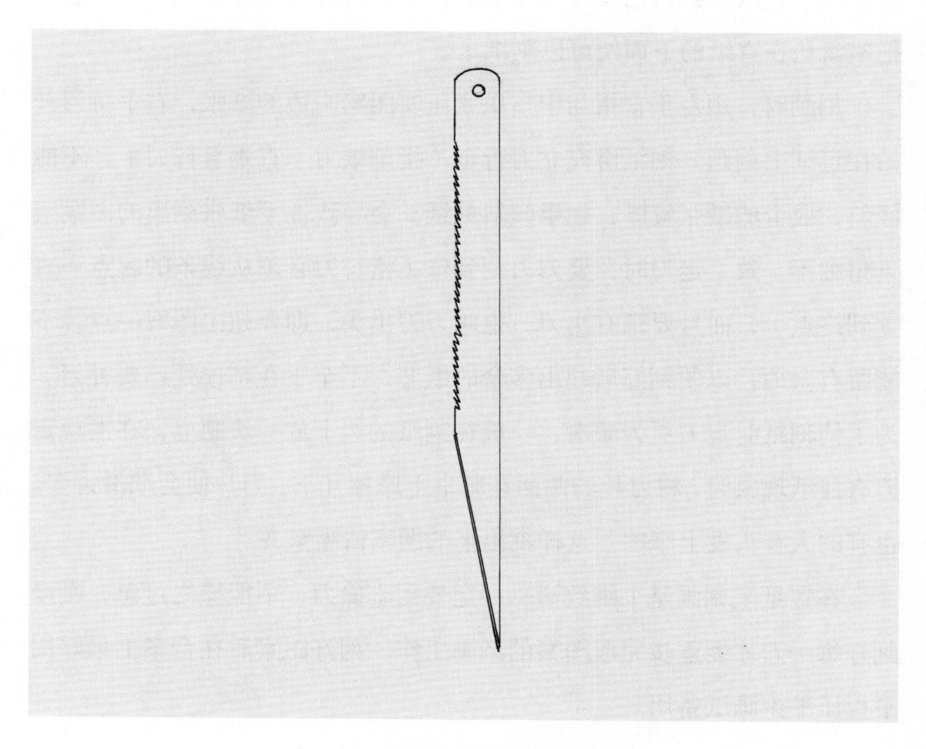

图 12.4　用钢锯条加工成的刻纸刀

否则磨制时锯条会因发热、发烫而产生退火，影响刀片的使用寿命。除此以外，还有人利用老式钟表的发条来改制刻纸刀。老式钟表的发条钢材质地好，厚薄也适中，只要打磨加工成细而长的刀具即可。现在还出现了一种笔刀，刀身很类似于笔，也不妨一试。

第四节　在宣纸上刻画

在宣纸上刻画前，先将纸张正面（光面）朝下，展开在台案上，拍打纸张，将弯折处拍平，再用木板将纸平压起来，这样更有利于纸张的刻画，保证刻出图案的准确性。将压平的宣纸取出 30 张左右平放在台案上，再把设计好的刻画笺稿放在宣纸上，把画稿对齐宣纸的四边后，用夹子将图纸、宣纸一同夹起，将纸张固定在图纸的下边。这样在刻画时，图纸与宣纸会保持同步，刻纸时就不会移动走位。一切都准备好后，将图纸与宣纸拉到自己最方便刻纸的位置，再将图纸和宣纸一同掀起，把蜡盘垫在宣纸的下面便可以刻纸了。

刻画时，用左手食指与中指压紧压实图案两边的纸张，右手持刀开始在宣纸上刻画。刻纸讲究立刀行走（指刻纸刀一直垂直行刀），不能倾斜，成沓的纸张较厚，如果倾斜刻纸，会导致上下纸张刻出的图案线条粗细不一致。走刀时，要刀刀刻到位（指每刀必须从线条的起点一直刻到终点），而且要稍有出刀，也叫刀刀出头，即要超出图案一点，不能留有余地，以便刻好后起出多余的纸芯，不至于在粘连处还要补刀。为了使刻纸时走刀更为顺滑，一般在刻纸的边上放一块肥皂，在发现走刀有挂纸现象时，将刀片的两面在肥皂上摩擦几下，刀片便会顺滑许多。也有的人在头发上摩擦，这样刻出来的图案清晰整齐。

在宣纸上刻画是个细致活，一定要耐心操刀，不能操之过急，慢慢刻好每一刀才能逐步完成图案的刻画工作。刻好图案后在台案上最好用平板压平刻画纸备用。

第五节　刻画笺的制作过程

一、制作前的准备

制作刻画笺，要准备好安徽泾县产的四尺净皮单宣或净皮棉连、糨糊等材料，以及羊毛排笔、棕刷、毛巾、清水盆、擦桌布、竹起子、毛笔、油纸、挑纸杆等工具。

二、刻画笺的制作

制作刻画笺，是把刻画好图案的宣纸裱糊在中间，看似简单，但做起来有一定的难度。在宣纸上刻画后，纸张的整体性就会受到影响，要保证刻好的图案在裱糊中不受影响，需要采取传统裱糊技法去完成。刻画笺的制作分以下五个步骤进行。

（一）在水中调整刻画好的宣纸

取出一张刻画好的宣纸，平放在台案上，拿起羊毛排笔，蘸上清水，将水抖落到宣纸上，直至整张纸能浮在台案上为止，就可以对宣纸进行调整了。若发现图案中有弯折处，可以用羊毛排笔的笔锋进行调整，也可以用竹起子、毛笔将它挑开、捋平，直到整张刻画纸的图案调整好为止。而后用一条干净的干毛巾，放在刻画纸上吸水，先从较完整的纸边开始，逐步再向图案周边吸水，直到把整张纸的水分吸干，刻画好的宣纸发白为止。

（二）滚纸吸收糨糊

在工作台的另一边，将一张四尺净皮单宣或净皮棉连平放在台案上，用羊毛排笔蘸上淡糨糊水，将整张纸刷平。而后把刷好的纸的一头约 10 厘米的边翻起（如果担心损坏纸张，可在翻边时放一张干的宣纸纸条辅助翻起），拿起已卷上干纸的挑纸杆，留 10 厘米的纸边，对准翻起的纸边，放下挑纸杆，将干湿纸边同时掀起，将挑纸杆平行放入湿纸下面。然后一手拿起挑纸杆的一头，另一只手拿起挑纸杆的另一头，向湿纸朝反方向（纸的另一头）顶起，边走边滚放开干纸（图 12.5），

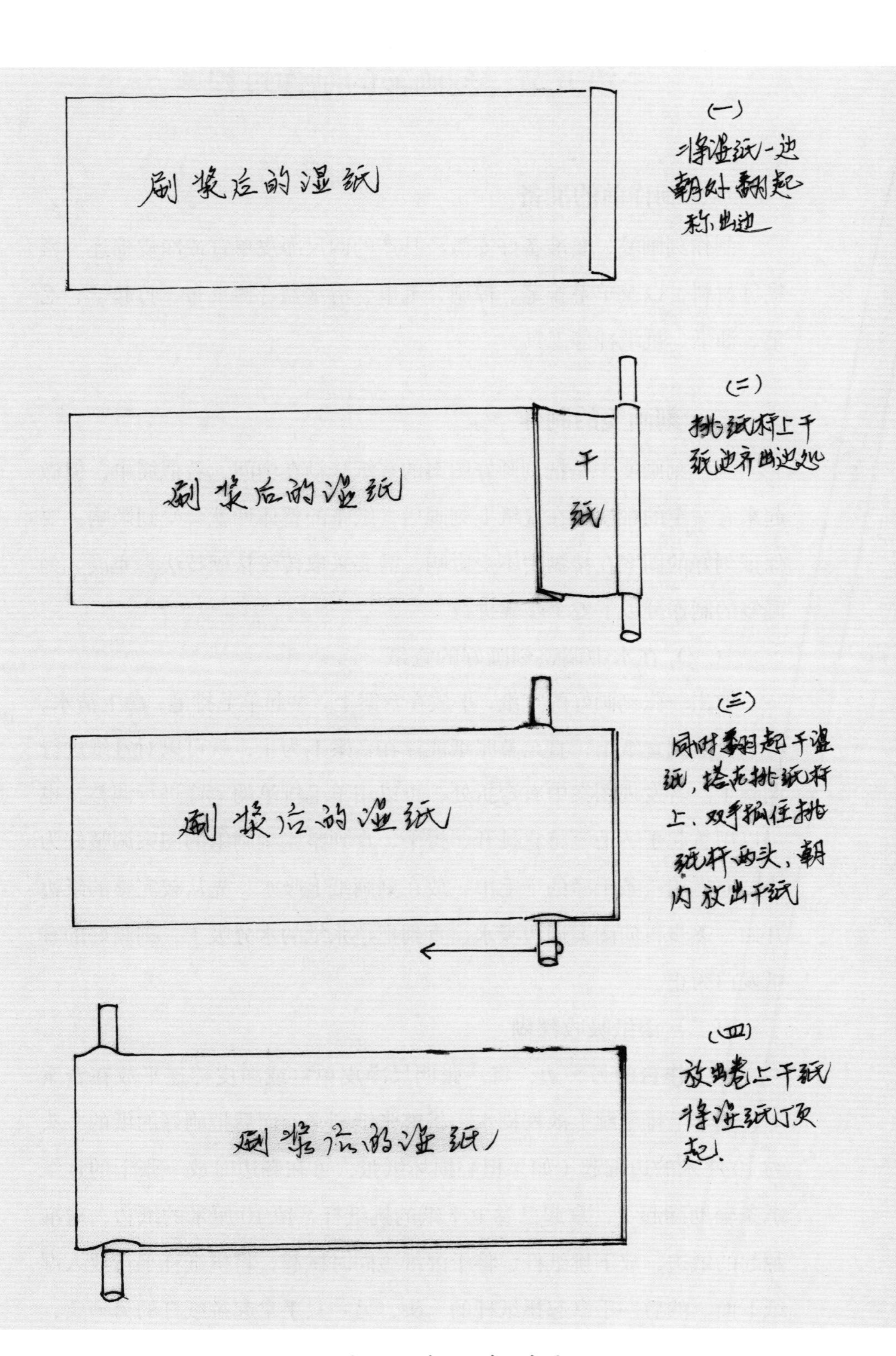

图 12.5　滚纸工序示意图

直到滚完一张干纸，再把湿纸托在上面（图 12.5）。这道工序的目的是把已刷过浆糊的湿纸，从背后将多余水分吸去，使纸张较为干燥，让糨糊留在纸的表面。

（三）用飞托法裱制刻画纸

“飞托”在这里是指吸干的纸在下，留有糨糊的纸在上的一种托裱方式。具体操作为，把两张干湿的纸同时掀起，移动到已吸干水分的刻画纸上，正面（即有糨糊的面）朝下对准刻画纸的四周平放，而后掀去上面的吸水纸，拿起棕刷开始对刻画纸进行飞托。一般先从中间位置刷，这样不至于刷到后面时一边长一边短。刷的时候，先从纸的中央位置竖刷几道，然后从中间向纸的一头刷去，边掀边刷。掀纸是让两纸之间夹有空气，刷起来有利于排除皱折，使刷纸更顺畅。掀纸要慢，刷纸要轻，直到纸的一边刷平后，再从中间向另一头边掀边刷。刷纸要缓慢，用力要平稳，一点点向前推进，直到完成飞托的裱刷。

（四）对刻画笺的另一面进行裱制

在飞托刷纸完成后，双手将两张纸（飞托的纸与刻画的纸）的一边同时掀起。掀纸时不能有刻画的纸粘在工作台上，一定要慢，边掀边观察刻画纸与工作台是否粘连，如果有粘连，应及时用竹起子或棕刷轻轻挑起来，粘到纸上而后再掀。直到整张纸完整掀起以后，打翻（刻画纸在上）平放在工作台，再掀起，整理好位置后，拿起羊毛排笔蘸上糨糊水，使根部吸浆后在刻画笺上刷浆。上浆完成后，再拿起一张净皮单宣或净皮棉连，对准下面纸的四边后，用棕刷将纸刷平，这样整个制作刻画笺的工序基本完成了。

（五）上墙挣平

拿起油纸，将刻画笺四周边沿拍上糨糊，提纸上墙，用棕刷把四周边沿刷在墙上，在纸的下方留下气眼，等待挣平干燥即可。

整个刻画笺的制作，最需要注意的是纸张的强度。刻画笺的制作需要在水中操作，而且又要反复打翻裱刷，在这过程中只要任何一个环节出现问题，都会导致前功尽弃，因此纸张的选择尤为重要，要给予足够重视。

第十三章

册页

册页是书画作品的另一种装裱形式，也是我国古代书籍装帧形制中的一种。书画册页是受书籍册页装的影响出现的，作为书画小品，其尺幅不大，易创作，携带方便，易保存，深受书画家及收藏家的喜爱。

第一节　册页的种类

册页的尺寸有大小之分，册页的张数分八开、十二开、十六开、二十四开。一般在册页的前后还各加白页，以便题字和保护画心。册页有三种式样：上下翻阅的“推蓬式”，左右翻阅的“蝴蝶式”，通折连成形式的“经折式”。同时又分素白册页及书画册页两种。素白册页即为空白册页，是用来作书作画、题字及外出写生用的，也可以作收集书法绘画的一种形式。书画册页是将书画好的作品，装裱成册页以便保存。

第二节　蝴蝶式素白册页的制作方法

下面以二十四开蝴蝶式素白册页为例，介绍册页的制作方法。

一、材料

制作蝴蝶式素白册页需要的材料有安徽泾县产四尺夹宣、四尺净皮单宣、宋锦、签条、薄板、糨糊、普通白纸等。

册页的页面（称材料纸）是由多层宣纸裱糊而成的，通常用安徽泾县产的夹宣及净皮单宣来制作，因此第一步要把宣纸一张张地托裱起来，一般要五层（指单宣）以上才可以达到要求，再上墙挣平后才可以做成材料纸。明代周嘉胄撰写的《装潢制》中载："册以厚实为胜，大者纸十层，小者亦必六七层。"古人装册比较注重厚实，而现在最多不超八层，较小规格的册页一般也就五层。但是册页的材料纸不能薄，薄纸不挺直，影响整体效果，为了省时省力，多用夹宣来制作，若没有夹宣则用加厚的书画纸来替代，而册页的最上面一层纸，则用净皮单宣来制作，以保证册页的书写、绘画效果。

册页的封面、封底多用宋锦来装饰。宋锦是我国传统的丝织品之一，始于宋代末年，产于苏州，故又称苏州宋锦。宋锦色泽华丽，图案精致古朴，典雅柔软而又耐磨，被誉为"锦绣之冠"，它与南京的云锦、四川的蜀锦一起被誉为我国三大名锦。它广泛用于传统的锦盒包装、书画装裱及服饰鞋帽。除了宋锦以外，也可以用其他材料来做册页的封面、封底，如暗花的丝绸、各种丝织的图式等。还可以用各种名贵的木板，在上面刻上图案或文字，也十分古朴、美观。

签条是粘在册页封面的标签，用来题字或书写册页标题。签条为长条形，由两层宣纸托裱而成，上层一般用染色纸或洒金纸来做，而下层则用白宣纸托裱起来。在干燥后，在裱下层白纸时应当有细的白边，称梳条，以衬托签条的主题。签条的宽窄、长短是根据册页封面的大小来决定的，它具有一定的协调性，若是拿不准，可裁一张纸条放在册页上观察后再决定具体尺寸大小。签条的粘放是有要求的，粘放在打开册页的引导处，应粘在首页面的靠边上方，粘放时应注意线条垂直，而且与边的空隙要保持一致，看上去位置恰当即可。

薄板是制作册页的封面、封底的内层衬板，板材要薄而不易变形。

小的册页封面、封底衬板也可以用质量好的三合板或纸板来制作，尺寸应比册页纸的四边都要多出 2 毫米左右，称为“飞边”，而且木板的上方四边应用砂纸磨去棱角，形成坡边，以便包装宋锦后更加美观。

册页的制作，不同阶段的工艺所使用糨糊的浓度是不同的：托裱宣纸使用淡浆，粘连册页的材料纸使用浓浆，裱糊封面、封底的宋锦则用较浓的浆糊，粘贴签条则使用稍浓的糨糊。

白纸是在经过裱糊后的封面、封底后裸露的衬板上使用的，用普通大白纸就可以。

二、工具

制作册页常用的工具有羊毛排笔、棕刷、砑石、直尺、垫板、油纸、裁纸刀、不锈钢筛网、竹起子、针锥、喷壶等。

针锥是用木柄固定的针，常用它打针眼确定尺寸位置，作为方裁四边的依据，无论是切纸还是裁切笺纸都会用到它。市场上的针锥的针头比较粗，使用时会留下较大的针孔，比较难看，最好自己制作（图 13.1）。制作针锥时，准备一根较长的缝衣服的针和一条宽约 4 厘米、

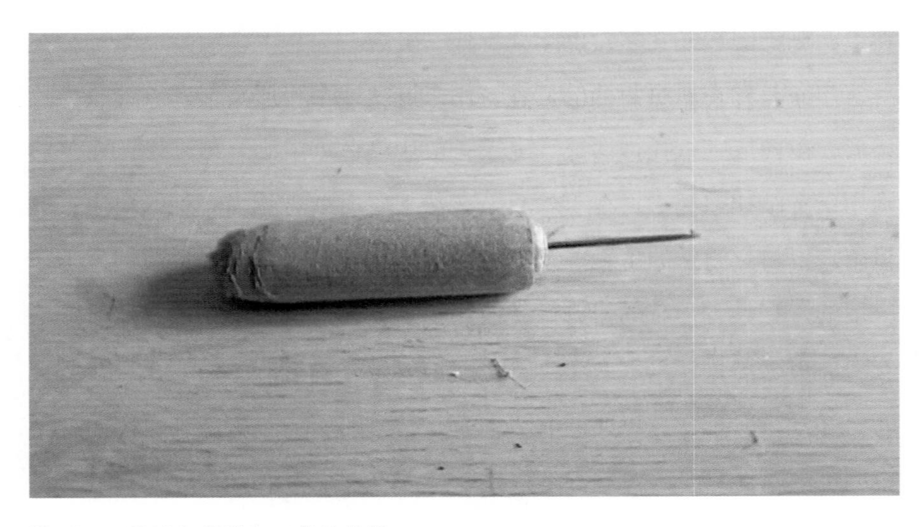

图 13.1 用缝衣服针加工成的针锥

长约40厘米的宣纸条，把针的上半部（针眼部）裹在宣纸条里并露出针尖约2.5厘米，将裹针的宣纸条往前卷，直至整条宣纸都卷完后，用短尺压上，顺势再往前卷，直到宣纸把针裹紧裹实为止，再在宣纸的尾部抹点糨糊，粘上便可。自制针锥取材方便，针眼小，使用时不会影响纸的美观，非常适用。

喷壶是在裁剪宋锦时喷水使用的。宋锦为丝织品，展开后不会十分平整，剪裁时也容易滑动，可用喷壶喷上水雾，使宋锦变得服帖，而后再用短尺将它刮平，裁剪起来就不会滑动，十分自如，尺寸也会更加准确。

三、制作方法

蝴蝶式素白册页册页的制作过程可分为四个阶段完成。

第一阶段：制作册页的材料纸。

先把糨糊调成淡浆水，把净皮单宣平铺在台案上（净皮单宣做册页的页面纸，为册页最上层纸）。用羊毛排笔蘸上少量糨糊水，将净皮单宣通刷一遍，使宣纸吸收水分。而后掀空纸张，用羊毛排笔蘸适量的糨糊水将整张纸刷平。在第一张纸刷浆完成后，拿起夹宣，对准下边已刷平的净皮单宣的四边，用棕刷把夹宣刷平在净皮单宣上。夹宣比较厚，在刷平一遍后，还要用力再刷一遍，使两张纸进一步粘紧粘牢。而后用羊毛排笔蘸上糨糊水在夹宣上刷浆，刷完后，从逆光处观察整张纸的上浆情况。夹宣厚，吸浆量大，上浆难免不均匀，需要站在纸的一头，低头查看纸张的吸水状况，如果局部发白，浆水少，就要补浆，如果不及时补浆，会造成纸张局部浆少而空粘。刷浆完成后，再拿起第二张夹宣，用棕刷将纸张刷平覆牢。刷完后，再用棕刷用力刷一遍，使多层纸张刷紧粘牢，这样就完成刷裱了。接下来拿起油纸把纸边拍上糨糊准备上墙。掀纸比较关键，人要站在纸的一头中央位置，一手拿起棕刷夹住纸的一边，另一只手夹住纸的另一边，双手同时用力将纸掀起，用力要均匀，不能使纸张产生折痕。如果掀纸时发现有折痕，一定要把纸再放回台案上，用棕刷把折痕刷平后再提纸上墙。如果没有夹宣而用较厚的书画纸替代，就要更加小心。书画纸没有什么皮料，纸张的纤维比较短，没有什么拉力，在掀纸时比较容易出现折痕，所以掀纸时一定要注意平衡。册页是拿在手中把玩的文房用品，纸面稍有折痕及瑕疵是很容易被发现的，因此要特别注意。

托裱后的纸张因为比较厚实，上墙后在短时间内是很难干透的，要在墙上多挣几天，一般夏秋季节要三天左右，而冬春季节要三天以上。判断纸张是否干燥，可用手掌心去触摸纸面，如果纸面已干燥并有紧绷感，说明纸已干透可以下纸了。天晴下纸更佳，纸张会更加挺直、平整。

第二阶段：把材料纸裁切成需要的册页尺寸，并黏合成册页芯。

册页的尺寸虽然是按照折后的面积算的，但在制作时是按照打开册页页面的实际尺寸去计算的。在裁切托裱后的材料纸时，确定具体的尺寸后，长和宽要各放大 1 厘米，这是因为加工时先要把裁切好的材料纸进行对折，上下又要重新切边。例如，做 30 厘米 ×40 厘米的页面，材料纸应是 31 厘米 ×41 厘米，而对折后的成品尺寸则是 20 厘米 ×30 厘米。做十二开（打开面）的册页要用 12 张的材料纸，做 24 开的册页要用 24 张的材料纸。在准备好一定尺寸、一定数量的材料纸后，就要进行折叠了。折叠时，将做宽面的材料纸的净皮单宣朝内，夹宣在外对折（图 13.2），对折后，用砑石将折叠处砑一遍，把折后的纸边砑平。凡是做册页的材料纸都要对折且将折叠处砑平。折叠后的纸张折叠处为后方，而对齐两边的纸口为前方。裁切的是折叠纸的前方，注意别切错方向。在确定好纸张的宽度后，将材料纸垛齐。若有条件，可用宽大的夹子从材料纸的后方夹住，以防纸张走动，而后用针锥打上针眼，准备裁切。裁切册页的宽尤为重要，它是决定整本册页是否整齐的关键，这个刀口若平直，册页就整齐，如果偏刀，册页就可能歪斜，加上材料纸厚实，因此下刀时要心平气和，用力平稳，一刀一刀慢慢切。裁切后若发现有不齐的刀痕或不平整是不能重新裁切的，可将刀口处移至桌边，上面用短尺压紧，用细砂纸将刀口磨平。

裁切好材料纸后，要进行黏合前的摆放。材料纸的摆放是有要求的，

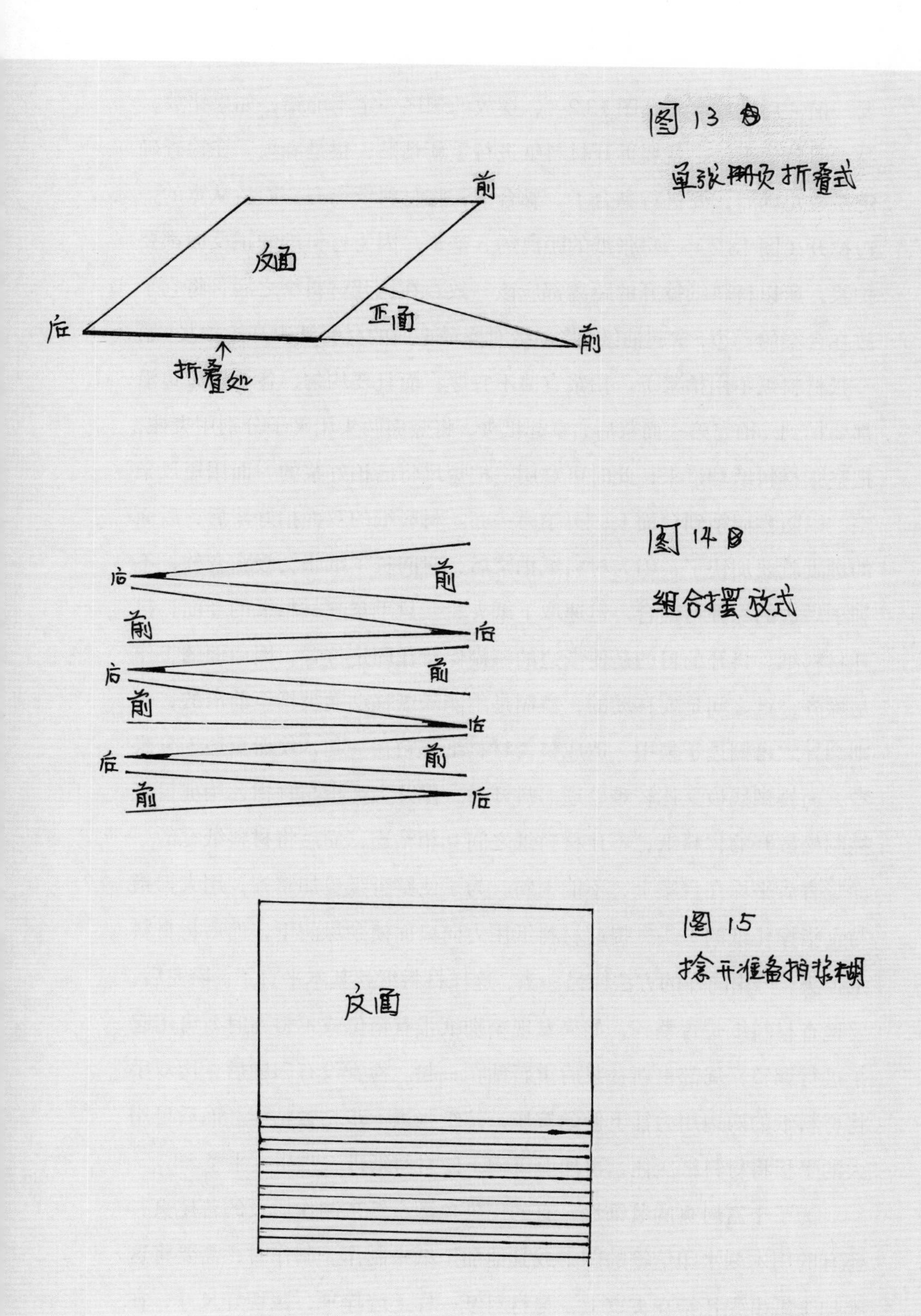

图 13.2　册页折叠方法与摆放顺序

要一前一后摆放起来（图 13.2），摆放的顺序一定不能错，如果错放，黏合时就会出错，就要拆开材料纸进行重新粘贴，很是麻烦。在检查确定摆放正确后，要进行黏合了。黏合前，将材料纸垛齐，而后从宽的一边捻开（图 13.2），每张纸的距离约 5 毫米。因为材料纸的正反面都要拍浆，所以材料纸捻开的距离都应该一致。在捻开材料纸之后，将它平放在台案的一边，拿起油纸，将油纸对齐最上面的材料纸边开始拍浆（第一张材料纸不用拍浆）。拍浆宜薄不宜厚，而且要均匀，各个地方边沿都要拍到。拍完第一面浆后，拿起纸夹，将竖面两头用夹子分别用夹住，把整张材料纸翻过来，此时可拿用一把短尺将已拍好浆的一面用短尺架空，以防糨糊粘到台面上，再拍另一面。材料纸的双面拍好浆后，后面的进度就要加快了，因为材料纸拍浆后，时间长了纸张会吸水变软，不利于后边的垛齐与黏合。迅速取下纸夹，一只手拿起材料纸的竖面，抖开材料纸。抖开的目的是使纸边的糨糊保持在固定位置，因后面的工作是垛齐，纸之间是要移动的，糨糊是不能随纸移动而被推至前沿的，否则会导致糨糊过于集中，造成整沓材料纸都粘在一起，使册页边十分难看，而糨糊残痕又比较难处理。抖开后，撑开大拇指与食指，用虎口来控制松散开的材料纸，不让材料纸之间互相粘连，而后将材料纸宽的一面竖直后平垛在台案上，不能歪斜。为了使整沓纸更加整齐，用大拇指与食指捏住纸的一头，提起材料纸用力向桌面使劲垛两下，而后将材料纸掉头，再用同样的方法垛另一头，这样材料纸就基本平直了。垛完后，要检查材料纸是否整齐，如果发现个别纸张有错位或不整齐时，可用起子进行调整，局部重新补浆后重新粘在一起。检查没有问题后，用双手将材料纸的两边用力往下使劲按压，使纸张进一步粘紧粘牢。而后可用大的平板将材料纸压住，再加上重物，使材料纸进一步压实平整。

为了丰富册页的装饰性，有的用染色洒金纸来制作册页的首尾页，还有的用木刻水印信笺的图案或其他加工纸来制作。制作时，需要将这些加工纸事先托裱在夹宣上，与材料纸一样上墙挣平，裁切好尺寸，在折叠中只要摆放在需要的位置，摆放好后一同粘连就可以了。

经过两昼夜的重压，册页两边已晾干粘牢，接下来要将册页完全打开检查质量。拿去压在上面的重物和平板后，取出粘好的册页纸，在台案上摔掼两遍（双手抓住册页竖面的下方，将册页上方五分之三面在台案边上摔掼两遍，然后掉头，再摔掼册页的另一头两遍），使册页粘连的页面能自动松开。摔掼时，材料纸一定要平面接触台案，不能有弯曲现象。摔掼后，如果发现还有粘连处，可用起子从边沿起开，检查册页的内在质量，发现不足之处后加以修补。接下来，把册页的横边两头切齐。裁切时，弯起首页，对平边口，按需要的实际尺寸打上针眼，而后松开页面方裁两头，下刀时刀刃紧贴直尺，心平气和地慢慢裁切每一刀，直至切完。这样，整个册页的内芯就算完成了，尚缺封面、封底。

第三阶段：封面、封底的制作及与册页的粘连。

拿出已加工好的薄板，取出宋锦，开始做册页的封面、封底。剪裁宋锦前，有图案的一面朝上，平铺在台案上，用喷壶喷湿，然后用短尺刮平，并拿出薄板放在上面，用粉饼画出横竖标记（横竖两边应加宽 0.7 厘米左右，包边时用），准备剪裁。剪裁宋锦是有要求的，不能按画线的尺寸剪裁，而是以图案剪裁。宋锦的纹式图案为连续图案，每个图案都有一定的规律，因此要按图案的位置去剪裁，如果剪裁处是一种图案的边框位置，那下面就要剪裁向下一个同样图案的边框（画线只是作参考），横竖剪裁都应如此。

剪裁好的宋锦要裱糊在薄板上。裱糊时，将宋锦有图案的一面朝下平铺在台案上，用小棕刷蘸上稍浓的糨糊把宋锦刷平，并拍打四周，使宋锦图案横竖垂直，不能有弯曲。而后把薄板有坡的一面朝下平放在宋锦上，并四周留出包边的距离，再稍稍用力将薄板按压在宋锦上，使薄板的糨糊面与宋锦初步黏合。而后将宋锦、薄板一道拿起、翻身（宋锦在上），撑开手指，用手指托起薄板，开始校正宋锦的图案，做到图案周正、线条垂直，同时校直宋锦与薄板的边，再观察整个图案与薄板的四边是否横平竖直、四周距离是否相等，如果一切都没有问题，才可以拿起棕刷将宋锦刷平固定在薄板上。刷完浆后，将宋锦面朝下平放在台案上进行包边。包边只需要把四周留出的边翻起来粘在薄板的后背上即可。包边时，要将四周的拐角处包得美观一些，而且要尽量平整，避免因叠在一起太厚而不美观。为了使包边严实，要多加厚糨糊将包口粘紧。完成包边后，拿起棕刷把四边刷牢，再竖起棕刷将粘好的宋锦周边垛一遍，使宋锦与薄板进一步粘牢。黏合好宋锦与薄板后，放到一边晾干，不能暴晒，只能在室内自然晾干。封底的宋锦裱糊也用上述方法。

裱糊好的宋锦反面有裸露的木板，可用白纸裱糊装饰。方法是：量好薄板的尺寸后，将白纸两边各扣除约 0.4 厘米后（因白纸在受水后膨胀会伸展一些）进行裁切。裁切好后放在台案上，用小棕刷蘸上浓浆将白纸通刷一遍，待白纸吸水膨胀后才能使用。此时，应及时用裁纸刀割去粘在薄板上残留的宋锦丝线，直至薄板的反面没有残丝为止。白纸充分吸收水分后，拿起白纸，使糨糊面朝下粘在木板上，确认四周留白的距离一致后，拿起棕刷将白纸刷平，这样封面的宋锦便裱制完成了，放在一边晾干待用。封底的宋锦裱糊方法也同封面的制作方法一致。

接下来便是把册页的材料纸黏合到封面及封底上。黏合时，用食指蘸上较浓的糨糊，抹在最上面一张材料纸的四周边上。浆不宜抹得过重，只要能粘连上册页板就可以。而后将宋锦封面图案向下放在台案上，拿起材料纸，使糨糊面向下，去粘封面。放下材料纸时，要注意观察四周留出的飞边距离是否一致，确定一致后才可以放下，放下后要按压四边，使册页纸与封面粘紧粘牢。黏合封底的方法也与上述方法一致。黏合好封面及封底后，用平板再加上重物压上，等待晾干。

册页的封面、封底除了用宋锦来装饰以外，还可以用贵重的木材来装饰，如红木、紫檀等。另外，还可以用传统的嵌锦面法来制作封面，即用 0.3 厘米厚的薄板作底，四周镶粘宽 1 厘米、厚 0.5 厘米的红木框，将边框裁成斜形或打磨成弧形，把已托裱好的宋锦粘在框内的薄板上，高度与边框持平。这种形式的封面能使册页更显得古朴典雅。

第四步：签条的制作及粘贴的位置。

首先找一张制作签条的加工纸，按照册页的比例把它裁成长条形，先放在册页的封面，看看它的长短、宽窄是否合适。比如册页封面宽17厘米，签条宽为3.7厘米，册页的长为23.5厘米，签条长为19厘米。当然以上尺寸比例不是固定的，一般南方签条比较窄，而北方的签条比较宽大，皆是根据实际需要决定，只要看起来美观就可以。

裁好签条后，放在册页上看看是否合适，如果合适，再用白的宣纸（稍厚点的宣纸更好）将切好的签条裱起来晾干，再按签条纸的尺寸来切白纸，并在四边留出1～1.2毫米的白边，而且留白的距离都应一致。裱好签条后，将签条正面朝下放在台案上，用小棕刷刷上糨糊，就可以粘贴在册页的封面上了。签条要粘贴在册页首页位置的上方打开处，一般距离册页封面的边约0.8厘米，横竖距离都应一致，而且要垂直，不能歪斜。

上面讲的是蝴蝶式二十四开素白册页的制作方法，除此以外，推蓬式册页与蝴蝶式册页的制作方法大致一样，只是推蓬式册页的签条应贴在横面的中间上方。推蓬式册页以小幅书画作品为主，按照统一尺寸把小品书画装裱成单片，两张为一片，然后再对折，用册页形式黏合起来，这样更有利于书画的保护和收藏。

第十四章

金银印花笺

第一节　金银印花笺的制作工艺及历史溯源

金银印花笺是通过木版雕刻、手工印刷制作工艺制作的加工纸，是以云母及对云母的染色来达到金银效果的表现手法印制各种图案的（图14.1）。制作金银印花笺，要事先把设计好的图案稿在木板上雕刻出来，而后用很细的云母粉加白芨调成黏稠状，把它刷到板子上，再印到有颜色的纸上。明代项元汴所撰《蕉窗九录》中对造金银印花笺法有详细的记载："用云母粉同苍术、生姜、甘草煮一日，布包揉洗，又用绢包揉洗，愈揉愈细，以绝细为佳。收时，以绵纸数层，置灰矼（缸）上，倾粉汁在上，湮干。用五色笺，将各色花板平放，次用白芨调粉，刷上花板，覆纸印花，板上不可重拓，欲其花起故耳。印成，花如销银。若用姜黄煎汁，同白芨水调粉，刷板印之，花如销金。二法亦多雅趣。"

把云母煮染成金色在我国很多领域都有使用，木版年画就采用这种工艺，但染制云母则用槐黄，煮成金色印在年画上，以增加年画的观赏

图 14.1　金银印花笺（复制）

性。[1] 这种加工方法简便易行，加工后的纸张不易变色，因此我国民间也广泛运用类似的加工方法加工纸张。如在有光泽的锡箔纸及铅箔纸上刷色或印刷上黄色，也具有金色的效果。这种加工的金色纸张在包装材料及民间日常祭祀活动中使用较广。

金银印花笺的制作，以云母为银，煮染的云母作金，印在染色纸上，使纸张有金银相互辉映的效果，而且图案更突出，富有立体感。用这种方法制作的加工纸又称云母笺。云母是一种造岩矿物，价格低，具有一定的光泽，遇水不变色，用于书写、绘画时不拒墨，因此在很多加工纸中都用云母来装饰纸张。如在蓝色的染色纸上洒上云母片，纸张犹如天上的繁星，银光闪烁，十分美观。再如，在胶矾纸上洒上云母，使胶矾纸具有零星的亮光。此外，还把云母粉与黏合剂调合，来制作加工纸，使整个纸张具有珍珠一样的光泽，我们称这种加工纸为珠光笺。如果在

[1]　孔大健，任仲全．木版年画技艺 [M]. 济南：山东教育出版社，2018: 74.

雕刻好的图案版上，再以较淡的颜色印在珠光笺上，就形成了暗的花纹，也同样十分清雅，我们称这种加工纸工艺为珠光暗花纹。

第二节　流传在日本的唐纸

金银印花笺与云母笺的制作工艺在资料中虽然有记载，但具体实物现在已经难以看到。金银印花笺的制作方法在我国传统的木版年画中曾有所应用，[1] 而用云母印制的图案在国内则看不到。在今天的日本，依然在制作和使用这种笺纸，他们不叫金银印花笺及云母笺，而称“唐纸”。关于这种纸从我国传到日本的时间，冯彤在《和纸技艺》提到：“唐纸是唐代从中国传到日本的，舶来品，称为‘とうし’。平安时代日本成功地仿制出来。唐纸用云母贝壳粉与胶或面糊做成混合液，对纸张进行涂布，然后再用木板上色刷出图案。”唐朝在政治、经济、文化等各个方面都取得了辉煌的成就，日本、朝鲜等国家都派遣使者来学习，很有可能也学习了我国的传统加工纸技术。[2] 纸张在日本最初主要是作为上层社会的书写用纸，逐渐地印有花草飞鸟纹样，使得纸张用途更加广泛，唐纸艺术随之诞生。四百多年前的江户时代早期，人们开始用唐纸装饰窗门，方便在家欣赏，对唐纸的需求量猛增。一份当时的记录显示，京都有十三家唐纸作坊，其中有一家叫“唐纸屋长右卫门”，“唐长”是其简称。唐长收藏了各个时代的木制印版 650 块，是唐纸艺术的灵魂所在。其中，年代最久远的是“九曜”（九颗星的图案，源于占星学）纹样印版，有可能是经海上丝绸之路传到日本，版后背写着“宽政三年”，在公元 1791 年。该版宽 30 厘米、长 45 厘米，由木兰木制成，质地柔软，易雕刻。传统上由唐纸屋负责设计图案，工匠手工雕刻印版。笔者第一次见到“唐纸”是在 1994 年初与日本客户交流时，客户给笔者看的唐

[1] 孔大健，任仲全．木版年画技艺 [M]. 济南：山东教育出版社，2018: 74.

[2] 《造纸史话》编写组．造纸史话 [M]. 上海：上海科学技术出版社，1983: 174-177.

图 14.2　菱纹印花笺（唐纸）

纸小样。（图 14.2– 图 14.4）由于日本手工雕刻费用高，从事手工雕刻的人比较少，日本客户想请笔者帮忙雕刻，因为对方是长期合作的客户，于是我就答应了。这种唐纸的图式内容有菱纹、兽纹、牡丹纹等，尺幅与我国的传统大斗方相似，宽 35 厘米，长 50 厘米，板厚 2 厘米左右。日本客户说，如果找不到这么大的板料可以拼板，但拼板的接缝一定要用鱼尾榫固定。这种纸制作后，要在表面反复刷上胶矾水，还要反复上墙挣平，以增加纸的亲水性和抗水性。这种纸的特点是毛笔、水笔都可以用，如果书写错误还可以用水擦去重新写，是日本一种高端的书法用纸，价格昂贵。日本客户把这种纸夸得神乎其神，笔者想要点小的纸角研究一下还被对方拒绝了。笔者是做加工纸的，虽然没做过这种纸张，但是心里还是有数的。过了 6 个月，板子刻好了，笔者也用不同颜色做了几张这种唐纸。日本客户来工厂拿板子的时候，笔者把做的几张纸样给他看，他看了很久不说话。笔者递过毛笔请他试纸，他写了写，又反复看了纸后还是不说话，脸上露出诧异的表情。后来在翻阅资料时，笔

图 14.3　兽纹印花笺（唐纸）

图 14.4　牡丹纹印花笺（唐纸）

者发现这种纸的加工技术源于我国古代加工纸。

日本长期以来一直传承和使用着唐纸，而且使用范围非常广泛，这与日本的生活习惯和室内装饰有很大关系。日本的房屋内大都由隔断、拉门、拉窗分割成简易墙体，这种设计能让阳光照入内室，让房屋的边缘处在冬天也能保持温度。拉门的设计可以将其中的一扇门拉到另一扇门后，它被放置于特殊的沟槽中，当有家庭聚会或有其他重要事情等时，可以拆卸拉门扩大空间。隔断、拉门及拉窗都由木框制作，再用纸张裱糊外层。纸张绘有不同风格的图案纹式，极为讲究。早在江户时代，什么样的阶层贴什么样的图案纹式就已有了严格规定的。

如今，唐纸在日本的用途更加广泛，如运用于信封、明信片、墙纸、包装、障子、扇子、提灯、服饰等日常生活用品，深受人们的喜爱。

第三节　故宫博物院内室装饰的银花纸及樱花纸

一、银花纸

（一）银花纸及其图案

一次机缘巧合，故宫博物院古建部的工作人员在知道笔者为日本客户制作的唐纸后非常高兴，因故宫的乾隆花园正在重新装修，他们正在寻找制作银花纸的手艺人。在见到笔者拿出 1994 年为日本客户制作的唐纸后，发现这种纸与故宫里的银花纸几乎一样，于是邀请笔者去故宫博物院进行实地考察。2020 年 12 月 26 日，笔者随中国科学技术大学由汤书昆教授带领的考察团一行 9 人到了故宫。（图 14.5）经过实地考察发现，故宫博物院的皇宫内室大部分都是用银花纸装饰，使用范围之广，用量之大着实让笔者大吃一惊。经过深入调研发现，这种称为银花纸的制作工艺，实际上就是我国古代的金银印花笺的衍生品，是在金银印花笺的基础上增加了矿物质颜料的套印，变成华美的皇宫室内装饰用纸。古人的这一创新使笔者对金银印花笺的用途有了新的了解，扩展了思路，增长了见识。故宫博物院古建部后来研究决定，由笔者来负责这

图 14.5 对故宫博物院乾隆花园进行考察

次复原乾隆时期银花纸的工作。在之后的工作中，故宫博物院的工作人员将宫内关于银花纸的相关资料收集后传给笔者。笔者分析乾隆时期对银花纸的记载后认为，银花纸的底纸（材料纸）是由苦竹纸手工制作而成的。苦竹纸的制作非常讲究，是以当年生嫩苦竹为主料，经过砍料、发酵、清洗、烧煮、捣料、打浆、抄纸、炕纸等 12 道工序和 72 道操作过程制作而成。苦竹有苦涩味，能防虫蛀，苦竹纸纤维细密，抄纸后纸面平滑，一直是我国古代木版印刷古籍书本的重要纸张，这种纸在乾隆时期也用在木版印刷的银花纸上。

这种纸为什么称银花纸？笔者查阅相关资料后均找不到很好的答案。在接触的银花纸相关资料记载及制作工艺介绍中并没有提及“银”的成分，而图式中发白、发亮，看似银色的光泽，后经科学分析为云母产生的效果。因此可以解释银花纸就是金银印花笺的延伸，只是在“银”色图案之上再印一层绿色花卉罢了。这种称呼把这种纸的名称进一步给美化了。

银花纸的图案是由两个图式套印而成的。一是“万字不到头”图式，由“卍”字组成。银花纸的图案是连续的，四边的“卍”字均有衔接的接口，所以称万字不到头。这种图式在古代寓意着吉祥连绵，有万寿无疆之意，也有万佛无边的寓意。二是最外层套印的西番莲纹，这种图式从明代流传至清代并被广泛应用，它结合了中式传统的缠枝连纹和西方莨菪叶雕刻特点，形成极富张力的花卉纹饰。西番莲有连绵不断、清正廉洁、洁身自好之意。故宫内银花纸除了套印绿色西番莲纹之外，还有绿色小团龙、绿色菊花、绿色夔龙图等。除了套印之外，还有单色的银印花纸，见于记载的有梅兰竹菊纹、汉瓦延年益寿纹、勾子莲花纹、万字牡丹纹、福寿三多纹、龟背锦龙纹、芍药纹、小枫叶纹、梅花纹等，品种极为丰富。

银花纸的制作以小的单片形式组成连续图案，单片尺寸为 49 厘米 ×33 厘米，在制作完成后再进行拼接，形成整体图案。多大面积的墙面就用足够的单片纸进行拼接，张贴后的整体墙面犹如一幅整体图画，装饰效果极为华丽、壮观。

故宫内银花纸的张贴很有特点，一般在重新装修宫殿时，旧的银花纸是不拆除的，而是将新的银花纸直接覆盖上去。至于宫殿在什么情况下重新装饰张贴，是由朝廷决定的。比如，更换主人、龙子降生、逢年过节、改朝换代或内室陈旧，都有可能重新装饰，因此每次粘贴银花纸相隔时间都比较长，而每期的工匠制作方法都不太一致，虽然在大的工艺上没有什么变化，但在细微处还是可以辨别出来的。如清中期和清晚期的万字线条部分粗细就不一致，粗的线条在 1.5 毫米左右，细的线条则在 1 毫米左右，但整体图案横平竖直，规律，有秩序，极为均匀，满幅到边，十分规矩。（图 14.6）

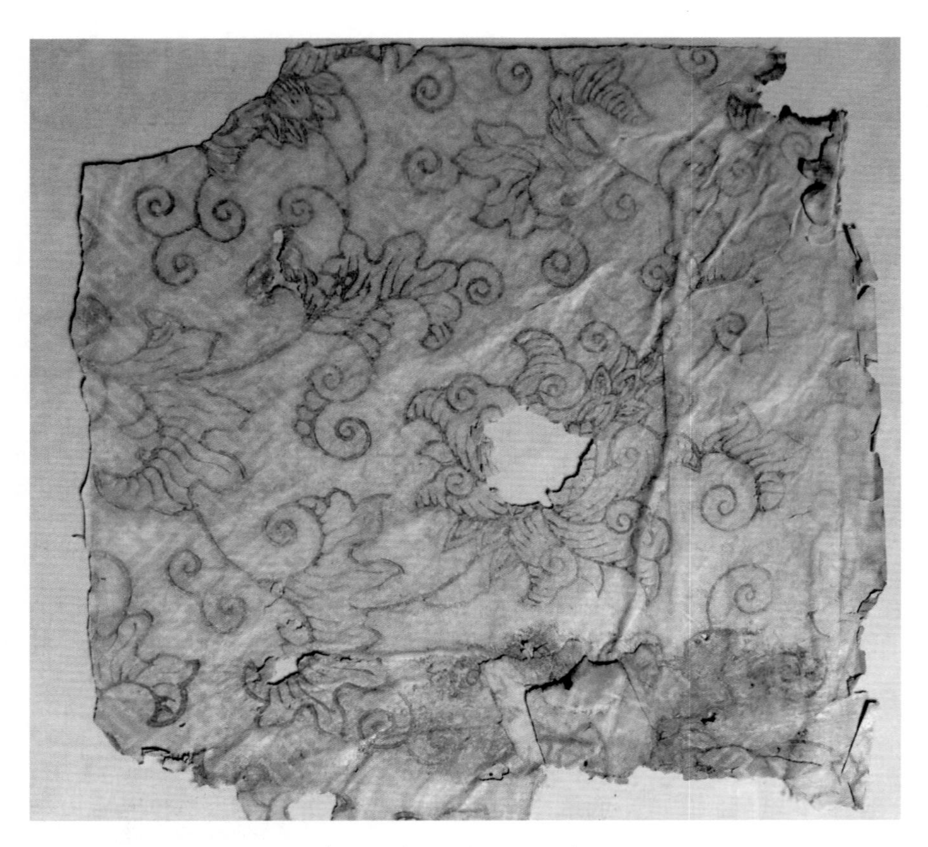

图 14.6　故宫乾隆时期张贴在乾隆花园延趣楼的银花纸

（二）对银花纸的复原

对清代银花纸的复原工作，首先要将单片的图案稿准确地绘制出来。图案稿有两份，一份是“卍”字纹图案，另一份是西番莲纹图案，此项工作由故宫博物院出稿，之后的所有复原工作由笔者来完成。

复原银花纸的第一道工序是刻版。故宫内部资料显示，用来雕刻银花纸图案的木板有两种：一种是枣木，另一种是梨木。我们雕刻木刻水印版多用梨木，所以此次复原选择用梨木来用雕刻银花版。虽然我们库存的梨树板已有 30 年了，但在尺寸及厚度上都达不到要求。古建部要求不能拼板，必须是整板整料，板子的厚度在 2.5 ~ 3 厘米，长为 50 厘米，宽为 33 厘米。笔者跑遍了整个合肥的木材市场都找不到符合要求的板材，最后还是在故宫博物院工作人员的帮助下找到的。经过 4 个多月的雕刻，两块银花版终于雕刻完成。（图 14.7）接着便准备各种原材料开始银花纸的试制工作。按要求，对银花纸的复原要用三种不同的材料纸进行制作，分别是竹纸、檀皮纸、桑皮纸。笔者选用了富阳逸古斋生产的竹纸，泾县守金皮纸厂生产的桑皮纸，泾县吉星宣纸公司生产的日星牌特种净皮（檀皮纸）。制作时，先把纸张加工成熟纸，然后用两种方法来复原清代不同时期的银花纸。一种是在熟纸上施粉，北方称挂粉，而后用万字版印上云母万字纹，干燥后再印绿色西番莲纹。另一种是先把熟纸做成云母笺，而后用万字版印上白粉的“卍”字，在干燥后再印绿色西番莲纹。

图 14.7　用梨木板雕刻银花版

银花纸的木版印刷与传统的木刻水印印刷虽是同一种工艺，但是印刷的方法却有着本质上的不同。木刻水印是用水将颜料稀释呈水状，再印刷到手工生纸上（遇水渗化）。因生纸吸水好，吸收色水也非常强，印起来比较好掌握。银花纸的印刷溶液含粉子，或含云母，或含绿色矿物质颜料，材料由黏合剂粘连，呈糊状，要把这种糊状染料通过木刻雕版印到加工纸上绝非易事。印制的线条要非常清晰、不能露底，还要保证色泽饱满，以及线条中含的各种材料不能丢失，要为后期的化学分析提供充分的依据。印刷时，笔者采用了传统的平版印刷与叠印技术相结合的方式进行，虽然这种印刷方式比较繁琐，也十分辛苦，但是印刷效果还是不错的。笔者制作好银花纸后便立即寄到故宫博物院，请工作人员提出指导意见后再进行改进，改进后再寄过去。甚至还把改进后的纸带到故宫博物院，现场与乾隆时期银花纸进行比对。通过不断地改进，耗时一年又八个多月才制作出了满意的银花纸。

复原后的银花纸是要进行全面检测的，检测分四个部分进行。

一是外观检测。通过肉眼检查银花纸的加工及印刷的四道工艺制作是否完整，各项工艺是否符合要求，图案是否层次分明，印制的线条是否完好、有没有露底，有没有不清晰的地方等。古纸后背呈现的西番莲油迹在复原的纸背也应显现。

二是触摸、对碰。用手触摸纸面及印刷部分，要符合清代木版印刷的特点，有的地方要平滑，有的地方应有刮手的感觉，一切都要与乾隆时期一样才可以。再将复原后的银花纸上下左右进行对卷碰，检查图案的接口是否准确。四个边如果拼接有误差，整张纸就不能用，否则会影响到整个连续图案的拼接。

三是仪器分析。用仪器进行科学分析，主要检测使用的材料纸、粉子、云母、矿物质颜料及黏合剂等各种成分的组成是否与清乾隆时期使用的原材料一致，能否保证百年不变质、不变色，同时还要检测呈现在纸上的白粉、云母、色彩饱和度等。

四是湿强度试验。复原后的银花纸最终是要通过裱糊上墙的，因此

图 14.8　张贴在乾隆花园的养和精舍的复原银花纸

要测试银花纸在浆水的浸泡下是否还有承受力，还能经受一定强度的操作，在受湿后的一定时间内，纸中所含的粉子、云母、颜料等是否有脱落的现象。如果有一项不合格，就不能用。

通过一系列的检测和不断改进，笔者复原的银花纸全面达标。目前，笔者复原的银花纸已发往故宫，并已张贴在故宫博物院乾隆花园养和精舍的墙上了（图 14.8）。

二、樱花纸

（一）樱花纸溯源

在复原银花纸期间，故宫博物院一行四人来到合肥，到笔者的工作间进行考察。考察期间，乾隆花园修复组请笔者再增加对乾隆花园遂初堂“樱花纸”的复原。笔者之前在故宫乾隆花园修复组办公室曾见到过这种纸，其图案款式酷似日本的加工纸，尤其是图式为日本美术风格，花卉的花瓣为块面形式，花茎、花蕊则留以空白，纹式为樱花造型，花卉呈淡橘色，而底色则是大面积淡蓝色，整个花卉在淡蓝色的映衬下极为典雅。这种樱花纸是在宁寿宫花园（乾隆花园）遂初堂的隐蔽处发现的，数量非常稀少，比较珍贵。在宁寿宫区建筑的壁纸中具有日本美术风格元素的只有遂初堂一处（图 14.9）。

据史料记载，由于清代宫内用纸量大，从国外进口了大量的纸张，其中就包括了倭子纸（日本纸）和高丽纸（韩国纸）。宫内称樱花纸为“倭子纸”或“花倭子纸”，是通过后期制作的加工纸，图案风格虽是日本式样，但它是中国的加工纸还是日本的加工纸呢？这个问题不容忽视。通过实物的特点及故宫历史资料分析，樱花纸的底色淡蓝色颜料里

图 14.9　故宫宁寿宫遂初堂乾隆时期樱花纸

掺有大量的粉子，还有经过蜡处理的迹象，凭这两点大致可以确认，此纸不是日本的加工纸，而是我国的加工纸。用粉子和蜡这两种材料制作的加工纸在我国称粉蜡纸或粉蜡笺，它是清代时结合我国古代的粉笺和唐代的蜡笺创制的一种高端加工纸，在清代极为盛行。笔者从事加工纸制作40余年，产品多出口到日本，因此对日本的加工纸还是有所了解。粉蜡笺的制作在日本是项空白，他们想要这种纸只能从我国进口。他们曾在公开场合承认粉蜡笺只有中国能制造，其他国家是制造不出来的。在长期与日方打交道期间，他们也曾试图向笔者打听粉蜡笺的制作方法，但都被笔者婉言谢绝了。所以，宁寿宫花园遂初堂的樱花纸就是我国在乾隆时期按日本的纹样或式样制作出来的。

制作樱花纸需要先对纸进行加工，而后将图案雕刻在木板上再印到加工纸上，整个工艺流程均属我国古代金银印花笺范畴。

（二）对樱花纸的复原

复原樱花纸的工艺与复原银花纸的工艺基本相同，不同的是，樱花纸的底色要按粉蜡笺的制作标准来做。底色的蓝色部分所用颜料经过科学资料分析，为蓝色植物颜料，而樱花部分除了云母之外还掺有矿物质颜料，呈淡红色，并且因为长年风化导致发黄，两种颜色叠加在一起使樱花整体呈暗橘色。为了使复原能达到这种效果，笔者进行了反反复复的试验。其间，故宫乾隆花园修复组还派专人再次来合肥，在笔者工作室现场合作调配颜色，最终才复原出了令人满意的樱花纸。

樱花纸的图案也是由单片组成的，单片尺寸28厘米×38.5厘米。但奇怪的是，它不是整体的连续图案，在设计稿中并没有找到图案相互衔接的接口。为此笔者进行了反复核实，最后证实它就是单片图式，不用考虑整体图案的连续性。在所有问题都得到解决后，笔者才开始对樱花纸的复原工作。

樱花纸的制作难度是比较大的。由于植物颜料染色比较难控制，每批次的纸受到温度、环境、时间的不同影响，会产生不一样的颜色，要保证批量底色纸颜色一致难度较大。笔者在试验中发现，用同一种成分

的颜料同时做两张四尺纸，结果所呈现的蓝色艳度存在差异，可能是蓝色颜料在空气中氧化时间和干燥时间不一致所造成的。此外，每次配料都必须当天用完，否则时间长了颜料会氧化，导致变质、变色，而底纸的刷色要等第一遍干燥后再补刷，必须相隔一天后再刷。樱花纸的印刷也存在不少难度。按照要求，印刷的樱花图案要使花卉颜色的厚度一致，不能出现厚薄不一致的情况。而印刷溶液是由黏稠的黏合剂组成，里面含有云母、矿物质颜料、填充料，为了保证印制图案的清晰，每印十张就要对雕版进行清洗。如果不及时清洗，各种颗粒就会填满线条的缝隙，直接影响图案的清晰度。清洗后的雕版还要等它充分干燥后，才能再次使用。如果雕版内仍含水分，印刷出来的颜色会偏淡，会导致与整体颜色不一致而不能使用。

经过两年的不断努力改进，我复原的樱花纸终于达到乾隆花园修复组的认可，如今正在对宁寿宫花园（乾隆花园）的遂初堂樱花纸的复原中（图 14.10，见第 186 页）。同时，我又接受了养心殿及其他宫殿的清代银花纸的复原工作。

第四节　清雍正时期关于西洋金银花纸的记载

笔者在接触故宫博物院关于金银花纸的档案时发现，清雍正时期故宫内使用及库存的西洋金银花纸品种之多、花色之丰富令人惊叹。笔者查到的雍正五年（1727）十月记载的关于各色西洋金银花纸的数目共计十九等（图 14.11），具体如下。

一等：金地金花纸 10 张，1 种。

二等：金地红花纸 385 张，22 种。

图 14.10　对樱花纸的复原

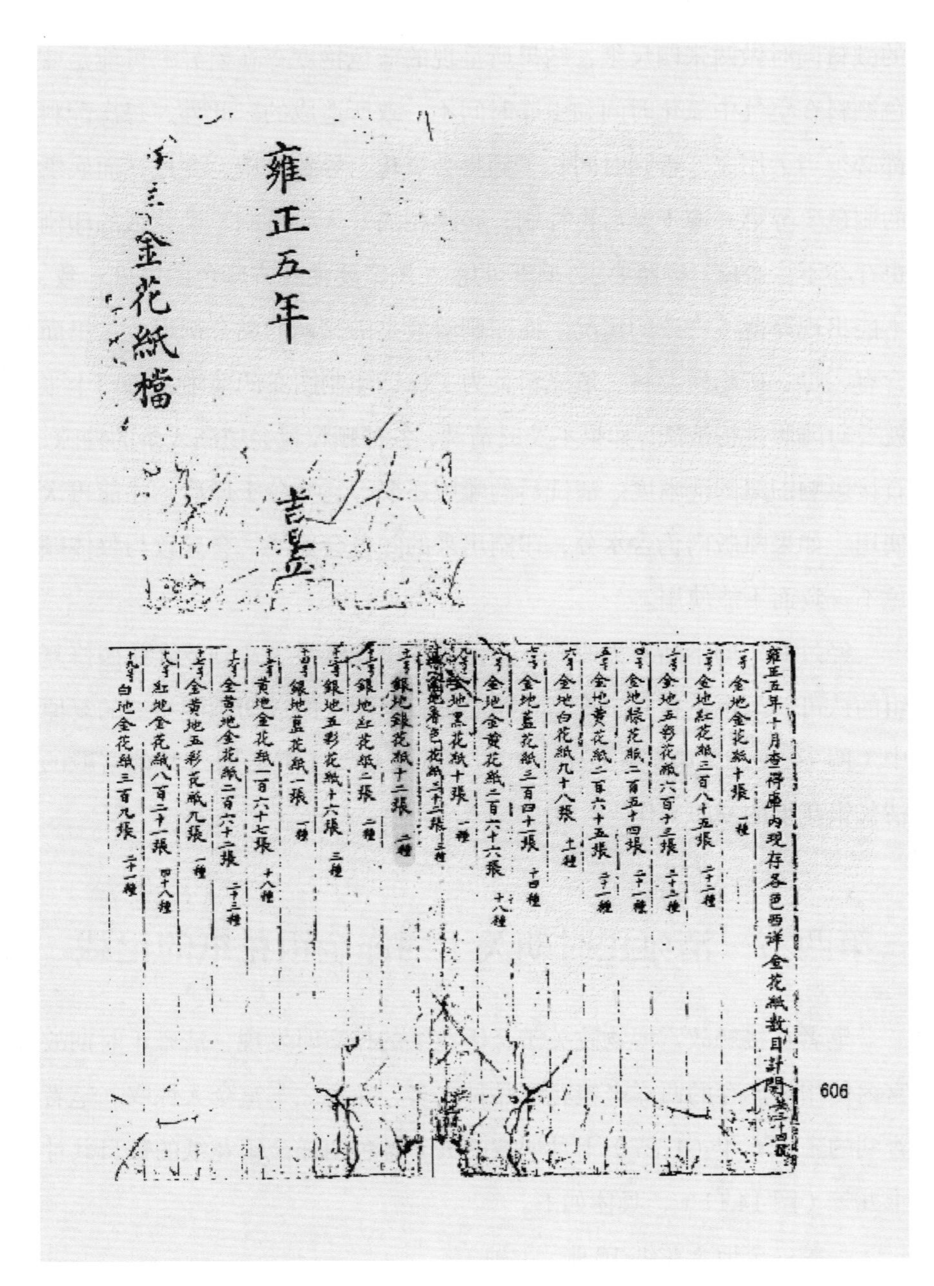

雍正五年

金花紙檔

雍正五年十月查得庫内現存各色西洋金花紙數目計開

一号 金地金花紙十張 一種

二号 金地紅花紙三百八十五張 二十二種

三号 金地五彩花紙六百十三張 二十三種

四号 金地綠花紙二百五十四張 二十一種

五号 金地黄花紙二百六十五張 二十一種

六号 金地白花紙九十八張 十一種

七号 金地藍花紙三百四十一張 十四種

八号 金地金黄花紙二百六十六張 十八種

九号 金地黑花紙十張 一種

[illegible]地香色花紙二十二張 三種

十一号 銀地銀花紙十二張 二種

十二号 銀地紅花紙二張 二種

十三号 銀地五彩花紙十六張 三種

十四号 銀地藍花紙一張 一種

十五号 黄地金花紙一百六十七張 十八種

十六号 金黄地金花紙二百六十二張 二十三種

十七号 金黄地五彩花紙九張 一種

十八号 紅地金花紙八百二十一張 四十八種

十九号 白地金花紙三百九張 二十一種

606

图 14.11 故宫档案对雍正时期金花纸的记载

三等：金地五彩花纸 613 张，22 种。

四等：金地绿花纸 254 张，21 种。

五等：金地黄花纸 265 张，21 种。

六等：金地白花纸 98 张，11 种。

七等：金地蓝花纸 341 张，14 种。

八等：金地金黄花纸 266 张，18 种。

九等：金地黑花纸 10 张，1 种。

十等：金地杏色花纸 22 张，3 种。

十一等：银地银花纸 12 张，2 种。

十二等：银地红花纸 2 张，2 种。

十三等：银地五彩花纸 16 张，3 种。

十四等：银地蓝花纸 1 张，1 种。

十五等：黄地金花纸 167 张，18 种。

十六等：金黄地金花纸 262 张，23 种。

十七等：金黄地五彩花纸 9 张，1 种。

十八等：红地金花纸 821 张，48 种。

十九等：白地金花纸 309 张，21 种。

综上所述，金地各色花纸有 10 个品种，花色 134 种，2264 张；银地各色花纸有 4 个品种，花色 8 种，31 张；黄地金花纸有 1 个品种，花色 18 种，167 张；金黄地金花纸有品种 2 种，花色 24 种，271 张；红地金花纸有 1 个品种，花色 48 种，821 张；白地金花纸有 1 个品种，花色 21 种，309 张。由此可见，故宫内室装饰对木版印刷加工纸的需求量非常大。这些供宫中使用的加工纸除了宫内及国内制作之外，还有各式“西洋金银印花纸”，只是这些“西洋金花纸”是进贡的礼品还是从国外进口的，并没有明确的记载。

第十五章

瓷青纸

第一节　瓷青纸的历史

瓷青纸又名磁青纸，是一种用植物靛蓝染色，经过打蜡、研光后的加工纸。瓷青纸在历史上又名绀纸、碧纸、绀碧纸、绀青纸、青藤纸、碧褚纸、鸦青纸等，被称为“磁青纸”则见于明代宣德年间之后，因其颜色近于青花瓷而得名。

瓷青纸的特点是纸质强韧，凝重典雅、安详静谧、意象深远，最适合用于书写内容深奥、哲理性强的经典。瓷青纸呈深蓝或深蓝偏黑，用泥金（用金箔加工而成，有“大赤”“佛赤”“田赤”三色）在瓷青纸上书写文字，字体凸出纸面，明暗相映，金光闪闪，色泽鲜亮。明宣宗皇帝称其“古色古香，光如缎玉，坚韧可宝”。羊脑笺是在瓷青纸的基础上进一步加工制成的，有防蛀功能，纸面黑如漆、明如镜，产于明宣德年间，为宫廷所用的极为名贵的纸张。

宋黄庭坚《求范子默染鸦青纸（其二）》诗有云：“为染溪藤三百个，待渠湔拂一床书。”宋郭若虚《图画闻见志》中记载，高丽使者来中国，私觌折叠扇用鸦青纸，纸色蓝黑如鸦羽而有光泽。清饶智元《宣德宫词》有题明宣宗御画诗云："画笔通神造化俱，万机多暇自欢娱；素馨十幅磁青纸，摹出西山霁雪图。" 明朝沈榜（1540—1597）《宛署杂记》中记载，明万历二十年（1592），太史连纸 2000 张价 1 两 8 钱（每 100 张太史连纸的单价为 0.9 钱），瓷青纸 10 张值银 1 两（即 1 张瓷青纸需 1 钱银子，可买 110 张太史连纸）。当时 1 两银子可买 20 瓶烧酒，或（小麦）白面粉 100 斤，或铁钉 50 斤。可见，瓷青纸的价钱高出其他纸许多，可以说是当时非常昂贵的纸张了。因此，瓷青纸往往成为公卿王侯、高僧大德、富商巨贾、文人名士所喜爱和收藏的"顶级"写经纸。我国历史上各个时期都出现了一些写经用的名纸，如唐代的硬黄纸、宋代的金粟山藏经纸。但无论是黄纸还是硬黄纸，都不能满足抄录大量佛经的需求，特别是某些高层次的佛经，不能千篇一律地使用黄纸。

魏晋南北朝时期，当佛教在我国广泛传播后，社会上流行利用贵重的黄金制作金箔、泥金等来贴涂佛像或装潢经册。到了唐初，为佛像贴金，使佛像显得庄严肃穆、熠熠生辉；为宫廷服饰绣金，使服饰变得雍容华贵、光彩夺目。这些在建筑、服饰等上贴金、绣金、描金、洒金的手法，无疑促使技师在对纸张的外观处理方面受到了启发。这样一来，便出现了金字银书（在金箔上写银字）和银字金书（在银箔上写金字）的佛经。但是，受材料加工、价格昂贵等原因所限，不可能制造大幅面的金箔、银箔来写经，于是便采用了"金银纸"。所谓金银纸，就是划有金丝栏与银丝栏的纸。因为金、银分别显黄色、白色，如果只用黄纸、白纸在其上会出现"不显眼"之毛病，若采用蓝色纸就能够同时显现出金银色。于是便有了用青藤纸、朱字书写"献天奏章祝文"的习俗。诚如唐代李肇（生卒年不详）的《翰林志》（成书于 819 年）中所说："凡太清宫道观荐告词文，用青藤纸朱字，谓之青词。"这说明了唐代已有用青（色）纸祭天的宗教法则。隋唐时期，佛教在我国广泛流行，众多善男信女以抄写佛经来献佛，称为敬舍或供养。写经的主要材料，过去一般有贝叶、锦帛、纸张等，用墨汁、鲜血（液）、泥金等作书写色料。泥金多为皇室和富贵人家所用，黄金贵重，借以表达对信仰的虔诚与恭敬。瓷青纸与羊脑笺的出现，与佛教的写经需求有很大关系。

1966— 1967 年，浙江瑞安县仙岩慧光塔发现一批佛经，其中有瓷青纸《妙法莲华经》残卷，残卷高 28 厘米，残长 688.2 厘米，金丝栏银书，少数字如“佛”等为金书。另有《大方广佛华严经普贤行愿品》一册 43 页，用金描花卉的瓷青纸作套。另有一部经书上有“仙岩寺住持灵素写于大中祥符三年及女弟子孔氏十六娘庆历三年舍入塔中”的纪年文字。

现藏于台北故宫博物院镇馆之宝瓷青纸泥金本《龙藏经》是用金粉加上胶和成，书写于深蓝色的瓷青纸上，并在侧面画上藏传佛教八宝图。书写该经文需黄金约 5000 两，如以一位喇嘛每天抄写 4 页经文的速度来算，要抄完全部经书 10 万页，共需 70 年的时间。

第二节　制作瓷青纸

在制作瓷青纸前，笔者查阅了很多相关的资料和陈列在博物馆、寺庙里的文物。经充分思考酝酿后，笔者开始对瓷青纸进行仿制。

一、材料及工具

（一）材料

制作瓷青纸需要的材料有纸张、蓝靛植物染料、胶、矾、清水等。

1. 纸张

仿制时我们选用了三种材料纸，分别是安徽泾县产的净皮重单宣、净皮夹宣和楮皮麻纸。据史料记载，唐宋的瓷青纸原料有藤纸、楮纸等，均为韧皮纤维的纸张，纸质坚韧厚实。这是因为在制作时要对纸张反复加工，瓷青纸的颜色要达到一定的饱和度，要染很多次，一般要染几十甚至上百次。安徽泾县产净皮宣纸中含有大量的檀皮纤维，纸张拉力好，纸的柔韧性、强度都不错。为了在加工时能让净皮重单宣承受住加工，便又选用了净皮夹宣，这是因为瓷青纸不但强韧，而且可分层揭开。再者，这两种纸均为白色纸张，在染色时能更清晰地看到纸张的颜色变化。

楮皮麻纸强韧，是本色纤维的黄褐色皮纸，它与资料记载中的纸张材料很相似。楮皮麻纸的选择是有标准的，一是不能有粗糙的纤维凸出纸面，表面要平整，防止在后期研光时因纸张粗纤维凸出而影响纸的平整和光泽度；二是必须保证纸张在加工过程中不起毛、不起球，要耐刷，以保证成品的质量。

2. 蓝靛植物染料

瓷青纸是用蓝靛植物染料来染色的。利用植物作染料在我国古代是染色的主流。在我国民间，特别是少数民族地区，都有用蓝靛来染布的习俗。位于广西那坡县的黑衣壮族以黑为美，至今仍然保留着最为传统的、最具特点和内涵的用蓝靛染布制作服饰习俗。据史料记载，贵州侗族、布依族、苗族的先人在先秦时期就已经掌握了靛染技艺。蓝靛染在布上，颜色鲜艳亮丽，经久不退。可能是受它的启发，人们便使用蓝靛来染纸张，经过蓝靛染色的纸张，颜色深重。后来，人们便用它来染制瓷青纸。

蓝靛就是以名为“蓝靛草”的草本植物制成的。蓝靛草在我国少数民族地区都有栽种。一般用插栽法，春末出苗，7 月割蓝制靛。制靛时，叶茎多的入窑，叶茎少的放入木桶或土陶缸里，用水浸泡 7 天，泡出蓝汁。每 1 石（约 100 斤）蓝汁浆液加入石灰 5 升，搅打后，蓝靛凝结；水静止，蓝靛沉积于水底。倒去上面的清水，即得木桶或缸底部沉积的蓝靛汁，也称靛蓝泥或蓝膏，即是染色的原料。

关于靛蓝的制法，也有其他方法。如将蓝靛草 30 斤左右放入木桶里，浸泡 3 天，待蓝靛的色素分解后，将蓝靛草叶捞出，再把准备好的石灰倒入木桶中搅拌，并用瓢把在木桶里的水由上往下反复滴打，木桶中便呈现出绿水。如此反复，直至把绿色泡泡打散，让蓝靛液自然下沉，形成蓝靛泥。

还有一种方法，是将蓝靛草收割后，用水浸泡，加入 3% ~ 5% 新出窑、未经风化的石灰调和，浸泡 10 天，令蓝靛枝叶腐烂，把剩下的杆茎捞出拧干，再用长杆木锤搅拌捣烂，直至出现蓝色的泡沫为止。沉淀后，即成蓝靛泥。

以上介绍的制作蓝靛的各种方法大同小异，只是浸泡的时间等有所不同，但是所采用的原料及加工的原理都是一样的，最后都是通过沉淀获得染色原料。

但也有将蓝靛泥再次用酒糟发酵的，发酵过程中产生氨气、二氧化碳，可将靛蓝还原成靛白。用靛白染成的白布经过空气氧化，又可显现蓝色。印度制作靛蓝的方法与我国不同，他们采用尿液发酵的方法染蓝。但印度的蓝靛染料经笔者试用后并不理想，染出的颜色蓝中发暗，色彩不鲜艳。

用蓝靛染料染制瓷青纸，一般不染大纸（即四尺纸张），有特殊要求的例外。大纸的拖染需要大容量的纸拖盆，四尺纸的拖纸盆为 80 厘米 ×60 厘米，深为 10 厘米左右，染色时一次要配 12 ~ 15 公斤的染色水，才可以进行拖染，需要用大量的蓝靛染料配制染色水。再者，原料纸都比较厚实，在拖染时纸张吸水量较大，在拖染时还要不停地增加染色水补充，配制的染色水就要更多。一次拖染后，会有剩余的染色水，要倒入容器中密封保存，避免氧化。按要求配好后的染色水应尽快用完，配好的蓝靛染色一般是不能过夜的，否则容易变质，影响染色效果。因此，制作瓷青纸一般不用大张纸，通常把四尺纸裁成如四尺三开（70 厘米 ×46 厘米）或者四尺半切（138 厘米 ×35 厘米）来染制，可以用小尺寸的拖纸盆来染色。这样既节省染料，又可以在染制中减少纸张的负担，方便长时间反复染制。

笔者是用蓝靛泥膏稀释后进行染色，而不是用再发酵的靛白，这样在染色过程中能更直观地观察纸张颜色的变化及染色的均匀程度。

采购来的蓝靛染泥往往配有助染剂和还原剂，这两种材料多为染布时使用，染纸时一般不用或少用。蓝靛染泥的品质有优劣之分，劣质的蓝靛染泥染出来的颜色比较灰暗，呈蓝灰色，色彩不鲜亮，而优质的染出来的颜色色泽清亮，蓝色纯正，在经过多次复染后的蓝色饱和度会更好。

（二）工具

制作瓷青纸需要的工具有拖纸盆、晾纸板、晾纸架、晾纸杆、竹筷、夹子、漏斗、网框、调色盆、盛水桶、不锈钢筛网、毛巾、棕刷、底纹笔、羊毛排笔、天平、量杯、川蜡、砑石、玛瑙石等。

晾纸板是晾纸时使用的。晾纸板的一面要是光滑的，不吸收水分，只有这样才符合晾纸的要求。在木材市场上有一种带有装饰板的胶合板，一面是胶板，一面是装饰板，装饰板的一面是平滑的，也不会吸收水分，比较适合用来制作晾纸板。这种胶合板的尺寸比较大，一般为 122 厘米 ×244 厘米。买回后，可根据染纸的尺寸锯成比纸的长、宽都略大 10 厘米左右的板子就可以作为晾纸板了。

在刷染前，还需做网框。制作网框可以用木质材料，也可以用塑钢材料。在框架的沟槽中压上纱网便可使用，式样结构如同窗户上的防蚊虫纱网。网框内压的纱网尺寸可以参考晾纸板的尺寸。网框的作用是在刷染纸时能挡住底纹笔的刷毛，使刷毛不直接刷到纸面，对纸面有很好的保护作用。此外，纸张在吸收色水后会产生气泡，气泡如果在纸的边沿还好处理，如果在中间就比较麻烦，一不小心会导致纸张分裂。有了网框的防护，就不用担心这一问题。我们可以用网框压住湿纸，再用棕刷在网上隔纸大胆地排刷，就能轻松地排除纸中的气泡，使纸张平坦地贴在胶板上，等待自然晾干。

天平，是用来称重的工具，除老式砝码天平外，现在有很多种电子秤，均可使用。

量杯，是用来计量水及溶液的器皿，小的量杯多为玻璃制品，大剂量的多为塑料制品，并标有容积的数字，不易碰碎，方便耐用。

玛瑙石，玛瑙石是一种玉髓类矿物，主要成分为二氧化硅，常常混有蛋白石和隐晶质石英的纹带状块体。它的硬度为 6.5 ~ 7 级，比重为 2.65，颜色丰富多彩，常见的有绿、红、黄、褐、白等多种颜色。玛瑙石常呈致密块状，光泽通透，形成各种构造，以同心圆状最为常见。

二、制作前的准备工作

制作瓷青纸前，要做的准备工作有如下几点。

把材料纸（必须是生纸，具有良好的吸水性）分别裁成 70 厘米 ×46 厘米、35 厘米 ×138 厘米两种尺寸。裁好后，将三种材料纸放在工作台上备用。

准备好晾纸架并调整好间距，方便悬挂晾纸杆。准备好纸夹和晾纸杆，放在顺手的位置。

调配蓝靛染液。取出蓝靛染泥膏套装（分 500 克装和 1000 克装，笔者一般选用 500 克装的，用完再买，以防时间长了变质），100 克蓝靛染泥膏可配 2.5 升水。先用量杯盛 300 毫升水，用天平称 100 克蓝靛染泥膏放入量杯中，而后用筷子充分搅拌，直至没有块状的染泥膏、颜色均匀后再倒入调色盆中，再加入水 2200 毫升（总计 2500 毫升），以达到剂量的要求。拿出另一只调色盆和 50 目的不锈钢筛网，将配好的染料水进行过滤，去除蓝靛染泥膏中沉积的石灰粉末颗粒及未彻底溶解的蓝靛泥膏块，以防影响染纸的效果，保证染色纸的质量。过滤好的染色水，通过漏斗倒入 5 升的盛水桶中，静置 1 小时左右，待色水呈蓝绿色后方可使用。调制蓝靛染液对温度是有一定要求的，一般环境温度在 15℃以上比较合适，如果天气较冷，则用较高温度的水来调配溶液，以保证染料的活性。调配的蓝靛染液保质期很短，在当天使用效果最好，不能过夜，因此不要调配太多。刚配好的蓝靛染料呈蓝绿色，在染纸后晾纸时，与空气接触氧化后才会逐步变蓝。

准备好 55 厘米 ×40 厘米左右、深 6 厘米左右的小拖纸盆放在支架上。

准备好不锈钢筛网（50 目）、盛水桶（5 升）、盛水盆、漏斗、晾纸板、网框、底纹笔、棕刷等工具。

系好防水围裙后，准备具体制作。

三、具体制作过程及注意事项

染制瓷青纸分三个步骤完成：先是拖染，而后是刷染，最后是对染纸进行再加工。

笔者之所以采用先拖染后刷染来染制瓷青纸，是因为安徽的净皮宣纸在染色时，如果染色不均匀，就会出现白色的衔接的痕迹，很难消除，因此笔者采用先拖染的方法来染色。用拖染这种工艺染的纸颜色比较均匀，不会有色水的痕迹。在拖染到十遍以后再进行刷染。刷染的目的是让纸张吸收更多的色水，使纸张颜色更深。

（一）拖染

取出拖纸盆放在支架上，并调成前低后高，将配制好的蓝靛染液倒入拖纸盆中，并再次调整拖纸盆的角度，使溶液前方与盆口边沿齐平。倒入拖纸盆中的色水要高出盆底 2 ~ 3 厘米。倒入后，再用笔头为 3 ~ 4 厘米的小底纹笔搅拌一下，让溶液更加均匀。在搅拌中，溶液会出现气泡，可以用废弃的宣纸头或包皮纸将其吸去。就可以开始拖纸了。

拖纸时，拿起晾纸杆，把纸的一头用纸夹夹在晾纸杆上，纸的光面朝下，将纸夹夹住的一头先放入溶液中，使纸张贴入色水面后便开始拖纸。拖纸时不能停顿，最好一气呵成，一旦停顿，染出来的颜色就会出现前后衔接的痕迹，难以清除。拖染时，要使纸张始终浮于水面，手持晾纸杆平行向前拖拽。在拖纸过程中，纸张不能有向下的压力，如果有压力，纸的边沿就会进水，淹到纸的后背，染上颜色后纸背会显得不干净。拖染时还要随时观察盆中色水的变化，制作瓷青纸的纸张都比较厚实，吸水量很大，千万不要等盆中的色水不足，显现盆底后再补充溶液。色水不足时，拖纸盆的底部会有残渣（虽然经过过滤，但溶液中仍有较细的粉末渣），一旦被纸张吸收，会很难看，影响染色效果，虽在后面还要复染，但也很难被覆盖。若发现拖好的纸上有水泡，可用湿的小底纹笔在纸上轻轻刷几下，即可消除。

拖染好纸张后，将纸张搭在晾纸架上晾干。

（二）刷染

经过初步的拖染，纸张的颜色会从淡蓝色慢慢地变为蓝色。每一次染色，纸张的颜色都会变化。经过反复地拖染十遍以上后，纸上的蓝色分布就会比较均匀，但是离瓷青纸要求的颜色差距还是比较大。

为了加快纸的染色速度，使颜色变得更深，就可以开始采用第二种染色方案——刷染。刷染时是把纸放在晾纸板上，然后再将网框盖在纸上进行的，用大的底纹笔（15 ~ 18 厘米）蘸上颜色水，直接在网上涂刷色水。在刷色完成后掀开网框，应从逆光下看纸张的着色情况。若有局部不足，再用底纹笔的笔锋进行补刷，直至张纸颜色均匀，而后就可以连同晾纸板一起放在一边，等待自然晾干（图 15.1）。如果悬挂晾干，色水会从纸的下方流出，纸张会出现流出的痕迹，非常难看。将纸张平

图 15.1　在刷染后的瓷青纸应平放在胶板上晾干

放在晾纸板上晾干，可以让色水固定在纸上，有浸染的颜色效果。

（三）对染后纸张的再加工

在经过十多次的拖染和十遍的刷染后，纸张的颜色已逐步变深，基本达到瓷青纸的颜色要求。如果还觉得颜色达不到要求，可再刷染几遍。经过染色，这三种纸呈现了不同的颜色效果。其一，净皮重单宣纸面的颜色已变成深蓝色并略显发紫，而纸的后背则略显浅蓝色。其二，净皮夹宣纸面也变成深蓝色并略显发紫，而纸的后背则显出更淡的蓝色。其三，楮麻皮纸在刷染的后期逐步变成蓝黑色，而且在之后的刷染中纸越染越偏黑，而纸的后背呈蓝褐色，这很像资料中所说的鸦青纸的颜色。这三种纸使用的染色原料都是一种，而且加工的方法都一致，染色后显现的颜色效果却不一样，这就是笔者的收获。（图 15.2）

图 15.2　两种不同的材料纸用同样的方法刷染出现了两种不同的效果

关于瓷青纸的颜色标准有多个版本。其一是深蓝与紫的中间冷色，笔者认为是深蓝发紫；其二是深蓝发红；其三是深蓝发黑，呈鸦青色的鸦青纸。以上几种说法都有一定的道理，从试染的各种颜色呈现的效果来看，可以说明瓷青纸的染制可能与染色的材料纸有关，当然也不排除在染色过程中加上其他的配方，以及在蓝靛制作中采用不同的手法，使蓝靛染料更加艳丽。

纸张染色干燥后，需要对染色纸进行再加工。首先，用淡的胶矾水将纸拖一遍（不建议刷胶矾）。这样做的目的：一是利用轻胶矾将染后的颜色进行固定；二是使松软的纸张收敛，加强纸张的强度；三是方便书写。但是胶矾水的浓度一定要淡（一般是拖胶矾纸的浓度再加一倍的水），太浓会使纸张发脆，影响纸张的寿命。其次，对纸张进行砑光处理。在纸张干燥后，打上川蜡，用砑石砑两至三遍，再用玉石或瑙玛石进行细砑。砑后的瓷青纸更加明亮。

需要注意的是，瓷青纸的染色需要一个月左右的时间，在这期间，纸张要不断地在色水中染制，还要不断地晾干，因此要在天气晴朗的时候去做，梅雨季节是不适合做瓷青纸的。梅雨季节潮湿，空气湿度大，再加上闷热，染色的纸张不能及时得到干燥，非常容易产生霉菌，处理起来会很麻烦。

高端的瓷青纸是用毛笔蘸真金书写经文的。普通的瓷青纸还有一个用途，那就是制作传统的线装书的封面、封底。用瓷青纸作线装书的封面、封底是我国传统而普遍的装帧手法，在我国古代使用比较广泛。当然，若用来制作书籍的封面、封底，对染色的浓艳度的要求并不是那么高，但是也要染十多次才可以。而现代在仿制宋版线装书的封面、封底时更加简单，有的直接用印刷机印刷出深蓝色，也有的用化学染料来拖染成深蓝色的色纸，这种方法简单快捷，而且效果也比较好。将深蓝色的染料用热水溶解并加温到80℃后，再倒在拖纸盆中就可以拖染纸了。化学染料上色快，拖染效果立竿见影，只要拖染四至六遍，纸张就能达到深蓝发紫的效果，再用固色剂拖染，加固后的颜色变得十分牢固，不易掉色。因此，不少人为了节省费用和时间，采用这种方法来制作瓷青纸，作为线装书籍的封面、封底，也有人把这种用化学染料染的纸作写经纸使用。

第十六章

羊脑笺

第一节　羊脑笺简介

羊脑笺，为明代名纸，是瓷青纸的派生纸，是以瓷青纸为基础，用羊脑与顶烟制成。在古代的羊脑笺中，宣德羊脑笺十分名贵，它是在瓷青纸的基础上进一步加工制成的，有苦味，能防虫蛀，表面呈黑色缎纹，条理清晰，直至清代仍在盛行。清代沈初《西清笔记》中载："羊脑笺以宣德磁青纸为之，以羊脑和顶烟墨窨藏，久之取以涂纸，研光成笺。黑如漆，明如镜。始自明宣德间，制以写金，历久不坏，虫不能蚀。今内城惟一家犹传其法，他工匠不能做也。"从这段文字记载可知羊脑笺的由来及加工的方法。关于羊脑笺，民间极少提到，也没有相关的文字记载。

羊脑笺并不一定都在瓷青纸上制作的。在西藏从事手工纸研究的人员通过对西藏地区羊脑笺实物进行研究，以及手工艺人的介绍发现，西藏地区的写经纸是直接把制作好的羊脑液与墨液调制好后涂刷于纸上，用于抄写经文，而且纸背并没有瓷青纸的颜色。

宫廷用纸非常讲究，不惜用制作好的瓷青纸作为背纸来制作羊脑笺，以展示宫廷用纸的奢华。类似于御用粉蜡描金纸，纸的表面用黄金白银绘制了精美的图案，后背则用真金箔来洒金。而西藏地区则直接把羊脑液与墨液涂刷在纸上来抄写经文。羊脑笺的制作工艺，已失传了上百年，也没有太多可靠的文字记载，要认真研究、理解历史资料，再结合实际做加工纸的经验才可以着手羊脑笺的制作。下面，笔者从四个方面介绍羊脑笺的制作。

第二节　制作羊脑笺的材料

一、材料纸

制作瓷青纸与羊脑笺的材料纸，笔者认为是有区别的。有资料显示，明代宣德年间所制的羊脑笺纸质坚硬如板，可以推断制作羊脑笺的材料纸要比瓷青纸更加厚实。笔者认为，羊脑笺是用两种不同的染色纸黏合而成的，并不是一张纸。瓷青纸与羊脑笺的材料纸都是皮纸，但到底是青檀皮纸、楮皮纸还是桑皮纸，或是混合皮料纸，要根据不同时期（明代或清代）、不同地点所加工纸的具体情况而定。笔者认为，瓷青纸要经过反复染色，因此需要用结实的皮料纸制作加工，而羊脑笺则需要用平滑、光泽度好的纸张制作。瓷青纸与羊脑笺有三点不同：第一，色泽不同，瓷青纸是深蓝色，而羊脑笺则是黑色；第二，厚薄不同，瓷青纸较厚，而羊脑笺是经涂刷、研光后的薄纸；第三，强度不同，瓷青纸较羊脑笺强度大。

以上探讨了宣德年间宫廷所用羊脑笺的制作材料纸，笔者在接触历代的宫廷用纸后发现，古代宫廷用纸一般都非常厚实，各种名贵的加工纸张都可以分层揭开。从工艺角度来讲，制作羊脑笺的材料纸并不需要太厚，而是需要纸质细腻、表面光滑。羊脑笺的纸面特点是研成缎纹成笺，黑如漆，明如镜。

如果直接在瓷青纸上制作羊脑笺，笔者认为也不现实。制作瓷青纸对纸质纤维和韧性、强度有一定要求，古人一直选用含有皮量较高的皮纸来制作。皮纸的纸质纤维比较强劲，但也比较粗糙，表面往往会有较粗糙的纤维凸出纸面。虽然皮纸在经过精细加工后是可以使纸面平整光滑的，但与含檀皮纤维的宣纸相比，其表面的平整度还是有一定差距的。瓷青纸在经过多次染制后，纸的纤维受到很大的损伤（无论用什么工艺、什么方法染瓷青纸，在长时间浸泡后，纸质纤维都会受到很大的破坏），强度大不如前。因此，笔者认为把调制好的羊脑液直接涂刷在瓷青纸上是不可靠的，还需要裱糊另一种熟纸，这种纸必须纸质细腻，纤维强劲，纸面平整，这样才能在后期研光时，不会有粗纤维凸出纸面，纸面平整而又光滑。如果不加工成熟纸，直接涂刷羊脑液，液体会渗透到纸的下面，影响羊脑液在纸面的聚集，纸的光泽也会大打折扣，很难呈现出黑色缎纹的效果。所以笔者认为一定要在瓷青纸的上面裱糊一层净皮熟宣，以满足羊脑笺的制作工艺要求。

二、顶烟

沈初在其文章中提到，以羊脑和顶烟墨窨藏，久之取之涂纸，研光及砑成缎纹而成笺。

在窨中烧烟，距火远而在窨顶积成的烟，称之为“顶烟”。顶烟通常很轻，并且质地细腻，是制墨的好材料。桐油、漆油、菜籽油和胡麻油等植物油燃烧产生的烟制成的墨称油烟墨，分五石漆烟、超贡烟、贡烟、顶烟或超顶漆烟等几种。

松烟指的是松树燃烧后产生的烟，制成的墨称为松烟墨。松树的木材中含有丰富的松油，其油性十足，有些像被浸泡过一样。这种富含油性的松树多生长在海拔 600 米以上的微酸性土壤中，比如黄山松生长在海拔 750 ~ 1800 米、华山松生长在海拔 1000 ~ 3000 米、大别山松生长在海拔 700 ~ 1350 米。制作松烟墨需要先让松树的胶香（松香）流出，否则墨可能会有不稳定的情况。使用松烟制作的墨有许多品种，如大卷松烟、黄山松烟。用松烟制作的观赏墨也很多，其墨块顶部和边上都会印有“松烟”二字。

油烟、松烟经过筛选，加入胶水，再加丁香、麝香、冰片等材料搅拌均匀，通过杵捣、锤炼等，直至墨团质地均匀。随后，将墨团称重，填压入刻好的墨模中，压成墨锭。然后放置在灰中，五至六天后出灰，除去灰尘，再用黄蜡磨光，描以金色、漆色纹式等，这样便可完成墨块的制作。

顶烟、松烟是不一样的。松烟呈现浓黑色，入水即化，但缺乏光泽。尽管不像关于羊脑笺的记载中所说的纸面漆黑、宛如黑色绸缎，但也不排除在明清时期有特制的松烟中有顶烟。而顶烟多为油类材料燃烧后产生的烟，有一定油性的光泽。顶烟制作的墨在研磨后落纸如漆，色泽黑润，经久不退，纸笔不胶，香味浓郁。

根据以上两种材料在燃烧后所产生烟的特点，笔者认为以油性材料烧制的油烟更符合制作羊脑笺的特性，也是制作羊脑笺的重要材料。此外，现代松烟墨的制作所使用的材料并不纯正，因为海拔高而粗壮的松树，包括古松树，已在国家保护范围内，禁止乱砍滥伐。尽管一些工艺大师坚持采用古松树来烧制松烟墨，但可以使用的古松树数量极少，大多掺有现代工业用的炭黑，因此现代松烟墨的质量很难达到应有的水准。

三、羊脑

制作羊脑笺的羊脑是不是真的羊脑，存在一些争议，特别是在广泛使用写经纸的藏传佛教地区。这些地区的大多数人认为，制作羊脑笺使用的不是羊脑，而是用一种酷似羊脑的矿石磨成的粉末。因为信教的人不主张杀生，为了符合信仰，他们不能使用宰杀羊取脑的方式来制作羊脑笺用于书写经文。通过查阅相关资料，笔者发现，在我国青海西宁盆地有一种名为羊脑石的岩石，其形状、颜色及表面结构酷似羊脑。羊脑石表面呈白色、灰白色或浅红色，有深红色的纹理，风化后呈浅沟状。羊脑石所在盆地内还有芒硝和白垩。白垩又称白土粉，个别地方又叫观音土，其色白、质软，可做粉笔及粉刷的材料。在我国造纸史中，记载了一种起源于魏晋南北朝时期的技术，即可以用黏着剂（如动物胶、植物胶、淀粉糊）为中介，将所需要的矿物粉末（如石膏、铅粉、白垩等）均匀涂刷在纸面上。用这种技术涂刷的纸称粉笺，粉笺洁白、光滑、纸质细腻，便于书写。

在羊脑笺的制作工艺中，并没有提到粉子在其中的作用。填粉仅仅是为了填平纸质纤维的缝隙，使纸面更加平整，经过石头研光后，纸面更加光滑，便于书写。尽管填粉可以使纸张更加光亮，但是在羊脑笺的实物中，并没有发现粉子的存在。与粉蜡笺相比，羊脑笺纸面颜色似乎更薄，就像是单张染色纸托裱在厚纸上，而纸面黑色的光泽油润感非常强烈，似乎含有脂类的成分，使其产生一种油性的光泽，异常光亮，光靠填粉是无法制造出如此黑亮油润的纸张的。

羊脑含脂类物质，每 100 克羊脑含水分 76 克、蛋白质 11 克、脂肪 11. 4 克、灰分 1.6 克。将羊脑发酵后制成的羊脑液，质地稠厚，再加上油烟墨液，涂刷在纸上，再经过打蜡、研光，纸张黑亮、有光泽，是可以达到羊脑笺的光泽标准的。

做加工纸时，最忌讳的就是纸张沾染上脂类物质。因为在做加工纸的过程中，沾染上脂类物质会使纸张表面部分失去亲水性，影响墨水在该区域的书写效果，进而使加工纸无法使用。但笔者认为用发酵后的羊脑液与墨液、中药液混合后制作羊脑笺是可行的。之所以称羊脑笺，是因为羊脑液所起到的良好的增光功效，是其他物质不能替代的。羊脑液的加入，可使油烟的墨色更加漆黑，再经过研光处理，纸面会更加乌亮。

四、辅料

制作羊脑笺，还需加入青黛、五倍子、大青叶、花椒等辅料，可以防虫、防腐、保护纸张，使纸张能长时间保存。（图 16.1、16.2）

图 16.1　中草药配制

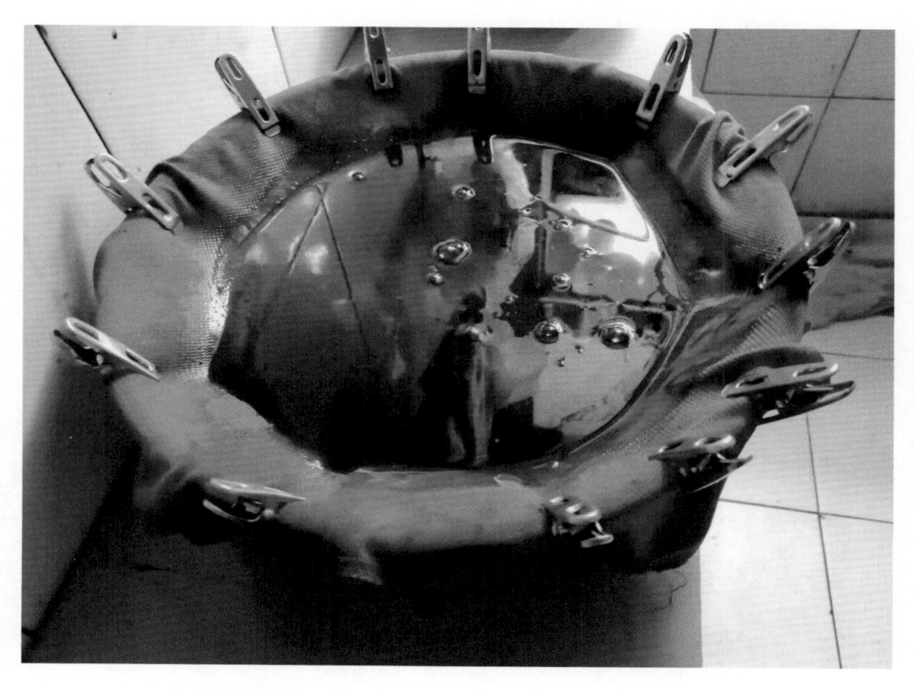

图 16.2　熬制后的中草药要过滤

第三节　仿制羊脑笺的过程

在综合考虑制作羊脑笺的多方面关键因素后，笔者便开始准备相关的材料进行仿制。在仿制前，要有充分的思想准备。与瓷青纸相比，羊脑笺的制作时间更长，至少需要数个月甚至更长的时间。由于羊脑笺的制作工艺早已失传，且没有相关的资料可供查询，遇到各种问题时都需要自己探索解决的方法。下面是笔者根据所掌握的资料及长期做加工纸的经验对羊脑笺进行仿制的过程，以供参考。

第一步：准备材料纸。

笔者选用的材料纸是前期用净皮重单宣、净皮夹宣和楮麻皮纸染制的三种瓷青纸。另外，还要准备优质净皮单宣，加工成熟宣后备用。

第二步：准备油烟墨。

因笔者无法找到沈初文章中提到的窑藏顶烟，只能用 40 多年前的一锭老墨来替代。此墨为油烟墨，墨色油亮，墨锭磨口的光泽比其他的

图 16.3　砸开后的老墨（质地坚硬如玻璃）

墨更加乌黑发亮。将墨敲碎后再用水浸泡，而后放入打浆机内搅拌为墨液，再将墨液倒入瓶内备用。（图 16.3）

第三步：制作羊脑液。

笔者从市场上买回一定数量的新鲜羊脑后，立即用清水浸泡，并清洗羊脑中的血水，直到清洗干净。清洗好后，用竹筐沥干水，而后用蒸锅隔水蒸 25 分钟左右后关火，再闷 15 分钟左右后打开蒸锅，将羊脑放入盆内，稍稍冷却一下，然后开始提取羊脑的经络及脂肪（图 16.4）。提取必须趁热进行。每提取好一个羊脑后便放入另一个盆内，直到所有羊脑提取完成。然后用筷子将羊脑搅成糊状。接下来，把羊脑糊装入厚的玻璃瓶中（透过玻璃瓶可以观察羊脑发酵时的变化），封好盖子，并在瓶上标上封口日期后准备发酵。

羊脑的发酵要借助何种微生物，是在有氧还是在无氧条件下进行，这些相关的技术问题资料中并无记载。从历史资料中记载的窖藏来看，笔者认为是封口后在地窖中发酵的，而非敞口发酵，可以推测应该是一种无氧发酵。至于发酵的具体要求，如温度、湿度等也没有可靠的资料。据笔者所知，通常发酵需要持续 1 到 3 个月的时间，即 30 天至 90 天左右。因此，笔者查询了相关的发酵资料作为参考，并了解到在发酵过程中，最适宜的温度为 25℃至 30℃左右。需要注意的是，最高温度不能超过 34℃，否则会导致发酵物质变质。因此，笔者按照这些要求进行了羊脑的发酵。

封瓶发酵一周后，瓶口周围有一些苍蝇飞来飞去，再闻瓶口确有臭味，而瓶内的羊脑糊已在逐步溶化。十多天后，随着天气更加炎热（达到 32℃），瓶内羊脑糊的底层出现了气泡，羊脑糊开始膨胀，很明显瓶内的羊脑糊开始发酵了（图 16.5）。为了消除气泡和异味，我把装有羊脑糊的瓶子拿到了一个开阔的地方进行搅拌。当我打开瓶子时，一股难闻的气体瞬间喷了出来。我使用竹针搅拌发酵的羊脑，并持续了一个小时，直到完全没有气泡和异味，再重新拧紧盖子继续发酵。四五天后，羊脑糊又出现了气泡和异味，再打开瓶子搅拌，并让异味散发后继续发

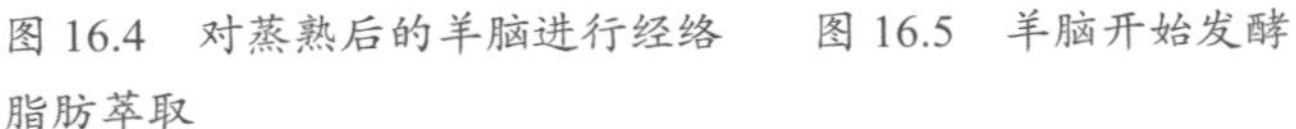

图 16.4　对蒸熟后的羊脑进行经络脂肪萃取

图 16.5　羊脑开始发酵

酵。如此反复，经过 20 天后，发现羊脑糊已逐步变成灰白色液态状（图 16.6），且变得均匀。在接下来的 30 天内，瓶内的气泡逐步减少，几乎没有气泡了。40 天后，羊脑液逐步从黏稠状变成液态状，并逐步变稀，但气味依然非常难闻。

为了解决羊脑发酵后散发难闻气味的问题，笔者查阅了不少相关的资料，并尝试在网上寻找解决方法。然而针对该问题的一些解决方法，笔者认为都不是很妥当，因此不敢轻易尝试。从实际情况来看，短时间内很难解决这个问题。为了消除异味，笔者找了一个空旷且比较隐蔽阴凉的地方打开瓶盖，让羊脑敞开发酵。一个月后再去观察，异味还是很

图 16.6　发酵后的羊脑呈糊状

大，但羊脑没有因天气干燥而变硬。又过了两个月，羊脑液从灰色逐渐变深，呈灰褐色，气味还是很难闻，但羊脑液依然呈柔软状态。既然不会变硬，笔者决定再敞开发酵一段时间。过了一段时间后发现，气温越高羊脑液的异味越大，气温越低异味则越小。就这样，羊脑从封闭发酵到敞开发酵，整整持续了一年。之后，再闻羊脑液仍有异味，只不过没有那么难闻了。相关人员闻后认为，这种异味属于正常现象。夏天刚过，笔者在一个干燥的天气里开始制作羊脑笺。

首先，在制作好的瓷青纸上托裱一层熟宣纸，上墙挣平后揭下，将熟宣纸用研石磨平。接着，将发酵后的羊脑液进行稀释，并将浸泡的墨

图 16.7　涂刷后的羊脑笺色泽黑亮

液和中草药液按比例进行调和、过滤，调成适当的浓度。开始在熟宣纸的一面进行涂刷。在涂刷时发现，调制的黑色溶液能够很好地覆盖在纸张表面。涂刷两遍后，停下并关闭门窗，以免进入灰尘。然后，将涂刷后的纸平放在台面上，等待自然阴干。等待一天，纸张干燥后，纸面呈黑灰色，当用丝绸擦拭时，很快便出现黑色的亮光，但是黑色的饱和度不够高。于是，又连续刷了两次，待纸张干燥后，黑色的饱和度有所提升，亮度也增加了。就这样，笔者又连刷了两天，总计重复刷了 4 天 8 次。再用丝绸擦拭纸面，纸面终于发出了喜人的光泽。（图 16.7）

经过砑光后的羊脑笺，纸质平滑、色泽匀润、黑色饱满、富有光泽，

图 16.8　王菊华老师说：您做的羊脑笺与古书记载是一样的（陈彪摄）

犹如黑色绸缎，如明镜一样光亮。在制作完成后，笔者用毛笔蘸金水试写，结果发现纸张的亲水性非常好，十分利笔，金色的字迹格外醒目，显得异常华贵。制作好羊脑笺后，笔者向中国科学技术大学手工纸研究所所长汤书昆教授请教，又寄了一张羊脑笺到西藏，请相关手工纸专家与西藏写经用的羊脑笺进行比对，之后又到北京请原轻工业部手工纸研究院的王菊华老师作进一步的鉴定，均得到一致的认可。王菊华老师说："您做的羊脑笺与古书中记载是一样的，纸质坚韧，纸面平滑，色泽饱满，做得非常好。"笔者请她闻闻有没有异味，她闻了闻后说："没有啊，还挺香的。"（图 16.8）

第十七章

绢笺及清代经典的宫廷御用纸绢

第一节　绢笺简介

绢是一种丝织物，在我国古代，丝织物被总称为缣帛。我国的丝织业已有几千年历史了，在新石器时代晚期的浙江湖州钱山漾遗址中，除发现芒布外，还出土了一段丝带和一小块绢片。在此之后，我国劳动人民在长期的生产实践中，又创造了多种织法和品类繁多的织物，以供社会各个领域所需。在古代，缣帛主要用于制作衣服。在植物纤维纸发明之前，人们也把缣帛作为书写、绘画的材料来使用，称之为“纸”，正如《后汉书·蔡伦传》中所说的“其用缣帛者谓之为纸”。在古代，帝王们用缣帛来记录事务，发布文告和命令。此外，人们还用缣帛绘制地图，如在战国楚墓中发现三幅用缣帛绘制的地图，分别是地形图、驻军图和城邑图。在缣帛上书写的文字称为帛书，进行的绘画则称作帛画。许多古墓的出土文物，都可以发现我国古代用缣帛书写、绘画的实物。而目前我国已发现的最早的帛画大概在周朝晚期，战国楚墓帛画和稍晚的马王堆墓帛画，都是画在较为细密的单丝绢上。

我国古代利用绢帛材料来作书绘画，历史最为悠久，使用的时间也

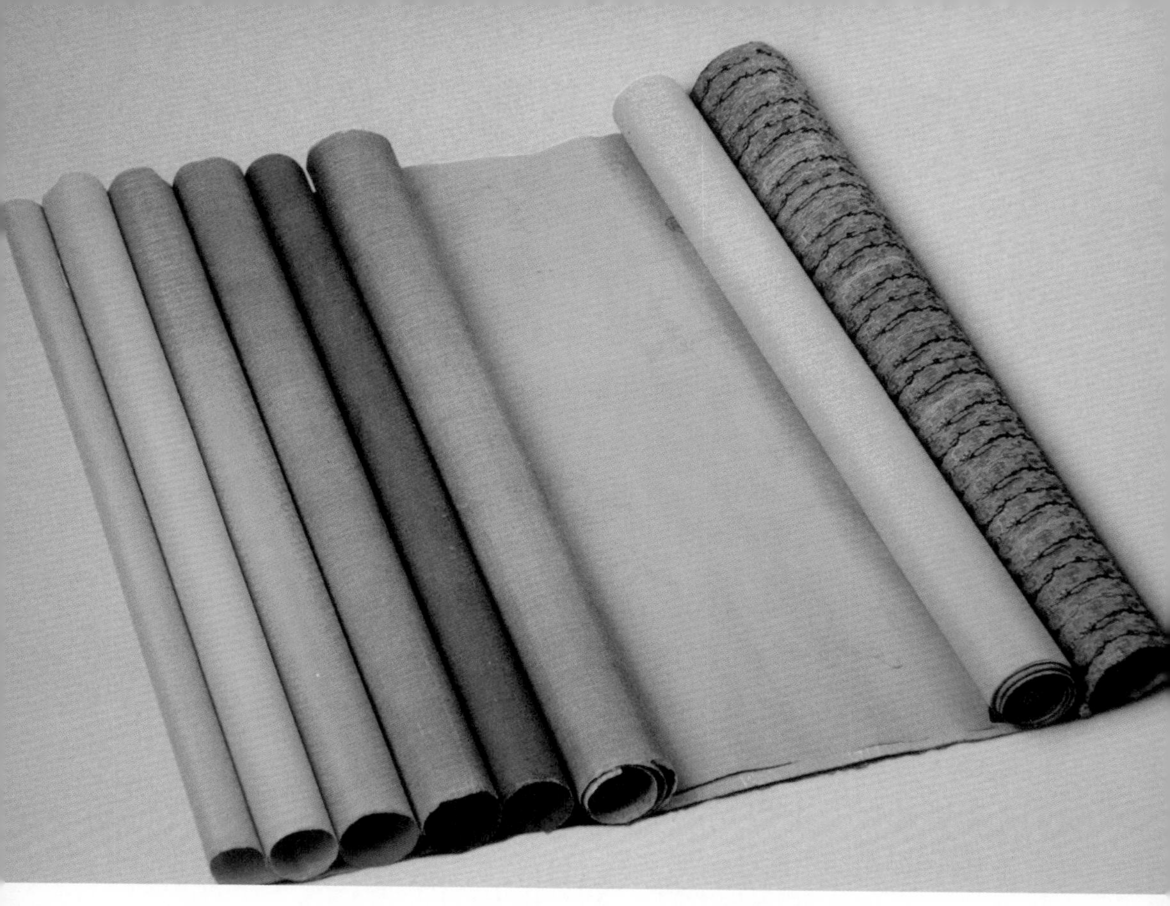

图 17.1　清代五色绢笺（清宫旧藏）

最长。直到如今，缣帛仍然是书法、绘画的重要材料。通过把柔软的丝绢用宣纸托裱，可以使之更加平整、挺直，方便书画家使用，这样处理过的丝绢称为绢笺，又称纸绢。（图 17.1）

笔者长期制作各种加工纸，客户对绢笺也有一定的需求，不同书法、绘画爱好者对品种和花色都有不同的需要。笔者制作的绢笺品种丰富，有五色绢笺、洒金绢笺、砑花绢笺、水印绢笺、手绘绢笺、五色绢粉笺等。这些花色丰富的绢笺，备受海内外用户的青睐，同时也带来了一定的经济效益。

第二节　绢的品种

绢的品种有很多，有粗细、疏密、平薄、透亮、生熟之分。单丝单纬的叫“单丝绢”，双丝双纬的叫“双丝绢”，质地稀疏的叫“网网绢”，单纬单经叫“扁丝绢”。此外，绢还有生熟之分，其中生绢称为耿绢，熟绢称为矾绢。耿绢亦称画绢，是由圆丝织成的质地透明的生丝绢，密厚似葛布，系专经捶平者。原产于浙江、江苏，因表面平整而挺括被称为耿绢。生绢经过加工，涂上胶矾水，即成熟绢，或称矾绢。熟绢可用于书写及工笔绘画，但容易脆化折断，因此在加工绢笺时通常不使用矾绢。

加工绢笺所用的原材料通常为单丝织成的较薄的单丝绢。单丝绢细腻柔软，非常适合染色、托裱、砑花等加工。绢的宽幅大多在 83.5 厘米左右，但也有更大宽幅尺寸。如果需要特殊的宽幅尺寸且需求量大，可以与厂家联系制作。

第三节　对绢的染色

对绢进行染色，使其变成不同颜色的绢笺，称五色绢笺（图 17.2）。五色绢笺的色彩丰富，可以满足书画家对不同颜色绢笺的喜爱和需求。五色绢笺的制作方法包括托绢染色法、色纸托绢法、色绢托裱法三种，下面分别进行介绍。

一、托绢染色法

托绢染色法是一种先将绢用宣纸托裱起来，再进行染色的方法。这种染色方法常用于染装裱书画的绫、绢，相比色纸托绢法、色绢托裱法要更为复杂。装裱书画用的绫、绢都是丝织物，其中绢是平纹组织，轻薄柔软，而绫织有纹饰，同样也是轻薄柔软。这两种丝织物染色和托裱的方法都是一致的，没有什么区别。

下面以四尺宣纸为例，详细介绍这种染绢的方法。该方法大致分为四个步骤：首先，对绢进行托裱；其次，自然晾干；再次，在工作台上染色；最后，上墙挣平晾干。

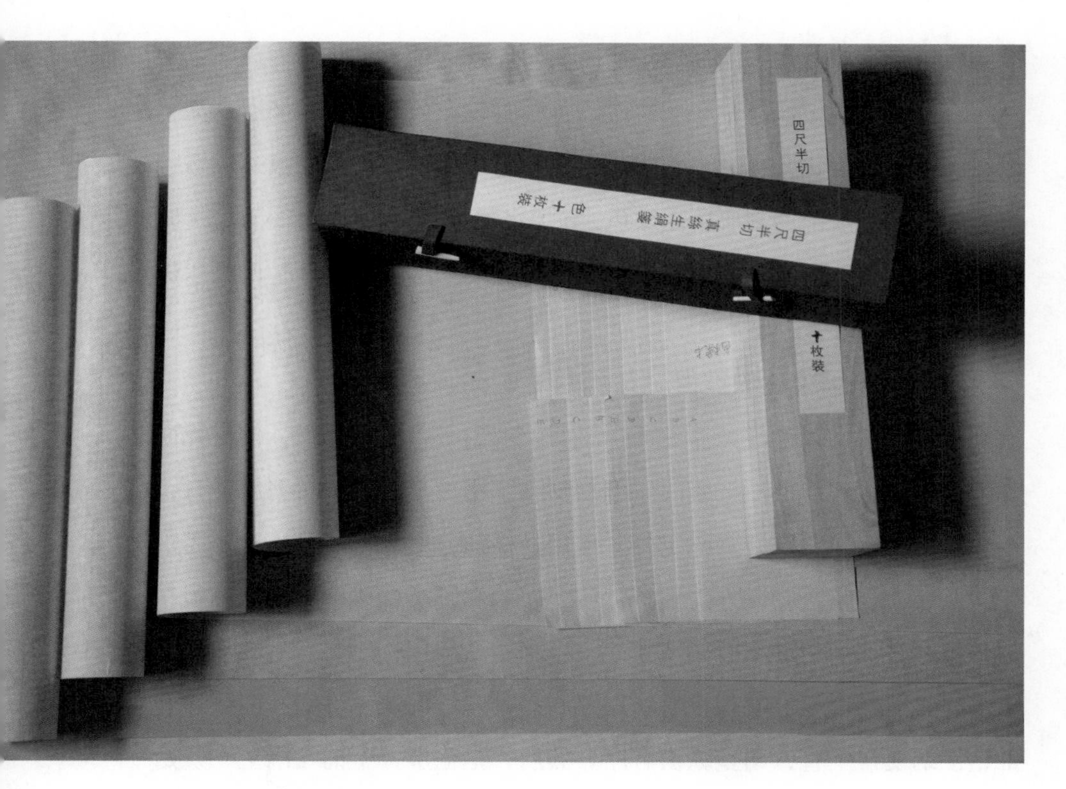

图 17.2　五色绢笺

（一）材料

托绢染色法染色需要的材料有绢、宣纸（四尺单宣）、明胶、国画颜料、糨糊等。

（二）工具

托绢染色需要的工具有盆 3 个（一个盛清水，一个盛稀释后的糨糊，一个盛色水）、羊毛排笔、棕刷、毛巾、挑纸杆、油纸等。

（三）准备工作

托绢染色前，要做好准备工作。首先，把绢按照宣纸的尺寸剪成略大于宣纸尺寸的段。例如，四尺宣纸的尺寸是 70 厘米 ×138 厘米，应把绢剪成 73 厘米 ×140 厘米的尺寸。其次，用水将糨糊稀释成浓浆，并过滤去除糨糊中的颗粒。绢比较柔软，宣纸吸水性较强，如果糨糊中有颗粒，在干燥后会收缩形成小的凸点，导致绢纸不平整。因此托绢染色时应保证糨糊中没有颗粒。再次，将明胶颗粒放在碗中，加温水泡一段时间使明胶溶化，再放入蒸锅蒸十多分钟，使明胶变成胶液。最后，将国画颜料在盆中调制成所需颜色，并加水稀释成色水后，加入胶液（胶液具有固色的作用），搅均匀后备用。做好以上准备工作后，便可以进行托绢染色了。

（四）托绢染色的过程

把工作台面擦干净，等台面干燥后，取出一段剪好的绢，使其光面朝下，平铺在台面上。把绢的一端拉直后，用一半湿的干净毛巾拍打，使绢吸附在工作台上，并固定好。再用同样的方法固定好另一端。固定好两端后，在一端向反方向拍打，使绢布基本绷平，再进一步调整绢布的平整程度，以使绢的经纬线角度成 90° 。接下来，用羊毛排笔蘸上清水，抖落在绢上，使整块绢变得湿润。接着，用双手将绢布两侧往外推，使绢变得平直，绢丝纵横有序。然后，把毛巾拧干铺在绢上，开始吸收绢里的水，直至吸干，表面呈现白色即可。接下来就是对绢刷糨糊。在刷浆时，应遵循薄而均匀的原则，用羊毛排笔先竖刷一遍，再横刷一遍，使绢表面的糨糊更加均匀。绢上浆的均匀程度，直接影响后续染色的效果。刷浆完成后，要检查绢上是否有羊毛排笔掉落的毛。检查时，要从逆光处看，如果有掉落的羊毛，应立即清除干净，否则覆上纸时才发现，就不容易清除了。完成检查后，就可以裱刷纸张了。取一张宣纸，将其与下面的绢布对准，应留出绢布的四周边沿，以便上墙挣平。对准后，用棕刷把宣纸裱刷在绢上。完成后，用圆形挑纸杆放在绢纸中间平着掀起，放在晾纸架上晾干。按照以上方法，将所需的数量进行相应操作，对纸与绢进行裱装并待其干燥后就可以染色。

染色前，可根据需要染的颜色调配好足够的色水，并加入适量的胶液作为固色剂。染的颜色可深可浅，大小也不受限。接着，将托裱干燥后的绢笺平放在台案上，使绢面朝下、宣纸面朝上。用羊毛排笔蘸上色水后，先在工作台上空余处进行调整，使笔锋含的色水少而均匀，而后就可以染色了。染色时要用羊毛排笔的笔锋刷色水，笔锋上的色水不能多，且羊毛排笔应一直处于半干状态。刷染时，先在宣纸面竖刷一遍。如果发现有露白的地方再及时补刷，但是不能再蘸色水，尽量用羊毛排笔剩余的色水补刷，待羊毛排笔几乎刷不出色水时才可以重新蘸色水。刷完一遍后，再补刷一遍，接着再横刷两遍。经过多次刷色，宣纸面的颜色基本均匀了。染宣纸时要注意两点，一是色水要少，使整张纸处于半湿状态，二是托裱的纸张拉力一定要强，如果托裱的是书画纸就不能采取这种染色方式。刷染完宣纸后，将绢笺翻过来，使绢面朝上，纸面朝下。此时，可用较干的羊毛排笔将绢笺在台面上刷平，而后用羊毛排笔蘸上极少量的色水，开始对绢的表面进行染色。此时，宣纸上的色水已渗透到绢面了，因此在刷染绢面时，还是先竖刷后横刷。需要注意的是，竖刷时应从绢笺含水量较少的地方开始，刷色水时要快一些，刷的次数可根据颜色均匀情况决定。刷染完绢面后，应及时用挑纸杆放在中间掀起绢笺，平着拿起挑纸杆后把绢笺晾在晾纸架上等待干燥。不管染何种颜色的绢笺，均按照以上方法操作即可。

上墙挣平有两种方法：一种是在天气晴朗、宣纸强度良好的情况下，在绢笺半干时即可直接在上面拍浆，上墙挣平。另一种是天气不佳且纸的湿度过大时，需要等纸全部晾干后用喷壶将绢笺喷湿，再拍浆上墙挣平。

托染绢笺最好在晴天进行，这样染出的绢笺颜色鲜艳且光泽好。拍边时，可用托绢的浓浆。经过裱糊的绢笺的拉力强，不容易断裂，也不必担心撕不下来。稠浆可使绢笺更牢固地粘在墙上，有利于进一步在墙上挣紧绷平。

二、色纸托裱法

色纸托裱法是指用有色纸张来对绢进行托裱的方法。这种方法操作简单，只需把有色宣纸与绢用糨糊裱合即可。笔者一般选用单丝绢作为托裱材料，因其比较薄且呈半透明状态，搭配有色纸张托裱后，会呈现淡淡的颜色，令人赏心悦目。用这种方法做成的各种颜色的绢笺备受青睐。

这种加工绢笺方法相对简单，但是在选用色纸时也需注意，优先选择经过浆染的色纸，其颜色牢固度高且均匀，品质更为稳定。相比之下，刷染及拖染的色纸如果没有加胶固色，一般不太稳定，特别是用染色较深的纸托裱绢时，可能会出现花色现象。因此，在托裱这类色纸时，最好先试用，做到心里有数。

利用浆染的色纸来托裱绢，还有一种更为简便的方法。具体而言，先把绢平放在台案上，由站在台案两端的两个人直接把绢的两头拉直并横向挣平，随后用半干的毛巾拍打，将绢固定。再反向拍打绢，使其进一步绷平。接着，用羊毛排笔蘸糨糊后直接在绢上下排刷。刷好绢后，再用羊毛排笔拍打绢，整理其经纬。经过拍打，绢的经纬变得平整，此时直接用色纸裱合即可。裱合好后，在绢的边沿拍上糨糊上墙即可。需要注意的是，一定要过滤糨糊，不能含有颗粒。为使绢笺更利于书写、绘画，可以在糨糊里加入活性剂，还能避免反浆现象。这种类型的绢笺被称为生绢笺，在海外市场受到广泛的欢迎。

三、色绢托裱法

色绢托裱法更为简单，即将绢委托丝绸印染厂进行染色，待染色完成后再进行托裱。用染好色的绢来进行加工，要方便很多。由丝绸染料染好的绢颜色十分稳定，只需用白色宣纸来裱糊即可。这种方法虽然简单，但如果需要染色的绢数量较小，且需要染的颜色又多，一般丝绸印染厂不会接受这样的加工请求。

第四节　绢笺的加工品种

绢笺的加工方式是多种多样的，品种也较多，有木刻水印绢笺、五色洒金绢笺、砑花绢笺、手工彩绘绢笺等。针对这些品种的加工方法，笔者将分别进行介绍。

一、木刻水印绢笺

木刻水印绢笺是利用托裱的方式来加工绢笺，是把印好的木刻水印图案托裱在绢中，使图案隐隐约约地呈现在丝绢里。笔者制作的木刻水印绢笺品种有很多，一般小的图案以木刻水印信笺为主，也有为客户专门制作的较大的木刻水印绢笺品种。在日本，常用的纸笺尺寸比中国常用的要大，多为 24.5 厘米 ×33.5 厘米，被称为半纸，因此上面的木刻

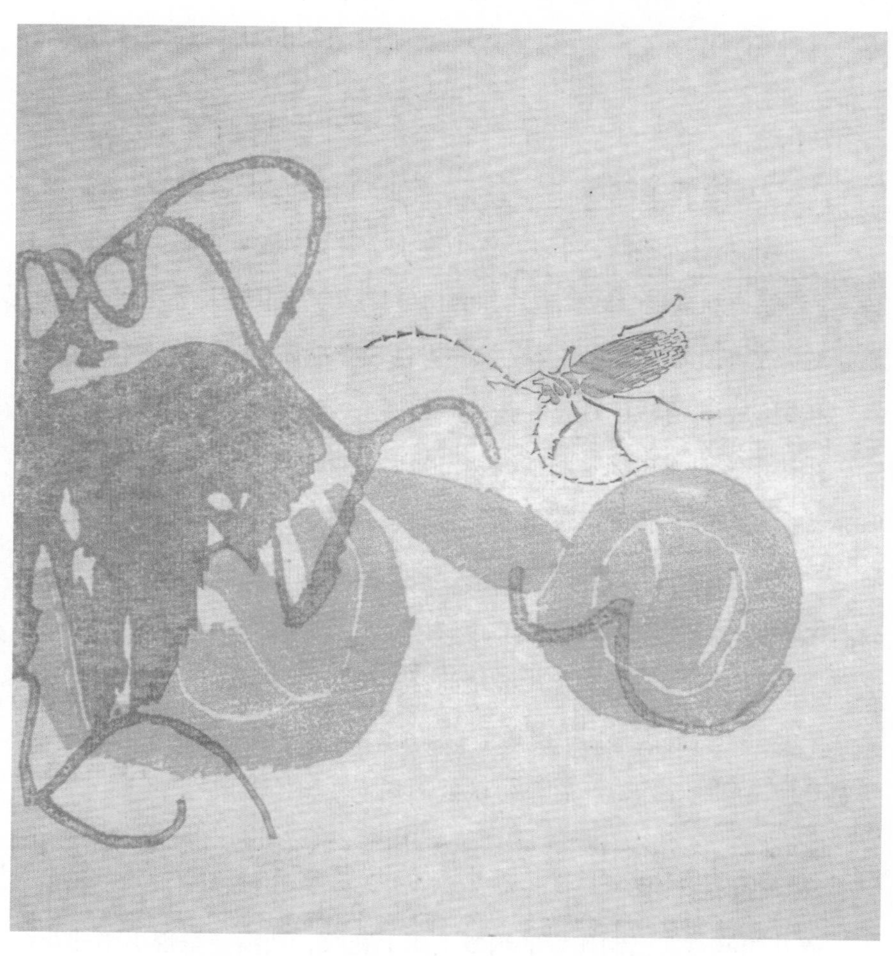

图 17.3　笔者制作的木刻水印绢笺（齐白石《葫芦图》）

水印图案也更大。针对这种大的木刻水印绢笺，笔者多选用中国名家的画作为题材进行刻版水印（图 17.3），当然也有传统的《十竹斋书画谱》中的图案。这些大的图案除了适用于日本的半纸，同样也适用于印在四尺半切纸（35 厘米 ×138 厘米）的下角处，这种形式的印法称为角花。所谓角花，是指把图案印在书写的落款处。这种印制方法既不影响书写的整体效果，也能恰到好处地表现木刻水印的效果。这种印制形式在文人用笺及书画界也很受欢迎，因此，笔者制作了很多以四尺半切纸为材料纸的印有角花的加工纸以满足市场的需求。这种印有角花的加工纸同样也可以托裱在绢上，其效果极佳。除了这种形式的木刻水印绢笺外，还有一种形式的水印绢笺，即在加工好的五色绢笺上再加印木刻水印图案。这种先制作绢笺再印图案的方法，不仅图案更为清晰，而且对绢的装饰感更强。

二、五色洒金绢笺

在制作五色绢笺时，可以在绢上洒上金片，制成五色洒金绢笺。（图 17.4）当然，洒金也分洒真金片和洒仿金片，金片也分大金片和小金片。洒金的方法也比较简单，具体的操作方法已在前面讲过，此处不再赘述。

托绢的洒金方法，不是在托绢后再洒金，而是在托绢的过程中就洒金。托裱绢笺时，糨糊是刷在绢上，而后再覆刷纸张的，因此在刷糨糊时，浆会从绢的网孔处渗透出来，表面会有残留的糨糊。在裱刷完宣纸后，可将绢笺翻过来，让绢面朝上，再用较干的羊毛排笔将半湿的绢笺在台案上刷平。通过羊毛排笔的排刷，既可将绢笺刷平，又可将绢笺表面残留的糨糊刷匀。此时拿出洒金筒，边走边摇晃洒金筒，将金片直接洒在绢笺上。完成洒金后，覆盖上干报纸，并用棕刷在报纸上通刷一遍，将金片压平粘牢。最后，在绢笺的四周拍上浓浆，上墙挣平即可。

三、砑花绢笺

砑花绢笺是在已制作好的绢笺上砑上花纹，使绢笺呈现出暗的花纹

图 17.4　五色洒金绢笺清代（清宫旧藏）

图案，其效果也十分出色。虽然在绢笺上砑花与在纸上砑花方法相同，但在绢笺上砑花要比在普通的宣纸上砑花更为困难。因为绢组织紧密，有亮光，很难磨砑产生暗花纹，要想砑出清晰的图案就必须用力。而普通的宣纸纤维比较松，磨砑时凸起的图案部分易被压紧，再加上事先经过打蜡处理，磨砑的图案就更加光亮清晰。虽然在绢上砑花没有这样的凸起效果，但仍能明显看出砑的花纹。

图 17.5　笔者仿制的彩绘绢粉笺

四、手工彩绘绢笺

手工彩绘绢笺是托染绢笺后的一种加工方式，是在绢笺上进行手工绘画，以增强其装饰效果。我国自古以来一直采用这种手工彩绘的方法来装饰绢笺。例如，在绢笺上彩绘传统的云纹和蝙蝠图案，寓意祥瑞增福，还有一些绘制如意云纹及各种花卉等图案。（图 17.5）笔者除了仿制这些图案，还采用角花的形式绘制各种花卉图案来装饰绢笺，在海外市场非常受欢迎。

第五节　古代用绢及宫用库绢

前面提到了如今用单丝绢制作绢笺的各种加工方法。在我国古代，缣帛作为书写、绘画的载体被广泛使用，但品种和等级不尽相同，一般的书画家只能使用薄的单丝绢制作的绢笺，而宫廷内用的绢则十分讲究。在宋代，除了单丝绢外，还出现了双丝绢，以院绢最为出名。明代唐寅在其《六如居士画谱》中引王思善语云："宋有院绢，匀净厚密。亦有独梭绢，有等极细密如纸者。但是稀薄者，非院绢也。"也就是说，在我国古代，绢的品种有厚薄之分，厚绢为双丝绢，其经线为双丝 48 根，纬线为单丝。织绢的经纬线数量越多，绢的密度就越大，就越牢固，成本也就越高，厚绢多为宫廷所用贡品。这些绢非常细密、品质较高，不易被灰尘玷污，加之保护得当，故赵佶的《听琴图》虽历经 900 余年，但至今仍然洁白如新。

在清代有一种名为"描金库绢"的绢粉笺，它是在织造极细密的绢上，先用胶矾、白粉等材料制作的染料染色后，再描饰赤金图案的花纹，以内务府制作的最为精美。库绢为乾隆时期的宫廷制品，是宫绢的代表作，极为珍贵[1]。当然，库绢中的绢粉笺的加工方式并不一定都是描金

[1]　张淑芬主编 . 故宫博物院藏文物珍品大系 · 文房四宝 · 纸砚 [M]. 上海 : 上海科学技术出版社，香港 : 商务印书馆 (香港), 2005: 227.

的，也有彩绘的。笔者在1981年曾见到一种有彩绘的库绢粉笺。当时，一位来自日本的客户从一个外地的文物商店购买了三张小四尺的库绢粉笺，并带到合肥让笔者鉴赏，并询问能否复制这样的产品。当笔者看到库绢粉笺时，第一印象是整个库绢粉笺非常厚实，几乎无法辨别出它是丝织品，更像是细麻织品。这些库绢粉笺上涂有淡淡的彩色粉底，并绘有粉彩图案，背后是由白纸托裱的，显得十分华贵。其中，一张为云纹内有吉祥图案，另一张为云纹兰草图案，还有一张为花卉蝴蝶图案，十分精美。三张库绢粉笺非常牢固，也十分挺直。经客户同意后，笔者在纸的拐角处用水试了下，结果粉底不掉色，颜色牢固。笔者告诉客户，暂无法复制这样的产品。实际上，这种宫用的绢织品都是古代极其珍贵的库绢，笔者甚至无法见到这种宝贵的库绢。笔者十分清楚，现在的丝绢织品都非常单薄，只有耿绢稍厚一些，但其密度远达不到这种品质。如果没有这种材料，怎么可能制作出这样的库绢粉笺？同年，由中国历史博物馆和安徽省博物馆联合举办的“安徽文房四宝展”在合肥展出时，笔者有幸被调派去工作两个半月，目睹了我国历代的文房四宝精品，其中大部分展品是全国各大博物馆的藏品。当时虽接触到大量的加工纸精品和宫廷御用纸，均未再见到过日本客户提供的那种绢粉笺，且在随后的许多年中也未曾见过。

1989年，故宫博物院在日本举办的清朝宫廷文化展中，曾展出过有关这类库绢粉笺的资料，但品种不多。20世纪90年代初，笔者在日本举办展会时，在一家日本公司里看到了数量可观的库绢粉笺，令笔者感到惊讶（图17.6）。这些库绢粉笺多为两种尺寸。一种是80厘米×42厘米，均为大红色粉底，并绘制了好几种图案，如绘白色花卉，枝干为茶色，叶子为绿色。还有一种为小四尺的库绢粉笺，绘有缠枝莲纹和吉祥图案，以及云纹图案，十分精致。据日本客户所述，还有更大的尺寸，都是在80年代初从中国各地大的文物商店购得的。日本客户也知道这是十分珍贵的宫内库绢，故一直收藏保存，舍不得对外销售。目前，除了笔者当时所拍的照片作为资料保存外，这些库粉绢笺在各种

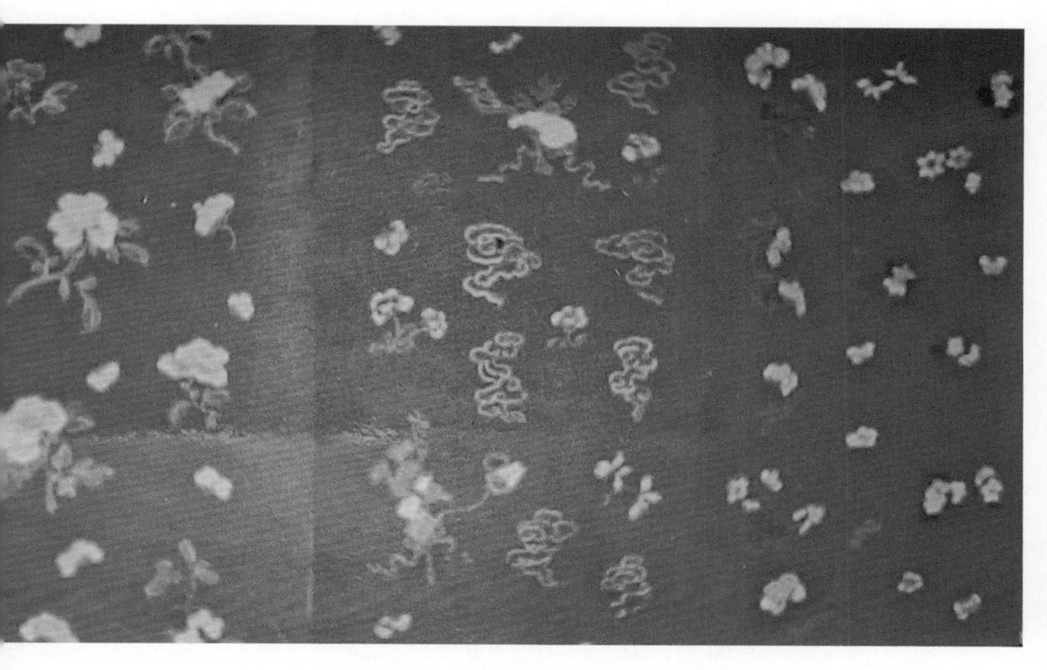

图 17.6　20 世纪 90 年代在日本公司看到的库绢粉笺

展览和历史资料中已经极为罕见，不得不说是一种遗憾。

清代乾隆时期，宫廷所用库绢粉笺不但绘有各种图案，还有洒金绢粉笺，专门用于装饰宫廷内室。不久前，笔者在故宫博物院乾隆花园养和精舍的内室顶棚发现了贴有洒金的库绢粉笺。这种库绢粉笺涂有淡蓝色的粉底，犹如蓝色的天空，据故宫工作人员解释，有天地合一的寓意。在淡蓝色的库绢粉笺上还洒有细小的金箔，使得整个室内顶棚呈现出金光闪烁的效果。

第六节　清代宫廷御用纸绢

在清代，宫内除了使用大量的纸张以外，还使用一种纸绢。是把绢用纸张托裱起来，然后再进行、染色或是洒金（银），再用各种矿物质颜料进行彩绘或描绘金银图案。这种加工后的纸绢比较挺直，如同厚纸一般，使用非常方便。加上纸绢上染有色彩或洒有金银箔，或手工描绘色彩或金银图案，显得异常华美，它是宫内常用的书写及装饰材料。

清代宫廷内每天要消耗大量纸张，皇帝理政时下达的诏书、敕命、谕旨及官员向皇帝奏事的奏书、表笺都需要用纸。同时，内廷所设机构如内阁、军机处、内务府等一切文书、档簿、记事录等也需用纸。此外，内廷出版印书机构武英殿修书处、御书处的用纸量更是巨大。

在皇家的日常生活中，纸张是必需品。清朝历代皇帝及其子嗣从小就受到了良好的教育，六岁起便到上书房学习满汉文化，初学时用川连纸习字作文。清代皇帝在处理政事之暇常以诗文记事或抒发情怀，乾隆帝作诗属文最勤勉，一生作诗达四万三千余首，辑成《御制诗集》五百余卷及《御制文集》近百卷。这些诗文所用的纸张量是很大的。皇亲国戚、朝廷重臣、御用文人的用纸量更是不可估量。

在清代宫廷用纸中，书写、绘画的用纸量也很大。清代皇帝多喜爱书画，他们不仅收藏历代书法名画，更亲自挥毫泼墨。宫廷召集全国的能工巧匠在造办处负责御用精品的制作，同时还招募了一些国内外著名的画家在如意馆任职，专门为皇帝绘制各种制造宫用、御用文房用具的图样。

清代宫廷内并不自产纸张，而由内务府所管辖各机构设立造办作坊，内廷仅设贡纸监督机构——官纸局。清代宫廷用纸靠全国各著名产纸地进贡，一般是由杭州织造、苏州织造、江宁织造等机构按内廷画样承办制作。自康、雍、乾时期至清代晚期，每年朝贡、岁贡、春贡、万寿贡等，各地均有纸绢进贡，数量可观。特别是乾隆时期，每年各地进贡的纸品数以万计。据清乾隆朝《宫中进单》记载，苏州织造在乾隆十七年（1752）、二十四年（1759）、三十三年（1768）、三十九年（1774）、四十年（1775）、四十一年（1776）所贡纸品中，仅蜡花笺一项各年进贡就达到1万张。对各地进贡的纸品也均有定数，如乾隆四十二年（1777）八月，漕运总督德保进贡“上用”纸绢，有“福字纸绢”“对联纸绢”“条山纸绢”“横批纸绢”各100幅，还有“本色宣纸”200张、“罗纹纸”200

张，仅一次进贡的纸绢就多达900张。乾隆五十四年（1789），福建巡抚徐嗣曾一次进贡“上用”仿藏经纸500张。

清代中后期仍沿袭旧制，仿古纸的制作虽逐年减少，但地方织造每年仍有一定数量的例贡。除年例贡纸外，清代内廷还有各种特殊需要的专用纸，如谕旨、敕书笺纸，均按内廷式样交由杭州织造、苏州织造、江宁织造、两淮盐政等承办制作。

清代内廷御用加工纸绢仍沿袭旧制，在继承明代制作技艺的基础上有了长足的进步和提高。特别是康、雍、乾时期，纸品种类丰富，制作精良，主要表现在制纸工序较明代更为繁细。如在宣纸上加入云母粉使其纸张更有光泽。纸的后期加工更是精美无比，推陈出新，出现了许多品质优良、工艺精湛、不同质地、不同颜色、不同图案、不同规格、用途各异的纸品，可谓五花八门，琳琅满目。

清吴振棫《养吉斋丛录》记载：“供御凡文房四事，由各处呈进备用颁赐各件。皆存懋勤殿库。”其中御用纸张，如“宫廷贴用金云龙朱红福字绢纸，云龙朱红大小对笺，皆遵内颁式样、尺度制办呈进”，记述了宫廷御用纸制作的情况。御笔书画用纸同样种类繁多，如粉蜡笺、洒金纸、罗纹纸、宣纸、藏经纸、侧理纸、仿明仁殿纸、仿梅花玉版笺、仿澄心堂纸等。内廷特殊用纸如有谕旨需用“十二龙黄笺纸”、敕书应用“独龙大香笺”、装饰贴落或糊墙用银花纸等。清代内廷用纸不仅数量大，而且纸品种类更加丰富，不同原料、不同装饰、不同规格的纸品，均有制作。这一时期纸品的再加工技术精湛，体现了清代造纸工艺的发展水平。

乾隆皇帝对御用纸张均有特殊要求。如仿澄心堂纸不局限于一种颜色和花纹，由最初的绿色、蓝色、粉红色三种，发展为五种颜色。其中有染黄、绿、白、粉红、淡月白五色，纸面装饰花纹各异，如画金龙纹、画金折枝碎花纹、金钱菊花、松竹梅、流云福花纹等，均按内廷画样制作，纸幅均有“乾隆年仿澄心堂纸”印记，其印戳有木刻或石刻之分，也是由内廷刻制并发样，交由地方按内廷样式加工制作，成为御笔题诗

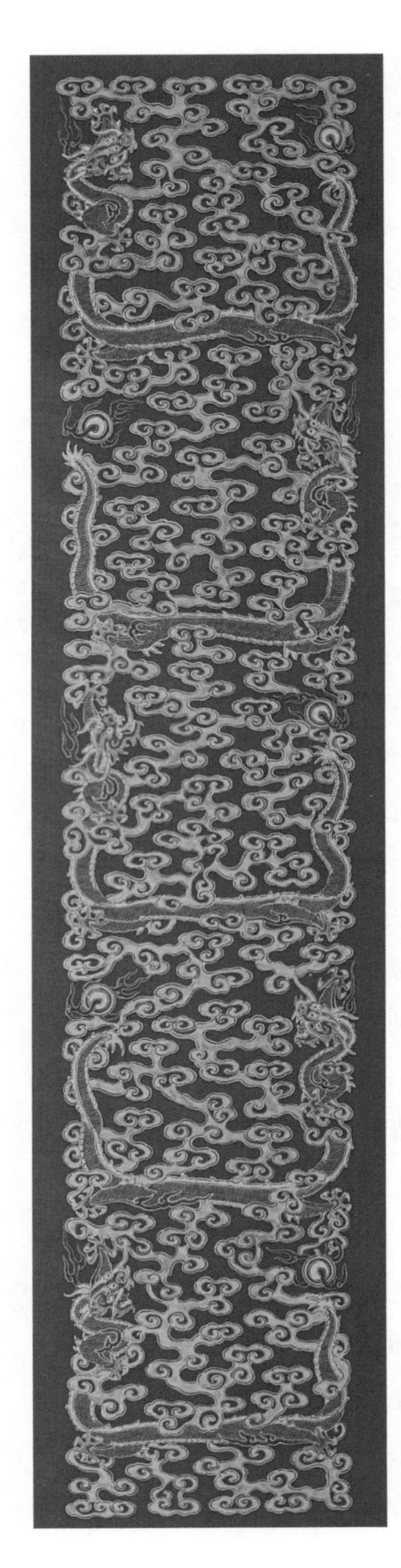

图 17.7　清代描金龙戏珠纹绢对料（长 193 厘米，宽 45.2 厘米）

或贴落用纸。这些精制纸笺的仿制成功，体现了乾隆时期传统造纸技术的发展和技艺的高超，在我国造纸史上具有重要的历史地位。

在清乾隆年间，以描金绢作为书写材料最为盛行。该材料是在织造非常细密的绢帛上涂抹白粉和各种染料，再以赤金描绘图案花纹。宫绢是乾隆时期宫廷制品的代表作，也是极为珍贵的纸绢之一。乾隆御笔和内廷重臣的应制作品经常写在这种纸绢上。现存故宫博物院的洒金、彩绘、描金龙戏珠、描金宫绢缠枝莲纹绢等经过特殊加工的织品，用作书法、绘画，与纸有异曲同工之妙。故宫博物院收藏的这些纸绢珍品，经过 200 多年的历史，已十分罕见。

各色冷金绢有红、黄、蓝、绿、橙等九色，绢面敷色轻薄，细小片金稀疏分布，绢质纤细均匀。背面未敷纸，绢丝明显可见。冷金为唐代流行的制纸技术，即为在纸上锤制小金片。此套冷金绢色泽亮丽或淡雅，为清代宫廷特制用绢，供绘制帝后肖像，以及书写对联、挑山、横批等。

粉色洒金彩绘花蝶绢在硬白纸上托裱粉色绢，绢面敷贴细碎的金箔，工笔描绘桃花、梅花、菊花、萱草、竹枝等花卉，又绘有散落的花瓣、彩蝶飞舞其间。花蝶分为两列，对称布局。此绢纹饰施以黄、蓝、紫、金、翠绿等色，五彩缤纷。可作贴落，亦可分割后作斗方，用于书写、绘画。

描金龙戏珠纹绢对料以黄纸托裱朱红色绢，上下留天地头，中央纵列五组描金云龙，龙体曲折或直角，构成五个方格，内为灵芝祥云。龙身以金线双钩，龙睛、龙鳞等处以银色映衬。此绢为书写对联的材料。一式两幅，品质、规格、颜色、纹饰均相同。对料色彩、图案喜庆、华丽，极具皇家气派。（图 17.7）

在朱红绢上描金缠枝莲纹，色彩艳丽，纹饰工细、华丽。绢质地精细，吸墨性强，用于书法，便于笔墨的发挥，有与纸不同的效果。（图 17.8）

这些纸绢代表了我国手工制纸的精华，凝聚了无数代人的心血和智慧，已成了世界文明的一份宝贵文化遗产，需要我们共同珍视与传承。

图 17.8　清乾隆描金缠枝莲纹宫绢笺

第十八章

清代粉蜡笺及著名描金纸

第一节　清代粉蜡笺

清代时，创制了一种高端的书写用纸，即粉蜡笺。粉蜡笺的历史可追溯至唐代，其盛行于宋代，是以魏晋南北朝时期纸张刷染技术、填粉技术以及唐代的施蜡技术相结合形成的一种新技术，加工制作而成的一种多层粘合的独特纸张。这种纸张继承了粉纸和蜡纸的优良特性，纸质紧密，纸面光滑，适宜书写，字迹乌亮。粉蜡笺的底料为皮纸，施加粉末后用染料染成五种颜色，再涂蜡，经过手工研光成五色粉蜡笺。[1]

清乾隆时期是粉蜡笺制作的鼎盛时期，颜色多种多样，有绿色、黄色、粉色、红色、紫色、浅粉色、橘色等。其加工的方法是，先在纸面上涂上有颜色的粉末，让纸面光润，易于吸墨，再加以研光，使纸面光滑如镜，质地坚韧厚实。还有一些纸品，在纸张表面覆有粉末，粉末下面涂有一层蜡，更易着墨，粉蜡的上面，通常绘有各种图案，装饰图案极为丰富，经常组成套装，如“五色粉蜡笺”“九色粉蜡笺”，以及各

---

[1]　峥嵘 . 绚丽多彩的明清两代加工纸 [J]. 中国文房四宝 , 1991, 3(1): 6-7.

色“福寿粉蜡笺”等。这些粉蜡笺表面光滑，亲水性好，透明度高，在书写、绘画后，墨色易凝聚于纸的表面，书画墨亮如漆，并具有防蛀的功能，可以长久张挂。由于制作精细，造价较高，故多用于宫廷殿堂书写宜春帖子诗词，或供作补壁之用，或作书画手卷引首、室内屏风，多见于宫廷内府殿堂的书写匾额及壁帖等。其为宫廷用纸，在民间少有流传，乾隆御笔及内廷行走诸臣应制之作多写在这种纸上。

乾隆时期的粉蜡笺以内务府制作的最为精良，又称“库蜡笺”。这些珍贵的纸品至今还保存在故宫博物院中，代表了我国手工加工纸的精髓，凝聚着几代匠人的心血和智慧，是世界文明中一份宝贵的文化遗产。由内务府制作的御用粉蜡笺，有单层和夹层、单面描金和单面描金背后洒金、表面有光泽和无光泽等种类之分。但无论表面是否有光泽，均经过特殊处理，表面平滑、亲水性好，书写流畅、墨迹显著。所用颜料为上等矿物质或珍贵宝石，极为讲究，奢华独特。所选用的用于填充的粉料皆为上等，经过专人研磨、浸泡、晾干和烘焙等处理，消除其中的火性，达到柔软的效果。制作粉蜡笺的工艺极为特殊，不同颜料的特性不同，制作工艺也不同，因此采用了一色一工艺的精细加工方式。在制成粉蜡笺后，绘画师会描绘真金白银的图案，纸的双面还需要进行特殊处理，采用特殊液体以多次涂层的方式进行封罩，以避免氧化，确保纸张的完美性，内务府制作的御用粉蜡笺的用料和工艺均达到了惊人的程度。

粉蜡笺作为清代最为名贵的加工纸，还可以将其加工成粉蜡洒金纸、粉蜡砑花笺、粉蜡彩绘笺、粉蜡描金纸等，以满足王公贵族和书画家等的需求。因粉蜡笺的需求量大，在清代和民国时期民间有不少作坊竞相仿制。当然，民间仿制的粉蜡笺无论是在制作工艺还是水平上，都与宫中之物有着很大差距。如今，民间还有不少这样的仿制粉蜡笺存世。

笔者第一次见到清乾隆时期的宫廷粉蜡笺，是 1981 年在安徽省博物馆举办的文房四宝展会上。（图 18.1）这次展会展出了大量的文房四宝精品，其中就有数量可观的加工纸和宫廷粉蜡描金纸。当笔者看到这些展品时，难以相信加工纸还能制作得如此精美。特别是描金纸，无论

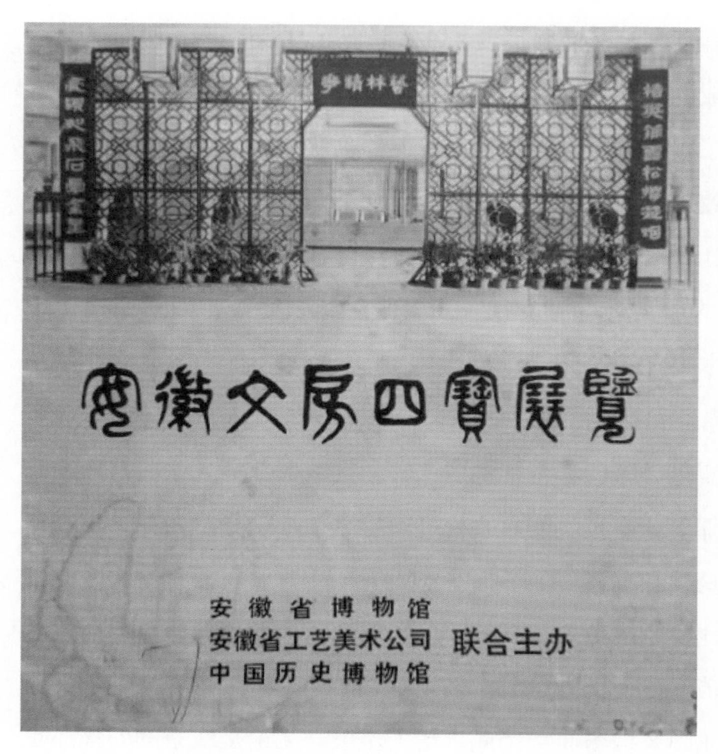

图 18.1　安徽文房四宝展宣传册

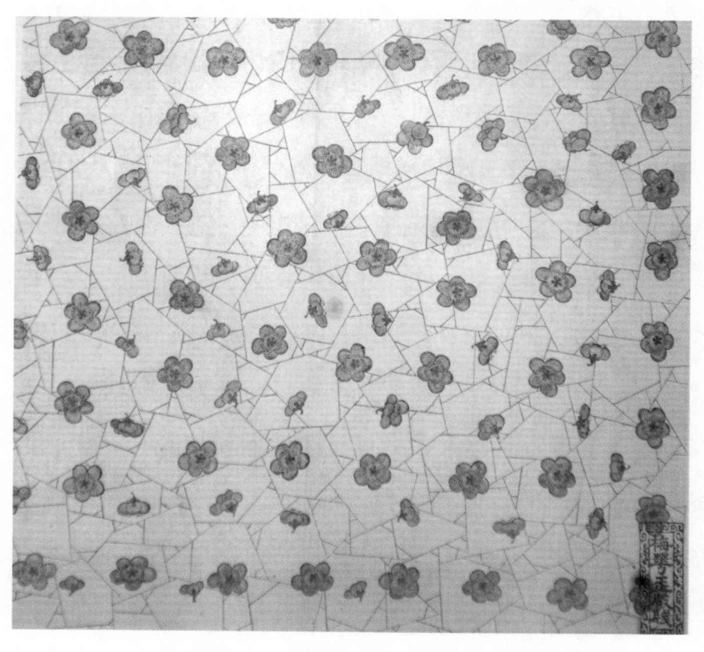

图 18.2　梅花玉版笺（笔者参考清乾隆年间实物仿制）

是描绘的精细程度、笔法的坚挺度，还是图案的精美程度，都令人难以相信是手工完成的。真是叹为观止！后来，展会到香港举办，笔者有幸被抽调去工作了很长一段时间。笔者最大的收获是可以反复拿起每一件展品，进行细致观察。那时笔者从事加工纸工作已两年有余，因此对于能见到这些宫廷粉蜡笺尤其感到兴奋，总觉得看不够！

当时展出的加工纸有虎皮宣、洒金纸、刻画笺等，而粉蜡描金纸的数量较多，种类有梅花玉版笺（图 18.2）、粉蜡五色描金云龙（图 18.3）、五龙捧圣和描金云龙等，尺寸有斗方、四尺、六尺等，颜色有白色、黄色、蓝色、绿色、粉红、橘色、朱红、大红等。这些宫廷粉蜡描金纸，纸料都十分厚实。纸面填粉显而易见，十分光滑明亮，但光泽并不强烈，而是柔和沉稳。除了梅花玉版笺（后背贴有故宫博物院的编号）之外，其他粉蜡描金纸背面的颜色一般比正面颜色淡一点，而且都洒有大片的金箔，显得极为华美。最为精彩的还是纸张的正面，上面用金银描绘的云龙图案构图非常严谨，精美至极。无论是线条的勾描还是晕染的金银，都十分工整。整体图案的线条非常精细，笔法流畅有力，堪称完美绝伦。整个纸张气势恢宏、富丽堂皇，尽显皇家气派。后来，笔者到故宫博物院调研时，也看到了清乾隆时期的粉蜡描金纸，纸张并非全都是厚实的，也有一些薄的粉蜡笺。这些薄的粉蜡笺多用于书写条屏和书法对联，用于装裱悬挂在殿堂中。

在笔者几十年的职业生涯中，接触过不少粉蜡笺。有一年，同事从安徽省博物馆带来一张斗方描金纸，明显比笔者在展会上看到的单薄许多。其纸张的底料为安徽生产的宣纸，上面有白色的粉底，长约 46 厘米，宽约 32 厘米，描绘有金色麒麟图案，线条勾描极为细腻，精致无比。在之后的许多年，笔者看到的大多是民国时期的粉蜡笺，纸张也不厚，上面的图案多数是传统的吉祥图案和缠枝莲纹。20 世纪 80 年代中期，一位日本客户从外地的一家文物商店购得一张尺寸为宽 55 厘米、长 217 厘米的大六尺对开粉蜡描金纸，为大红色粉底，描绘有金银的缠枝莲纹图案。由于这张纸破损严重且有部分缺失，客户希望文物商店提

图 18.3　六尺粉蜡御用描金云龙笺（笔者仿制）

供修复服务，然而文物商店表示无力修复。之后，客户又在国内多家大型文物商店寻求修复服务，但都被告知无法修复。客户无奈之下只得专程到合肥，委托笔者单位进行修复。笔者单位早在 80 年代初便开始研制此类粉蜡描金纸，虽然当时的产品品质不甚完美，但一直在改进并尝试生产，因此对其结构还是很了解的。经过近一个月的修复，这张粉蜡描金纸焕然一新，客户十分满意。

传统的粉蜡笺分为两种。一种是由两层纸张粘合而成的薄型粉蜡笺，品种包括粉蜡洒金纸、粉蜡砑花笺、粉蜡彩绘笺和粉蜡描金纸。这种粉蜡笺薄而轻，主要用于书写条屏和书法对联，并在书写后进行装裱以便悬挂。在宫廷和民间，这种薄型粉蜡笺使用量都非常大，只是品质有所不同。另一种是多层的粉蜡笺，可以在书写之后分层揭开，也可以直接装裱后进行悬挂。这种粉蜡笺属较为名贵的粉蜡笺，表面常常用真金白银绘制精细的图案，后背洒有大片真金，纸质坚韧华丽，富丽堂皇，多为宫中御用品。这种高端的粉蜡笺除了御用外，还用于赏赐重臣或作为向外国使者赠送的国礼，一般人无法接触到。在展开粉蜡笺用笔之前，重臣必须洗干净手。

第二节　粉蜡笺制作的难度和成品标准

粉蜡笺的制作与普通的加工纸生产有所不同，普通的加工纸只需了解加工方法和技术，加上细心操作即可掌握制作方法。而粉蜡笺的制作比较复杂，要想达到其标准是很难的。早在 20 世纪 80 年代初，笔者在试制粉蜡笺时，得到了安徽省博物馆石谷风先生的指导，他对加工纸和粉蜡笺都十分了解。石谷风先生曾为安徽省博物馆建馆征集了多达 10 万件的文房四宝珍品，其中就有很多老的粉蜡笺。此外，安徽省博物馆洪秋声、葛介屏先生，及著名画家孔小喻先生也为笔者制作粉蜡笺提出了不少宝贵意见和建议。尽管如此，粉蜡笺的制作仍存在两道技术难关，哪怕进行了上百次试验，依然无法解决。通过不断努力，直到 80 年代后期，笔者制作的粉蜡笺才有所改善。90年代初，经过不断的探索，笔者制作的粉蜡笺才趋于稳定。如今，笔者还一直努力改进制作过程中的细节，制作传统的粉蜡笺并不容易。

制作粉蜡笺难在哪里？标准是什么？以两层薄型粉蜡笺为例，将其纸分为A面和B面来解释。A面为粉蜡笺的表面，B面为背面即衬纸，是粉蜡笺的护纸。要制作粉蜡笺，就要在A面纸上进行施粉、施色、施蜡。这些粉剂和颜色要用水进行稀释，再涂刷到纸上。因此，在施粉和施色的过程中，纸张会吸收一定的水分，尤其是施色时，色水很容易渗透纸张的背后，特别是色水颜色很深的时候，渗透能力更强。因此，A面的纸张一定要具备很强的防水功能，才能保证制作过程中不渗水、不漏色。此外，粉蜡笺的所有加工工艺都在A面纸上进行，因此A面纸张的强度一定要高，可以承受的拉力也要大，才能顺利完成各道工序。有人认为，胶矾纸具备这样的功能，用质量好的矾宣就可以解决这个问题。笔者在制作粉蜡笺的初期就是用这种纸张。矾是一种酸性物质，而纸张则是由弱碱性纸质纤维组成，任何酸性物质对纸张的纤维都具有破坏性。矾不仅会影响纸的寿命，也会使纸张变脆，稍不注意纸张就会断裂。因此，是不能用含矾的纸张的。我国古代的粉蜡笺中也没有矾的成分。在制作粉蜡笺时，胶是必不可少的黏合剂，其使用是十分讲究和谨慎的。刷色的色水加入适量的胶，可以变得黏稠，使刷色更加均匀，适量的胶还可以增强颜色的牢固性。因此，胶在制作粉蜡笺时发挥着重要的作用。但是胶不能过多，如果施胶过多，在天气潮湿时，粉蜡笺会变得松弛，无法保持平整。相反，天气过于干燥时，粉蜡笺会因收缩而在横面出现裂纹，影响其美观。为了提高刷色的均匀度和饱和度，需要进行多次涂刷，一般要刷四到六遍，并且保证每次只刷两遍，并等干燥后再进行涂刷。

薄型粉蜡笺成品的标准应该是什么？在笔者看来，薄型粉蜡笺要轻、薄、挺、韧，颜色要厚重并富有光泽，同时书写方便并色泽牢固。轻指整张纸比较轻，不能出现胶重粉厚的现象。薄是指整张纸要薄，不能太厚重，否则会影响粉蜡笺的装裱。挺是指整张粉蜡笺要挺括，不会因为天气潮湿或干燥变形。韧是指粉蜡笺的成品不干、不僵、不脆，仍有纸张的韧性。纸张的表面施粉应适中，以不露抄纸的帘纹为佳。涂刷颜色应均匀、厚重并富有光泽，经少许水后不掉色、不掉粉，并对水墨应有一定的亲和力，方便书写。表面的光泽也是衡量粉蜡笺的一个重要标准。要求粉蜡笺表面光泽丰润、光亮而又沉稳。更重要的是，这种光泽应当是不拒水墨，使书写更加舒适，并且能够很好地记载书写的笔法。如果粉蜡笺纸面有拒水墨的现象，或由于蜡或其他原因导致笔迹不完整或书写困难，那么即使光泽再好也是一张不合格的粉蜡笺，不能使用。因此，在制作好粉蜡笺后，首先要试笔，如果出现拒水墨的现象，要视为废品，不能出厂。

关于粉蜡笺的制作，许多书籍和杂志都有相关记载，但方法却不一致。特别是关于粉蜡笺的表面光泽的工艺，众说纷纭，有轧光、捶光、磨光、施蜡加热及手工捶轧光之说。对此，笔者不敢苟同。这些说法有一定的依据，但并不适用于粉蜡笺的制作，并非是真正做加工纸的师傅所传授的方法。如果按这些说法去制作粉蜡笺，是无法做出真正传统的粉蜡笺的效果的。这也是传统的粉蜡笺制作的神秘之处和魅力所在。

第三节　我国著名的描金纸

贵重的黄金用在纸上，是从我国唐代的绘画开始的。在古代绘画中，金银色占有重要的地位。唐代画家阎立本（601—673）运用金银色彩来着色，用细银作月色并描绘地面。唐代画家李思训（651—716）在他的山水画中运用了金碧色彩，使得画面变得非常华丽，自成一家之法。他巧妙地将金粉用于墨线的转折处，“青绿为质，金碧为纹”“阳面涂金、阴面加蓝”的色彩运用，很好地表现了山石的阴阳向背和质感，使整个画面呈现出金碧辉煌的装饰效果。宋代画家贾公杰的佛像画作也非常精细，着色时使用了大量的金色来描绘衣袍。这表明，唐宋时期绘画使用金属颜色相当普遍，当这种画风传到各地时，其风格得以延续并长期存在。[1]

将贵重的金银色材料应用于手工纸和加工纸的图案绘制来装饰纸张，最早出现在南唐时期的“澄心堂纸”上。南唐后主李煜（937—978）自幼受父亲李璟及其周围文人墨客的影响，在艺术方面颇有天分。他不仅能创作诗词，而且善于书法和绘画。他的书法风格独特，被人称为“金错刀”。他的绘画多以山水、竹石为题材，笔触细腻，栩栩如生，造诣深厚。李煜视纸为珍宝，并在南唐烈祖李昇节度金陵（今南京）时设立“澄心堂”，作为宴居、读书、阅览奏章的日常活动场所，并贮藏纸张。他还特意命承御监制造名为“澄心堂纸”的纸张（图 18.4）。因此，“澄心堂纸”成了“艺林寰宝”。但是，这种“澄心堂纸”在当时只是专供少数统治者使用，在半个多世纪的岁月里深藏宫中，民间极为罕见。关于“澄心堂纸”，虽然历史上没有明确的记载，但清乾隆时期复制的历代名贵加工纸中就有仿制“澄心堂”的描金纸。这些纸上都印有朱红色隶书“乾隆年仿澄心堂纸”印章。除此之外，还有一些资料记载了这类描金纸，底色为蓝色，描金的内容大多为山水，也有花卉图案。描金山水纸的尺寸一般为斗方尺幅，长 42.3 厘米、宽 49 厘米。现收藏于天津博物馆的斗方描金纸为清内府如意馆画家所描绘，纸的底色为绿色（图 18.5）。

另一种非常著名的描金纸是宋代时在手工麻纸上描金的。宋徽宗赵佶（1082—1135）作为皇室子弟，自幼就受到了良好的教育。他天资聪颖，尤其在书画方面有过人的天赋。他自创的“瘦金体”运笔飘忽快捷，笔迹瘦而不失其肉，锋芒毕露，富有别样风韵。作为一位皇帝，宋徽宗并不关心百姓的苦难，其心思都集中在心爱之物上。凭借皇权，他收集了大量的奇珍异宝，尤其是书画，件件为精品。不同于一些附庸风雅的收藏家，他真正懂得如何收藏，也一直致力于研究如何收藏。他极度钟爱当朝的书画名士，对他们的文人气质也非常尊重。著名书法家米芾好

[1] 上海书画出版社. 朵云　第 2 集 [M]. 上海：上海书画出版社，1982: 219.

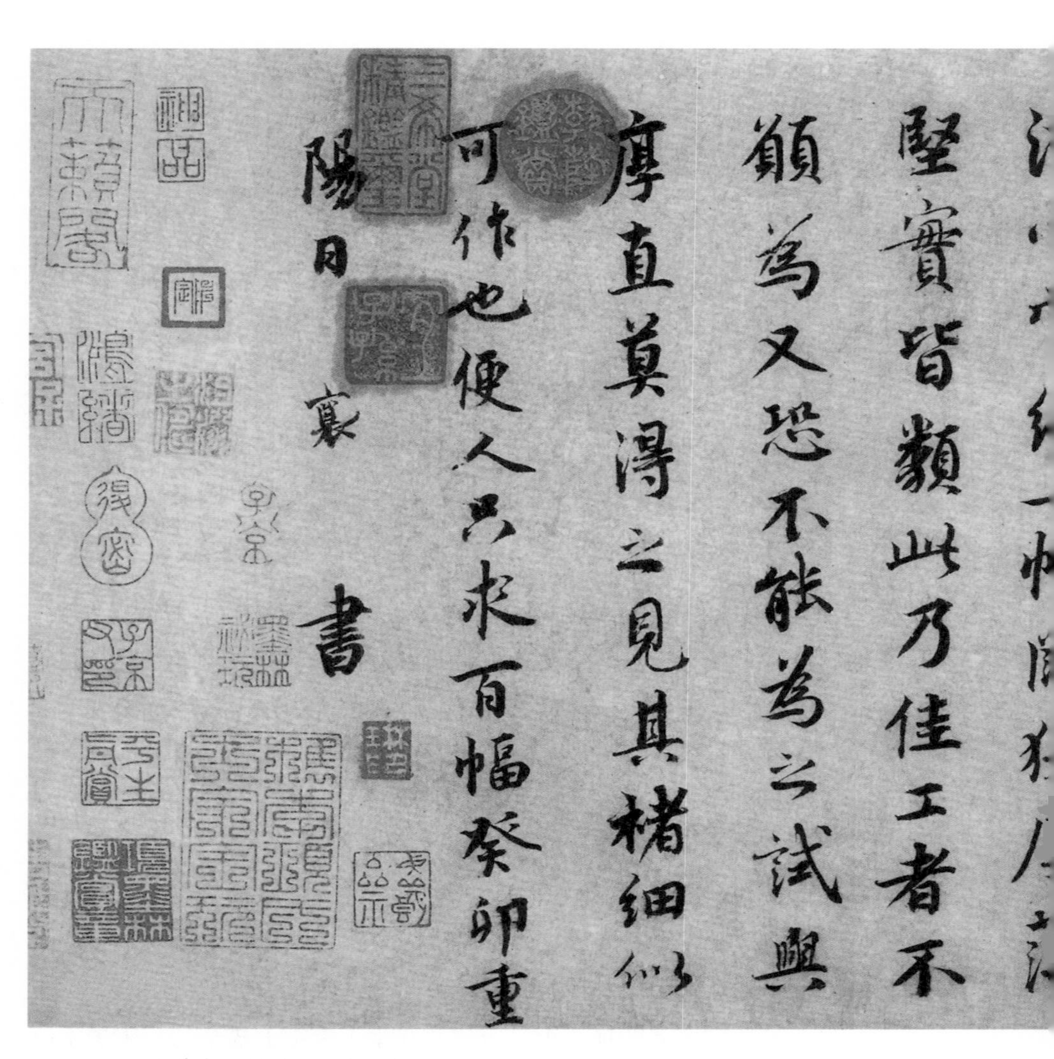

图 18.4　北宋蔡襄行帖（澄心堂贴）

图 18.5　乾隆年仿澄心堂描金斗方

书画成痴，不拘世俗礼法，人称“米颠”。宋徽宗对他十分欣赏，并将宫中专门设立的御前书画所交由他掌管。张择端所绘的歌颂太平盛世的历史长卷《清明上河图》，就完成于宋徽宗时期，宋徽宗也是这幅传世名画的第一个收藏者。

宋徽宗赵佶创作于1122年的《草书千字文》狂草长卷（图18.6），纵31.5厘米，横1172厘米，写在一张整幅的描金云龙笺上（现藏辽宁省博物馆）。这是宋徽宗40岁时的心血之作，笔势奔放流畅，变幻莫测，一气呵成，颇为壮观。是继张旭、怀素《千字文》之后的又一杰作，也是难得一见的徽宗草书长卷。以其用笔、结构的熟稔精妙乃

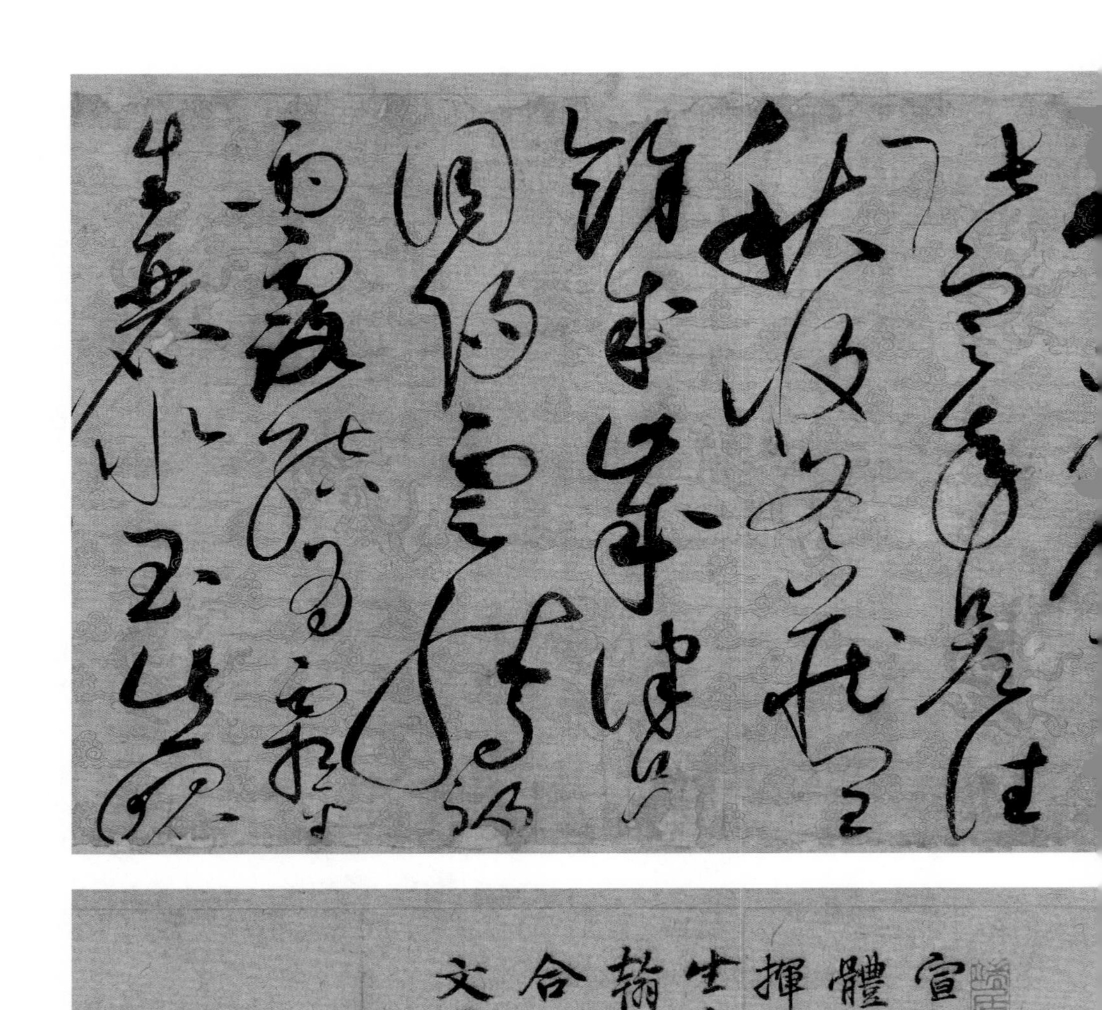

宣和宸翰多道勁而此卷結
體尤秀潤蓋非尋常草〻
揮洒者況東坡赤壁賦以平
生自以為得意之作復得宸
翰一書增重百倍可謂二妙
合作不易得也今藏莫氏
文房其永寶之

包山俞貞木敬題

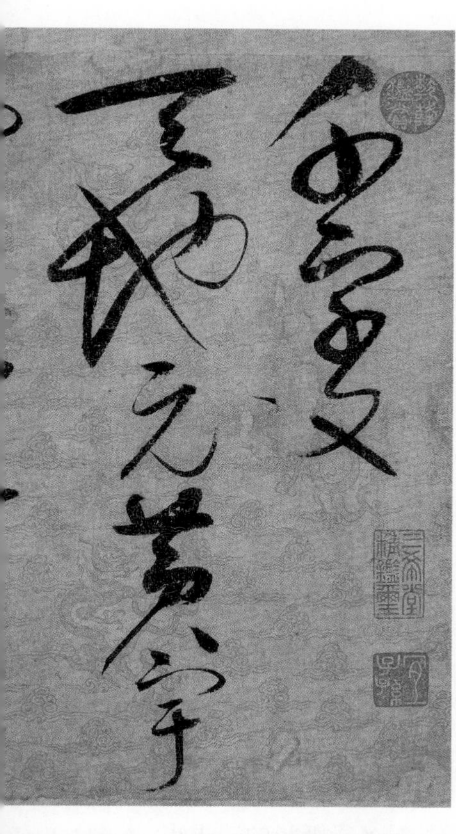

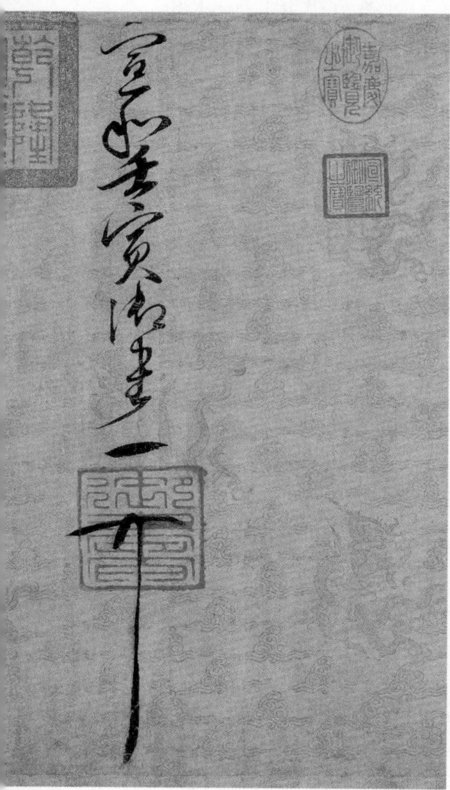

图 18.6　宋徽宗赵佶《草书千字文》

至书写意境而论，与怀素《千字文》相比，委实难分伯仲。此长卷所用描金云龙笺底纹的精工图案，是由宫中画师在纸面上逐笔描绘而成，与徽宗的墨宝相得益彰，共同成就了这篇空前绝后的旷世杰作，被誉为“天下第一绝世墨宝”。这卷笔翰飞舞的《草书千字文》所用的巨幅描金云龙笺，是迄今为止最为壮观的。描金云龙笺所用无接缝手工麻纸的制作工艺在今天看来或许不算新奇，可在当时却是一项卓越的技术成就。据专家推测，当时造纸的工匠为了制造这种纸，可能是在江边把船只排成行，然后浇上纸浆，使纸浆均匀并自然干燥而成。由于历代收藏家的珍惜和维护，这份长卷保存完好，成为北宋造纸技术空前发达的宝贵证据。

此外，元、明、清时期也有在粉笺和粉蜡笺上制作出的不同描金纸精品。这些珍贵的描金纸如今已成为我国古代手工加工纸的国粹，给世界留下了宝贵的文化遗产。

清代仿制了大量历代著名的描金纸。清康熙时期，随着太平盛世时代的到来，文教大兴，各领域对纸张的需求大增，对名贵纸张的追求也日益狂热，这促进了纸业的发展。清宫廷在明朝之后也办起纸厂，以生产宫内所用的纸张。康熙十七年（1678）在京设立宫纸局，从各地选送精于手工纸的能工巧匠生产宫廷用纸。清人胡林安在《纸说》一书中说：“清纸颇多，康熙间用罗纹，乾隆间多尚于粉笺，后有虚白斋纸，近则用宣纸。凡此所录，皆佳者言之也。”事实确如他所说，清代生产的纸不仅品种多，而且质量优良，均胜于前代。康熙、乾隆时期官纸厂所制的纸品，大都仿制古代名纸，较为名贵的有仿“澄心堂”纸、仿明仁殿纸、仿宣德纸几种。

乾隆帝精通诗书，又善书法，挥毫御题，无所不见，故他对于各纸的爱好和讲究之甚，不言而喻。他命令宫廷纸厂研究仿制南唐“澄心堂”描金纸，并派员监造。这种纸以桑皮为原料，以乾隆帝提供的纸样作为标准，尺寸厚薄及纸色光度，不能与原样相差，要求严格。工匠精心制造，终于制作出与南唐李后主所珍重并为历代书画家所仰慕的“澄心堂”纸相媲美的“仿澄心堂纸”。经乾隆挥毫试用，倍加赞赏，认为“研妙辉光”不亚于南唐佳品。[1]

元代时，有一种被称为“明仁殿描金如意云纹粉蜡纸”的纸张，宽53厘米、长121.5厘米，其原材料为桑皮纸，纸面为淡红色粉蜡底。清乾隆帝命人仿制了这种纸张。其纸质较厚实，可逐层揭开分成三到四张，纸上用泥金描绘有如意云纹，纸卷面平滑且光亮，纤维束甚少，均匀细腻，两面皆经过精细的加工，纸背施以黄色的粉蜡笺，且洒以金片，纸张正面右下角钤以“乾隆仿明仁殿纸”（图18.7）。这种纸为乾隆御笔常用纸，造价极为昂贵。

清代的宫纸厂曾仿制明代宣德年间所制的各种名贵宫笺，其中就有宣德描金云龙粉笺。宣德描金云龙粉笺长72厘米、幅宽31厘米，纸面为白色粉笺，用泥金描绘有两条云龙图案，图案充分展现了明朝的龙纹风格——威武凶猛，目光炯炯有神，飞麟扬爪，气势磅礴。“描金云龙粉笺”是宣德贡笺的一种。宣德贡笺有许多品种，有本色纸、五色粉笺、金花五色笺、五色大帘纸、瓷青纸、羊脑笺等。这些名贵的纸张专供宫廷内府使用，又称宫廷用纸，后传入民间，成为纸中极品。

清代除了仿制历代的名纸名笺，还创新了一些加工纸，如收藏在故宫博物院的“梅花玉版笺”。这种纸为斗方形式，长50厘米、幅宽49.5厘米，纸张均匀，表面光滑，纸面为白色粉蜡，用泥金绘以冰纹梅花图案，右下角由云纹边框隶书朱文印“梅花玉版笺”字样。梅花玉版笺是清代康熙年间创制的高级纸笺，以皮纸为原料，纸上施粉加蜡研光后，再用泥金或泥银绘制图案。这种加工纸在乾隆年间盛行，制作也更为精湛，成为宫廷专用纸。清代还创制了“五色粉蜡笺”，并在纸的表面用泥金、泥银描绘云龙、花鸟、山水、花卉及吉祥图案等后，制作成“五色描金粉蜡笺”。五色描金粉蜡笺纸面光滑，书写绘画后，墨色易凝聚，使书法黑亮如漆。而且防水性强，具有防蛀功能，纸质坚挺，可以长久张挂。

[1] 戴家璋主编 . 中国造纸技术简史 [M]. 北京 : 中国轻工业出版社 , 1994: 206.

图 18.7　清乾隆年仿明仁殿描金如意云纹

这些特殊的手工纸加工技术的成熟运用，使乾隆时期的加工纸不仅品类繁多，而且加工制作精美。这些工艺手法常常兼施并用，让纸品更加丰富多样。乾隆时期加工纸在质量和特殊工艺方面都达到了鼎盛阶段，数量规模也非常可观。

自明清以来，还制造了罗纹纸、发笺、刻画笺、云母笺、各色雕版印花、水印笺及贴落用的银花纸等。总之，这些加工纸汇集了染色、加熟、雕版、印刷、刻画、托裱、洒金银、施粉、加蜡、砑花、砑光、彩绘、描金银等各种加工技术。人们常以“片纸非容易，措手七十二”来形容造纸及加工纸的繁杂和艰苦，这些技术无论是在明清时期，还是在我国造纸史上，都达到了很高的水平。

第四节　描金材料

黄金是种贵重金属，性质稳定，被誉为“金属之王”，它具有不变色、抗氧化、防潮湿、防霉变、防虫咬、防辐射等优点，因此被广泛应用于高端的饰品及各种装饰材料。用于描金的材料称为泥金，是用金箔和胶水制成的金色颜料。制作泥金时，先把黄金打成金箔，再碾磨成金粉即可。黄金有良好的延展性和可塑性，一两纯金（31.25 克）可锤成万分之一毫米厚、面积为 16.2 平方米的金箔。

制作泥金的金有两种，一种为青色的黄金，另一种为赤色（红色）的黄金，但是必须是真金。制作泥金时，将金箔抖入碟内，碟内底部最好是无瓷釉的胎底（笔者一般用在瓷厂定制的碾钵，碾钵内底部为无釉，胎体比较细腻，便于碾磨。图 18.8）。用两手指蘸上浓胶碾磨金箔，如果发干可加热水继续碾磨，直到精细为止。然后用滚烫的水进行淘洗，提取胶汁中发锈的黑水，但是洗后仍有锈色，没有光泽，因此要洗去锈迹。去除锈迹时，用猪牙皂泡水后放入较深的杯内，再倒入碾好的泥金，用文水烘烧。待冷却后揭开，金色沉底后则倒去黑水，再倒入猪牙皂，水洗至少三到四次之后，水变得发白，金色发亮。然后，再去除杯中的

图 18.8　碾钵

水分。可以蒸干杯中水分，也可用干纸反复吸取水分，这种反复用干纸吸取的水分又称白龙取水。但需要注意的是，不可用倾倒的方法去除水分，否则泥金的精华可能也会随水倒出。在描绘蘸金时，稍加清胶，用笔后仍用猪牙皂水洗磨，这样可以使泥金金色发亮如前。

第十九章

传统加工纸笺的名称及解释

加工纸是我国传统手工造纸的重要组成部分，它在推动我国造纸业的持续发展上发挥了重要作用。我国古代先贤用他们的聪明才智与精力，在白纸上不断地潜心研究、探索，通过复杂、繁琐的加工技术，创造出了许多极具艺术价值和文化内涵的手工纸精品，使得纸张更加丰富多彩，绚丽多姿，展现了我国手工造纸技术的历史辉煌。这些成果为人类文化交流作出了不可磨灭的贡献。

由于我国历史上名纸名笺的制作及其产生的深远意义和影响，历代也相继对历史名笺进行仿制和创新。在近代也相继涌现出大量加工纸品种，加上历史上各种加工纸花色品种更多。这些加工纸种类繁多，给想要学习和了解加工纸的人带来困惑。因此，笔者下面列举一些容易混淆的加工纸名称并进行解释，以便共同探讨。

第一节　纸与笺

在书画用纸及加工纸的众多品种中，我们会发现，尽管它们都是纸，但称谓有所不同，有的称纸或宣，有的称笺。那么纸与笺到底是怎么回事，有什么不同，它们是什么关系，我们如何区分呢？通常来说，纸是指手工抄制的原纸，又称白纸或生纸。白纸是没有经过任何加工的原色纸，而生纸是指在遇水后会洇的纸，即水会向四周散开，用水墨书写、绘画后有墨润效果。像宣纸、竹纸、皮纸、书画纸等，无论厚薄、尺寸大小等都只能称作纸或某某宣，而不能称作笺。

手工原纸经过加工后，可以制作成各种不同品种的纸张，其中用于书写、绘画的加工纸不论大小一般都可以叫作笺，也可以称为笺纸或宣。广义上，凡是用于书写、绘画的加工纸一般都可以叫作笺，如五色笺、五色洒金笺、仿古笺、朱砂笺、流沙笺、云母笺、砑光玉版笺、刻画笺等；也可称作纸，如染色纸、洒金纸、半生熟纸、瓷青纸、金粟山藏经纸、硬黄纸、描金纸等；又可称作宣，如色宣、矾宣、虎皮宣、砑光玉版宣、煮捶宣等。狭义上，以传统的木刻水印方法印制精美的图案，供文人写信、写诗、传抄诗作的小幅纸张，叫作信笺或诗笺，统称为笺，如八行笺、木刻水印信笺、砑花信笺、刻画十样笺等。也就是说，手工抄制的原纸称作纸，而经过加工后用于书写、绘画的可称笺、笺纸或宣。

第二节　染色纸与五色纸

纸张在通过染色后称染色纸，简称为色纸。由于纸张的染色品种较多，又称为五色纸。所谓五色，是指染色后呈现出五颜六色的色彩，形容色彩丰富多样，如五色纸、五色砑花纸、五色粉蜡笺、五色纸绢等。当然，各种颜色的纸张也可单独命名，如大红纸、粉色纸、橘色纸、淡青纸、淡绿纸、仿古纸等。在我国传统文房四宝的礼品套装中，也用五色来表示，如五彩墨、五色绢粉笺、五色描金纸等。

第三节　硬黄纸与金粟山藏经纸

硬黄纸与金粟山藏经纸都是我国古代名纸，它们的共同之处在于，它们都是用黄柏染制而形成的纸张。黄柏又称黄檗，其树皮能入药，茎干可制成黄色染料。经黄柏染制的黄纸具有防虫效果，并且色泽经久不变，因此纸张可以长期保存。硬黄纸是唐代名纸，它是在古代染黄柏色纸的基础上，通过表面均匀涂蜡研光，使纸张具有色泽沉稳、透明性好、光泽莹润等优点。又因为加工的原纸比较厚实，被人们称为硬黄纸。该纸是唐代染色纸之一，主要供写经和摹写古帖之用。《蕉窗九录》中有这样的记载："有硬黄纸，唐人以黄檗染纸，取其辟蠹，其质如浆，光泽莹润，用以书经。"

金粟山藏经纸，又名金粟山写经纸，是宋代名纸。金粟山是位于浙江省海盐县西南处的一座山，山下有座金粟寺，寺里收藏有大量的佛教经卷。这些经卷所使用的纸张色泽与众不同，被称为金粟山藏经纸。制作金粟山藏经纸的第一道工艺是用黄柏拖染纸张，但是成品的金粟山藏经纸的颜色要比硬黄纸厚重且色泽更加丰富，因此金粟山藏经纸的拖染要比硬黄纸的染制复杂得多。金粟山藏经纸的染制要经过三次拖染，而且每拖染一次颜色都要进行相应的调整。据史料记载，用观音帘坚厚纸（为原纸），先用黄柏汁拖一次，复以橡斗汁拖一次，再以胭脂汁拖一次。根据颜色深浅，加减药料。黄柏为黄色染料，而橡斗子（现在改用板栗壳）在煎熬后呈褐色染料，胭脂为动物性红色染料。这三种染料分别染于纸上，其颜色深浅浓淡可通过适当调配染料的浓度和拖染的次数来实现。待纸张晾干后，再磨蜡研光，才能最终制成金粟山藏经纸。金粟山藏经纸在宋代是非常名贵的纸张，很多书画家都不惜高价采购，因此元明时期仿宋笺者甚多，并被选为宫廷用纸。

在清乾隆时期，宫廷纸厂奉命研究仿制金粟山藏经纸，乾隆帝非常重视，亲自到造纸厂督促，并不惜工本，仿古精制。仿制成的金粟山藏经纸，甚为精美。经过检验，合格者都在纸角盖上"乾隆年仿金粟山藏经纸"朱红印记，专供宫中书院书写佛经之用。

第四节　经折与手折

经折是由佛教的经书长卷改进而来的加工纸。在古代，佛教经书内容十分丰富，大多写在一幅很长的长卷上，给僧人学习经文带来诸多不便。后来经过改良，把长卷的经书按照文字竖式排列的规律，一反一正折叠成折，再按照折页的顺序编上页码，这样再查找经文的段落时就会很快，不需要通过收放经卷，也不用借助镇尺压纸了。改良后的经折又在前后粘有硬板，不但便于手翻，而且对经书起到了保护作用。经折节省了诵经的时间，极大地方便了翻阅。

经过改进后的经折，体积小，携带十分方便，这种形式很快便广为流传，并被广泛运用。有人把这种翻阅式的经折做成素白折页，成为书写、记事的工具。官员们用它来记录国之大事上报朝廷，以供皇帝掌握国家大事。宫廷内部称它为奏本或奏折，而民间称它为手折或折子。这种折页由于体积小、易于携带，一直沿用至今。因此，如今人们所称的手折与佛教所称的经折在形制上已是同一物品。

第五节　刻画笺与水印纸

刻画笺全称为“御制淳化轩刻画宣”，是清代早期御用纸。它是集我国刻纸工艺与裱糊技术为一体的加工纸艺术品，在明清时期广受欢迎。其制作工艺为先把设计好的图案用刻刀刻画在宣纸上，随后再用两张宣纸前后把刻纸裱于其中。制作完成后，提纸在逆光条件下可清晰地看出纸中间的图案，非常精美。这种经过裱制后的宣纸称刻画笺，又称刻花透亮笺。（图 19.1）

与刻画笺类似的还有一种称为水印纸的纸，在逆光条件下可以看出纸中的亮光图案效果，但是刻画纸与水印纸的制作工艺完全不同。水印纸也不是常见的木刻水印纸，与木刻水印也毫无关系。水印纸的制作方法是在手工抄纸前，在抄纸的竹帘上编织出凸出的编织图案，在抄纸捞

图 19.1　刻画笺枇杷纹图式清晰

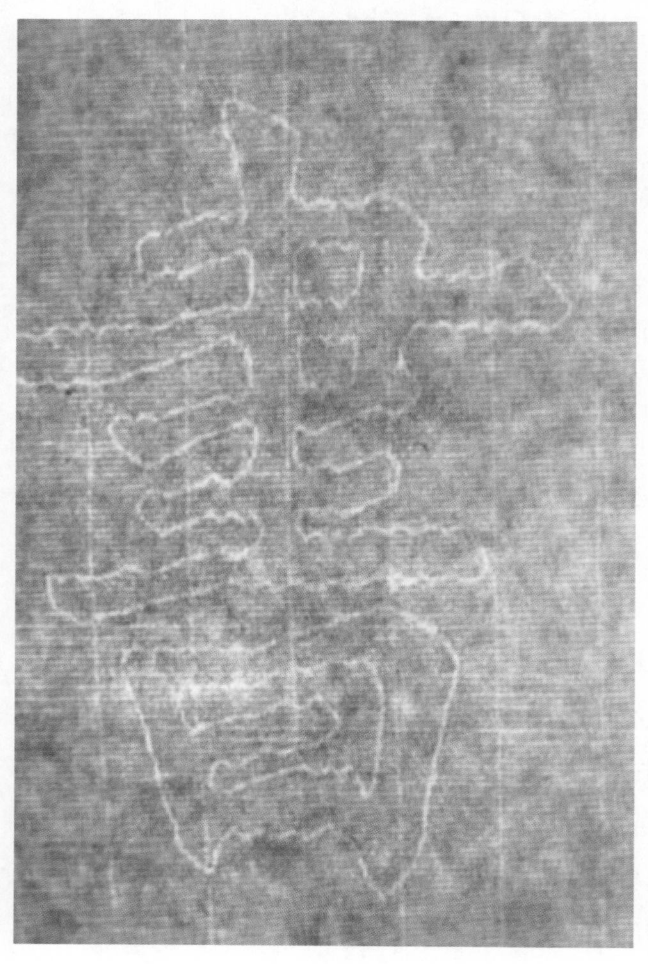

图 19.2　水印纸书法纹式比较有朦胧感

纸浆时，编织图案的凸出部分会使纸浆存留更薄，因此与整张纸的纸浆相比，该部分纸显得更加透明，在晾干后迎光看时可以看到纸中有比较明显的图案。用这种工艺制作的纸称之为水印纸。纸厂一般用水印技法制作标志或商标等，也有一些将整个抄纸帘编成各种连续的图案，以制作出各个品种的特色纸。如在整个抄纸帘上编织鹿纹，抄纸后冠名百鹿纸；在竹帘上编织连续图案的龟纹，抄纸后称之为龟纹纸。虽然这类水印纸逆光能看清图案，但不如刻画笺图案清晰。然而，水印图案的这种朦胧感能体现出一种雅致之美（图 19.2），这种水印方法在国内外造纸行业已得到广泛应用，制造出了各种独具特色的纸张。

第六节　木版水印与木刻水印

将设计好的木刻水印图案稿先在木板上雕刻出来，再把颜料用水稀释后调整好，刷到刻板上再印在纸笺上的印刷方法，称为木版水印，或称木刻水印。

通常，木版水印是指将较大尺寸的图案刻板后水印。图案大小一般在 20 厘米以上，由于雕刻的板子较大，线条相对较粗，雕刻的图案板不一定要很精细，也不一定要用坚硬的木料雕刻，也可以用其他质地较紧密的木材来雕刻。较大的图案通常都水印在较大的纸张上，用于悬挂欣赏。例如，在四尺半切的纸上，将图案印在下角的位置，成为角花形式的水印。此外，大面积图案的水印，如四尺半切的整幅瓦当水印对联或传统的杨柳青年画（因面积比较大，也称木版年画）等。这种尺幅较大的木版水印，无论是单色还是套色水印，都习惯称之为木版水印。

木刻水印通常是指将较小尺寸的图案刻板后水印，便于拿在手中把玩欣赏。我国传统的萝轩变古笺、十竹斋笺及各类信笺中的图案都不是很大，一般在 10 厘米左右或更小，而且图饰精美，线条细致，因此在复制这类图案时对雕版的选材和雕刻的技艺要求更高。木刻水印雕版的材料必须选用质地紧密、坚硬的木材，以保证雕版的使用寿命。木刻水印多以饾版套印的方法制作彩色信笺，在套印时也要十分准确，以保证作品的完美性。尽管从严格意义上说，木版水印与木刻水印有所区别，但这种区别并不十分明显，称谓的界限也不十分严格。在业内，只要讲木版水印，自然而然会想到是指大尺寸的水印；而说到木刻水印，就很自然地想到是小的木刻水印信笺。

第七节　金银印花笺与金银花笺

金银印花笺在我国历史上有着明确的指称，制作它需要将一种图案分成两个分版来雕刻，在印刷时再通过分版套印到一起。金花和银花的制作方法是把云母进行再加工煮成金色，云母是一种白色、发亮的造岩矿物。古人将云母用苍术、生姜、甘草等共煮成黄色后揉细，云母就呈现出金色的亮光。再以白芨调和，刷到刻好的板子上，印刷到有颜色的纸笺上，就会呈现出金色的图案。而把白的云母揉细，以白芨调和，印刷到另一个分板上，再印刷到纸笺上，在同一种图案里就会有金银相错、交相辉映的视觉效果。用这种加工制作方法制作出的笺纸，被古人称为金银印花笺。

金银花笺是泛指在加工纸上描有金花或银花的纸张。在北京，多数人将传统的描金纸称为描金花。描金花是指描有金银的纸或纸绢，是以手工方式将泥金或泥银描绘在彩色的粉蜡笺或纸绢上。

金银花笺与金银印花笺虽只有一字之差，但二者却有显著区别。与金银花笺相比，金银印花笺在档次上相差甚远。从使用材料上看，金银印花笺是用云母煮染成的“金色”通过雕版将图案印刷在有颜色的纸上，而金银花笺则是通过手工的方式将图案描绘在名贵的粉蜡笺或纸绢上。金银印花笺是印刷品，而金银花笺则是我国古代名贵的宫廷用纸，二者不能相提并论。

第八节　古代与现代对云母笺的称谓

古法制作云母笺，是把图案雕刻在硬木板上，再将洗净揉细的云母与白芨调制好后刷在雕刻的木板上，最后将图案印刷到有颜色的纸上。这种制作工艺与金银印花笺类似，不同的是，云母笺的图案采用单色雕版印刷，没有分版的套印技法。因此，在某种程度上，其制作工艺相对简单，但雕版的面积比金银印花笺的要大许多，并采用传统斗方形式制作，一般长为 40 厘米左右，宽 30 厘米左右。古人称采用这种工艺制作的纸张为云母笺。

这种传统的云母笺制作技艺在国内已极为罕见，直到后来笔者在故宫博物院考察时才发现，这种工艺在明清时期已被广泛运用到宫内装饰的银花纸上。除了在宫内得到运用外，这种工艺在日本一直得以延续，他们称用这种方法制作的云母笺为“唐纸”，除了运用在内室的装饰以外还用于书画材料纸上，被视为高端加工纸，价格昂贵。20 世纪 90 年代中期，应日本客户的要求，笔者曾制作了多种传统的云母笺，其尺寸以传统的斗方形式为基准，有中国的图案，也有日本的图案。

在目前国内的书画市场上，也有许多加工纸称为云母笺。虽然这些纸在名称上与传统的以雕版印刷的云母笺完全一样，但实际上它们是两种不同的纸。目前被称为云母笺的纸大致有两种。一种是在染色纸上洒上云母粉，使彩色纸上有闪烁的云母。另一种是在拖染胶矾纸的胶矾水中加入云母粉，纸张吸附胶矾水和云母粉，表面呈现闪烁的云母光泽。这让我们对云母笺的认识有些困惑，这两种纸都有云母，只不过加工的方法不一样，不能说它们的名称不准确。因此，在选用时，一定要打开看一下是否真的是我们需要的云母笺。

第九节　粉蜡笺与粉蜡笺描金纸

粉蜡笺和粉蜡笺描金纸是我国清代宫廷御用纸的重要品种。粉蜡笺是根据我国古代填粉技术、刷染技术、施蜡磨光技术制成的一种名贵加工纸，纸张表面平滑细腻，色彩厚重而又均匀，且富有光泽。书写时具有不拒水、不拒墨、不损毫、不滞笔、运笔流畅、墨色乌亮等优点，深受书画家的喜爱。同时，在色彩明亮的粉蜡笺上，通过手工用黄金、白银描绘图案后制成的粉蜡笺描金纸更加气势恢宏、富丽堂皇，尽显皇家气派。由于粉蜡笺的制作技艺严格而复杂，成本极高，即使在宫内造办处也只有技术十分娴熟的高级技师才能参与制作，普通工匠是不准参与的。粉蜡笺描金纸是我国古代高端的加工纸，为纸中极品，充分体现了我国手工纸的成就，在国内外的手工造纸史上都占有非常重要的位置。

按照传统的命名习惯，通常把使用的名贵材料放在命名的首位。用粉蜡笺制作的描金纸，其描金材料为贵重的金银，理应称描金粉蜡笺，但为什么却称之为粉蜡描金纸呢？这是因为粉蜡笺在命名中具有重要的地位。粉蜡笺的制作需要严格的工艺和复杂的工序，制作时需要在纸面填粉，以填平纸面上不平整的纹理并吸收笔墨中的水分。纸张的关键在于是否含粉，如果没有粉，无论做得再好，也只是一张蜡笺，没有厚重之感。既然是填粉，就要考虑到固粉，要做到不能掉粉，而且填粉要均匀平整，不能过厚。刷染的颜色要均匀，色泽要光艳牢固，经得起长期悬挂且不褪色。纸张表面要富有光泽，光泽既光亮又沉稳，并且十分柔和。纸张要具有很好的对水墨的亲和力，不拒水、不拒墨、运笔舒畅。此外，整张纸还应具有韧性，不僵、不硬、不脆，天气干燥时不能出现横面的裂纹。在书写后进行装裱时，即使遇到少量的水，纸张也不会掉粉、掉色，依然保持着粉蜡笺的风采。因此，粉蜡笺是制作粉蜡描金纸的关键。只有经过严格检验后符合要求的粉蜡笺，才能进行描金、描银。描金、描银并不是很难，只要有绘画基础，能很好地把握线条的规律并且有笔上的功夫，耐心按照设计好的描金稿去认真描绘即可。只要认真细致地描绘，不出差错，就能描绘出精美的图案。由此可见，粉蜡笺的制作难度极大，相比之下，描金、描银要简单很多，这也是古人在命名时将其放在后位的原因。

第二十章

学习传统加工纸笺的体会及几点建议

一、敬畏手工纸

传统手工纸品种比较多，大约有两千种。传统手工纸品种的差异源于原材料的多样性，不同的原材料制成的手工纸品种也不同。制作传统手工纸主要的原材料有麻类、树皮类、竹类、稻草类。麻类有大麻、苎麻、亚麻、青麻、黄麻等；树皮类有青檀皮、桑皮、构皮；竹类多为毛竹、慈竹、苦竹；草多为沙田稻草。

手工纸的用途非常广泛，可分为文化用纸、生产用纸、生活用纸、祭祀用纸。由于书画家的习惯不同，会在不同的手工纸上书写、绘画，但是使用比较普遍的还是宣纸、皮纸。

宣纸纸质绵韧、柔软洁白，组织匀致细密，纤维韧性好，具有不返黄、不蠹、不腐、不变形、耐老化、耐破裂等优良性能，可长期保存。且宣纸润墨性能佳，用以书写、绘画时有“墨分五色”之妙，焦、浓、重、淡、清各个层次清晰，能很好地记载书画的笔触，富有立体感。纸张松而不弛、紧而不硬、平而不滑，深受书画家喜爱。而用来制作传统加工纸的纸张，多为安徽泾县生产的宣纸。

传统手工纸的制作十分辛苦，如果能参观手工纸厂，将会对此深有体会。一张传统的手工纸，需要造纸工人付出艰辛的劳作，可谓“片纸非容易，措手七十二”。制作宣纸，从原料青檀皮的砍条、熏煮、剥皮、渍灰等到打料、洗涤、漂白，要经过十分复杂的工序。草料从选草、埋浸、洗涤、渍灰等到打料、洗涤、漂白，要经过很多工序。在制成浆料后，还需要通过一定的配比混料，倒入盛水槽后才可以抄纸。之后还要榨纸、晒纸、剪纸、整理入库。

造纸原料在经过埋浸、堆积、蒸煮、洗涤等步骤处理后，要挑到山上去滩晒。滩晒的目的是利用空气中的氧气对原料进行自然漂白。在安徽泾县，常常可以看到山上晾晒的白色物料，这是工人们在山上滩晒的造纸原料。经过一段时间的滩晒后，还要进行翻晒。翻晒好后，用竹鞭反复鞭打，这道工艺称鞭料。鞭料的目的是抖落掉造纸原料中的灰尘并拣出杂物。在鞭料时，工人们仿佛置于石灰厂，浑身上下全是白灰，这一工作非常辛苦，令人感动。

舂料是把造纸原料送到舂皮车间，置于锤料机下进行锤打。工人要在巨大的木锤撞击下翻动造纸原料，以进一步使其均匀。锤料机强烈的撞击声深沉有力，木槌在青石上捶打纸料的撞击声震耳欲聋，即使在工厂几公里外都能听到。翻料工人一边要忍受这强烈的撞击声，还要不停地用手去翻料，让人心惊肉跳。这种高危的工作一旦稍有闪失，后果不堪设想。早在 20 世纪 70 年代，笔者去泾县老区采访时到过小岭宣纸厂参观，厂里负责人告诉我，翻料工由于长期在这种撞击声下翻料，很多人听力受到很大影响。

捞纸是一项技术活，纸张的厚薄全凭捞纸工人的手上功夫。只有亲身体验才能领悟其中的奥妙，只可意会不可言传。每一种宣纸都有其所需的重量和切割要求，超出或低于要求的重量都是不符合要求的，全凭捞纸工人在长期的实践中修炼而成的硬功夫、真本领。一般来说，纸越薄越难捞。因为纸张较薄，捞纸时竹帘上的浆层也相应变薄，浆层变薄后，纸浆分布在竹帘上的难度大为增加，如果不具备深厚的捞纸功夫，薄纸就会被捞成厚纸，导致厚薄不一的情况发生。捞纸工作是在水槽中进行，捞纸工需要站在水槽的两端，穿戴防护服和防滑鞋在水中操作。在炎热的夏天，工人手持竹帘在水中操作还算好，在春秋季节就不好受了，在严寒的冬季更是一种煎熬。因此，无论是书画家，还是制作传统加工纸的人，都应珍惜手工纸。只有了解造手工纸的艰辛，才能懂纸，对手工造纸人更加敬畏，避免浪费手工纸。

二、学习绘画对加工纸笺的帮助

加工纸的制作通常涉及色彩、线条、构图、描绘、雕刻等诸多领域，因此有美术功底的人在学习加工纸方面具有明显优势。很多加工纸的制作都需要对色彩有深入的理解，传统加工纸色彩讲究沉稳而又雅致、艳丽而不张扬，因此需要了解各种颜料及其调配技巧，有美术绘画基础的人一般都能很好地调配各种颜色来制作各种颜色的染色纸。而对于在染色纸上采用水印的方式来印制各种图案，同样需要考虑颜色的调配及搭配。如果颜色搭配得好，整体效果看起来非常舒适；颜色搭配不协调，整体效果则会显得僵硬，既不美观也不舒适。这些都体现着做加工纸的人的美术素养问题。这些对色彩的感知在很多加工纸产品中会显现出来，例如在制作册页封面上，除了传统的宋锦，还可以选用多种丝绸和花色棉布进行装饰。这些丝绸及纺织品花色品种繁多，选择适当的颜色、图案、花色至关重要，需要依靠审美眼光进行挑选。此外，选用什么颜色来粘贴封面也需要认真考虑。例如，同样的宣纸册页，如果精心挑选了合理的颜色、花色，制作的产品会让人感觉非常舒适；反之，则可能使人感到生硬。

在木刻水印制作过程中，颜色调配扮演着重要的角色。传统的木刻水印的颜色及其搭配独具特色，用什么样的颜色来复原我国古人精心设计制作的作品的原貌，需要我们深入了解各种颜料并精心调配，以达到与原作品一致。尤其是在制作木刻水印信笺时，不同的图案所使用的颜料也是不同的，有的是用水彩颜料，有的使用国画颜料，有的则用水粉颜料。这三种颜料在水印中呈现的效果是不一样的，需要我们不断摸索、学习和研究，以达到更好的制作效果。如果我们既学过中国画，又了解西画，便可明晓各种颜色在宣纸上的效果，包括在生宣、半生宣纸、熟宣上的绘画效果。如果我们具备这些知识，就能掌控自如，胸有成竹。笔者在长期从事制作出口加工纸业务中，经常遇到客户提供一些国内外的加工纸产品，有的是现代的，有的是古代的，要求笔者根据样品进行制作。如果无法判断出颜色的来源，就难以理解它的制作过程。如果熟悉这些知识，就会知道这些色彩的形成原理，进而制作出完美的加工纸。因此，掌握绘画知识可为我们制作加工纸带来很大的帮助。

在绘画中，线条的重要性不容忽视，因为它是构建绘画结构的支柱。对于图案中的线条的理解非常关键，特别是对制作做加工纸的木刻水印版、砑花版的雕刻、刻画笺的刻纸、彩绘描金的绘画都会有很大的帮助。木板雕刻是通过木刻刀刻出所需要的图案线条，因为任何简单或复杂的图案都是由线条组成的。如果不懂绘画，就不知道线条从何起笔，也不知道落笔在哪，即使把线条刻出来，也难以表现出线条的力量和美感。书画讲究古法用笔，线条要横平竖直、坚挺有力，线条转变时要有力度并富有弹性。同样，用刀去刻制线条也应遵循这些规则，这也是雕刻的基本原则，只有这样才能印出精美的图案。我们需要先认识并读懂图案的结构，才能用刻刀去表现它。再如，刻画笺的图案融合了刀法的特点和刻画的技巧，通常其图案简约而淳朴，线条流畅而优美。这种绘画和刻纸相结合，采用具有民族特色的艺术加工纸，具有简约、淳朴、明朗、通透的特点，加上构图宏大，成为我国传统民族文化的一大特色。明清时期采用这种方法制作的刻画笺，是珍贵的宫内御用纸。

很多加工纸都涉及图案，如砑花、刻画、水印、彩绘、描金等，既是图案就离不开构图，一张砑花或描绘好的图案，其实就是一幅精美的中国画。无论是木刻水印信笺还是较大的瓦当水印、刻画笺还是丰富多彩的彩绘，以及金光闪烁的描金纸，都是具有民族特色的画作，都具有明确的主题。围绕主题的辅线，优美而又合理，相互支撑、呼应、衬托，色彩搭配十分协调优美。传统的木刻水印作品如《萝轩变古笺谱》《十竹斋笺谱》中的各式图案，都是当时著名画家精心创作、工匠精湛雕版和水印工辛苦工作的结晶，经典而又完美。这些都值得我们认真学习。

我国加工纸的经典作品还有历代宫廷御用的各种描金纸。这种御用描金纸无论是加工技术，还是描绘的图案，都是加工纸中的极品，代表了我国造纸及加工技术发展的高超技艺，也代表了加工纸的最高水平，清代乾隆时期由内务府制作的御用描金纸绢更是如此。这些经典图案，凝聚了宫廷画师的精心设计和造办处精湛的技艺。如此国宝级的艺术品，是前人留下的珍贵文化遗产。这些高端的加工纸艺术品是我们今天学习加工纸最为宝贵的教科书，只有通过学习、理解、追求，才能不断提高加工纸技术和艺术水平，将加工纸做得更精更美。

三、传统的装裱技术与加工纸笺的关系

装裱书画是我国所特有的一种工艺，有着悠久的历史。唐代张彦远所著的《历代名画记》中说："自晋代以前，装背不佳，宋时范晔，始能装背。"还说南朝刘宋时的虞龢论述裱画"于理甚畅"，对糨糊的制作、防腐，用纸的选择，以及除污、修补、染潢很有见解。从现有的文字记载，可以看出我国裱画技术至少有1500年以上的历史。

本书说的是加工纸，为什么要谈书画装裱呢？其实书画的装裱技法与制作加工纸的技术在很多地方是相通的。有的人在掌握了一定书画装裱技术后，再学习制作加工纸，往往更容易成为制作加工纸的高手。传统的裱画师每天都与各种书画材料纸打交道，掌握了精湛的刷裱（我们称刷纸）技艺。他们需要把在不同的书画材料纸上的绘画作品进行装裱，所面对的这些材料纸比较复杂，有宣纸、皮纸、加工纸及其他材料制作的书画纸。这些纸张的特性各异，有生宣、半生熟宣、熟宣（矾宣）、绢画等。要在装裱中保证作品的完整性，不能有任何闪失，必须进行精致的装裱才能赢得市场和书画家的信任。因此，他们对各种用于书画的纸张的了解程度要高于普通人。为了更好地突出书画作品的完美，需要使用不同颜色的绫纸围绕作品进行装饰，同样围绕作品装饰的镶嵌的疏

条（又称出助）、包边、惊燕带的各种颜色，都要经过手工染制才能完成。这种染纸和染绫的方法是在裱画的工作台上完成的，也就是本书前面提到的台染方法。

装裱书画的基本技能之一是刷纸。要将不同材料纸上的绘画作品刷平整并保证不会出现跑色、走墨、皴纹、折痕、损伤、破损等问题，是对裱画工的最基本要求。此外，针对不同性质的书画材料纸，还需要采取不同的刷裱方法。除此之外，掌握矾宣、普通白纸、丝绸、棉布等不同材料的糨糊浓度和裱制方法，对于从事装裱行业的人员而言也是必要的技能。只有掌握了这些技能，才能应对各种形式的书画装裱需求。

糨糊是装裱工常用的黏合剂，其制作对于装裱技师而言是一项重要的工作。在一年四季的不同天气条件下，糨糊的制作方法也会有所变化。为了使裱件具有防虫、防霉变的效果，装裱工会添加不同的材料到糨糊中，因此裱画工对糨糊的制作、保存、调整都十分讲究。此外，黏性也是制作糨糊的重要考虑因素，因为不同的材料需要使用不同浓度的糨糊进行裱糊。如果糨糊浓度掌握不好，裱件就会过于僵硬或者出现脱裱现象，调节糨糊浓度是装裱工所要掌握的必备技能。

高超的裱画师不仅仅能够裱画，还能具备重新装裱及修复古旧书画的能力。古旧书画的重新装裱技术性很强，需要经过揭去旧裱、洗净污霉、修好残伤、重新装裱等一系列技术手法。对于破洞，需要使用相近年代的接近同材料的纸去补救，高强的裱画师在补救破洞时手法高超，一般人很难看出修补过。对于短缺书画的笔墨部分，在修补时还要调整颜色加以补充，要做到以旧补旧，以还原旧书画的历史原貌。当然，古旧书画的修复是一门非常复杂的学问，需要装裱工不断深造。这些方法和技能非常值得我们学习，如果有这样的机会，建议到裱画室学习，可以使我们进一步地认识手工纸，也能增加一技之长。

除了以上所述的工艺共同点外，在制作加工纸的过程中，还有许多与装裱相似的地方，如刷纸破洞的补救、气泡的排除、折皱的处理、拍浆上墙挣平、下纸、方裁纸张、长尺寸纸张通过打通眼的方法去裁切边直、裱件后背的磨砑，以及画册、册页、经折封面的装饰等，方法都是相通的。另外，装裱和做加工纸所使的工具也是相通的，如裁切刀、垫板、棕刷、羊毛排笔、竹起子、油纸、针锥、砑石等。同样，装裱所需的材料，如纸张、绫绢、宋锦、糨糊、颜料、胶矾、蜡等，与做加工纸的材料也都是一致的。因此，如果有机会在传统裱画工作室学习装裱，对于做加工纸是非常有帮助的。

四、学习研究传统加工纸笺的意义

传统的加工纸制作工艺传统而又繁琐，全靠造纸人的辛勤劳作。而用于书画的加工纸则更加精细、复杂和讲究，其价格昂贵，这在任何年代都是如此。例如，20 世纪 70 年代初，笔者想购买纸张请人作画，但是一张四尺的棉料单宣要九分钱，而用来书写、绘画的净皮单宣则要一角三分一张，这个价格相当于当时一斤大米的价格，着实让笔者难以接受，为了得到喜爱的书画，只得忍痛购买两张，至今仍记忆犹新。此外，用这样的手工纸再进行深加工，做成的加工纸成本无疑更高，对于一般书画爱好者来说是难以承受的。因此，笔者虽然喜爱传统的加工纸，但是由于价格的原因，只有望洋兴叹。

1979 年，笔者进入安徽十竹斋开始从事加工纸的学习与制作，一干便有 40 余年。当时国家刚刚实行改革开放，经济建设还很困难，急需大量外汇，每年上级机关都给我们下达出口创汇任务，我们做的加工纸产品主要用于出口，国内基本是不销售的。那时，我们生产的五色宣、冷金、五色洒金纸、册页、印谱、砑花笺、木板水印信笺、粉蜡笺、粉蜡描金纸等，国内很多人都不认识，就连中青年书画家也不知道这些产品的来历。当他们来到厂里见到做加工纸的边角料时非常欣喜，在征得同意后带了一些回去。对于这些传统的加工纸，只有老一辈的书画家和安徽省博物馆的研究人员才知道它们的来历及历史名称，他们还及时给予我们指导和帮助。而每当制作出新的加工纸送给他们时，他们都备加珍惜，只有在兴致很好的情况下才用来作书作画。

当时在国内销售的加工纸也只有在北京的荣宝斋和上海的朵云轩有供应，其他地方难觅踪迹。此外，加工纸价格异常昂贵，对于普通的书画爱好者来说无疑是一种奢侈品，令他们望而却步。直到 20 世纪 90 年代初，随着国家经济的发展，人们生活水平逐渐提高，国内书画热兴起，对不同的书画用纸有了新的追求，文化市场上才又出现了加工纸。但这些加工纸，都不是传统手工制作的加工纸，而是利用现代的加工方法制作的低成本加工纸，纸上的颜色是用喷枪喷上去的，印制品的图案是用丝网印刷技术刮上去的，更多的“木刻水印”信笺是用机械印刷的。由于这些加工纸价格低廉，在现在的书画市场上仍占有一席之地，被广大书画爱好者所接受。尽管这些加工纸在书写时显得笔触生硬，受墨效果不佳，但却并未阻挡广大书画家对它们的喜爱。尽管大家也都知道这些是传统加工纸的仿制品，但人们还是愿意使用它。从某种意义上说，这些仿制品的出现对我国传统的加工纸文化的传播起到了推动作用，成为一种新的宣传模式。

传统的手工加工纸在我国手工造纸发展史上占有重要地位。传统的加工纸是书法、绘画的重要载体，承担着弘扬中华文化的光荣使命，然而由于其高昂的价格，一般人难以接受。例如，用手工宣纸印制的木刻水印信笺每套少则一两百元，精致的水印信笺则要三五百人民币一套。一些高端的加工纸，如仿制御用的砑花笺、刻画笺，每张价格更高，而仿制的真金粉蜡描金纸、真金库绢粉笺等曾经的皇家御用品，身价更高，几乎无人问津。这些高端的加工纸艺术品只有收藏家才会购买，买回来之后往往被束之高阁，收藏的目的只是拥有和欣赏，而不是使用它，这是我们做高端加工纸比较尴尬的地方。只有国内的文化名人和著名的书画家才对用纸十分讲究，不惜重金购买真正的传统加工纸，他们是推动传统加工纸制作的动力，是发展民族纸笺的坚实力量。

我国传统的加工纸技术与手工造纸一样，已有近两千年的历史。我国制造了许多传世经典的加工纸艺术品，这是历代无数人通过他们的聪明才智、心血、经验，经过艰苦努力和不断摸索的结果。这些精美的加工纸笺艺术品已成为世界文明的一份宝贵文化遗产，长期处于世界领先的地位，在世界造纸史上占有重要的一席之地，令国外人仰慕不已，这是国人的骄傲，也是中国文化自信的组成部分。作为中国人，我们应当学习、追随它，这是对我国传统文化最好的弘扬和贡献，也是对中华优秀传统文化最好的传承。

附录一

古代加工纸笺发展史概要及大事年表

造纸术是我国四大发明之一，也是中华民族对世界文明做出的杰出贡献。明清以前，我国的造纸术已达到相当高的水平，在世界上一直遥遥领先。随着造纸技术的不断发展与改良，古人研制出了各种复杂而又精美的加工纸笺、纸绢，使纸张不仅更加富有文化气息，又增加了艺术魅力，成为一种极具收藏价值的艺术品。这些传统的纸笺、纸绢艺术曾伴随着我国手工造纸的发展和成长，不断发展、不断完善。它是我国手工造纸史上不可或缺的重要组成部分，扮演着重要的角色。

要了解这些加工纸笺、纸绢的历史渊源和成长过程，需要从中国造纸史开始学习，在很多的造纸历史资料及文献中，都能找到传统加工纸笺、纸绢的记载和古纸古笺相关的加工方法。除此之外，还有一些文房四宝相关的书籍和杂志都有历代的名纸、名笺、名纸绢的详细解释，这都需要我们认真学习和关注。加工纸的品种繁多，对它的命名也十分的复杂，数不胜数。因此，除了学习书本知识之外，更重要的是亲自动手实践，只有通过实践，才能更好地了解和研究加工纸，传承中国传统文化。

为了让读者更好地了解我国古代加工造纸的发展史，清晰掌握加工纸在造纸史上发展的历史脉络，本书编制了古代加工纸的发展史概要及大事年表，以方便大家参考。

古代加工纸发展史概要及大事年代表

西汉（公元前 206—8 年）		
汉宣帝黄龙元年（前 49 年）	新疆罗布淖尔出土麻纸，时间定为汉宣帝黄龙元年，纸面似有研光痕迹，可能当时已开始在纸面上研光	《罗布淖尔考古记》，载《文物》1977 年第 1 期
东汉（25 年—220 年）		
汉和帝元兴元年（105 年）	蔡伦用废麻、树皮造纸，称为蔡侯纸。纸开始广泛用于书写，皮纸出现	《东观汉记》《后汉书》
105 年	在敦煌长城废墟发现 105 年 9 封用古窣利文书写的书信分别装在信封里，信纸为 9 厘米 ×24 厘米，是最早的纸质纤维	1907 年斯坦因 .（A. Stein）
2 世纪	刘熙在《释名》中解释“潢”字为染纸，说明东汉已开始用黄檗染纸	《中国造纸技术史稿》
东汉末年	山东地区出现造纸能手左伯，采用研光技术所造纸研妙辉光，纸的质量进一步提高	《三辅实录》
西晋（265—316 年）		
西晋	染纸有两种，一种是写字在前染纸在后，另一种是染纸在前写字在后	《陆士龙集》《西晋 . 刘卞传》
西晋	始用纸扇	《书法要录》
东晋（317—420 年）		
后赵石虎建武元年至十四年（335—349 年）	石虎诏书用五色纸。染纸已发展至五色	《邺中记》
前凉建兴三十六年（348 年）	新疆出土的前凉建兴三十六年古纸，有矿物性颗粒与淀粉，说明已出现涂布工艺	《新疆出土古纸研究》
东晋	新疆出土的东晋《三国志》抄本古纸已经涂布工艺	《新疆出土古纸研究》
晋安帝元兴三年（404 年）	桓玄下令“今用简者，悉以黄纸代之”，至此，简全部为纸所代替	《太平御览》

续表

西凉建初十二年（416 年）	敦煌石室写经纸《律藏初分》的纸浆中已加入淀粉糊剂	《中国造纸技术史稿》
南北朝（420—589 年）		
北魏（533—544 年）	贾思勰《齐民要术》问世，详细介绍纸张入潢的方法	《齐民要术》
隋唐（581—907 年）		
7 世纪前后	雕版印刷术发明，它对我国的木板彩色印刷起到了重要作用	《中国印刷术的发明及其影响》
618—741 年	敦煌石室写经纸《法华经》据推断为 618—741 年遗物，是目前发现的最早硬黄纸（一种涂蜡的黄纸）	《中国造纸技术史稿》
武则天长安元年至唐玄宗天宝末年（701—756 年）	洒金纸和金花纸出现	《纸笺传》
唐玄宗开元九年至唐德宗贞元三年（727—781 年）	杨炎（727—781 年）用桃花纸糊窗，纸用于糊窗之始	《云仙杂记》
唐玄宗二十六年（738 年）	杭州有细黄状纸，姑苏产吴笺，四川蜀之麻面、屑末、滑石、金花、鱼子、十色笺	《唐六典》
唐宪宗元和年间（806—820 年）	纸已有生纸熟纸之分；薛涛用芙蓉花（红花）加入纸浆中制成红色小纸，人称为薛涛笺；四川生产一种叫鱼子笺的砑花水纹纸	《资暇集》《蜀考》《天工开物》《国史补》
唐代（618—907 年）	这时期有硬黄纸、硬白纸、彩色蜡笺、流沙笺、金花笺、云蓝纸、彩色砑花纸、花帘纸、防水油纸	《中国造纸史》，《文物》1979 年 2 月
五代十国时期（907—960 年）		
935—954 年	蜀国用纸造“交子”，分单色彩色二种代替钱进行贸易，其后又发行“会子”“关子”等彩色纸币	《文献通考》

续表

宋（960—1279 年）		
961—974 年	南唐后主雇工制造名贵纸张，收藏在澄心堂，称澄心堂纸	《文房四谱》
宋太祖乾德五年（967 年）	敦煌石室写经纸《救苦众生苦难经》	《中国造纸技术史稿》
宋太祖开宝四年（971 年）	开雕《大藏经》，雕版多达 13 万块，印刷一部《大藏经》，达 13 万张，当时纸张产量可见一斑	《古书版本常谈》
北宋初	苏易简（958—996）著《文房四谱》，其中有《纸谱》介绍各种加工纸	《文房四谱》
11 世纪	谢师原（1019—1084）创制谢公十色笺，染色纸发展到 10 种	《蜀笺谱》
北宋仁宗庆历年间（1041—1048 年）	平民毕昇发明活字印刷，既促进了印刷的发展，又促进了造纸的发展	《梦溪笔谈》
北宋仁宗皇祐三年至北宋徽宗大观元年（1051—1107 年）	著名画家米芾写成《十纸说》一文，专门论述六合纸、桑皮纸、硬黄纸等 10 种纸张	《十纸说》
北宋神宗熙宁元年至北宋哲宗元祐九年（1068—1094 年）	苏州承天寺制造著名的金粟山藏经纸	《金粟笺说》
北宋末	已能制造长达三至五丈的纸张。宋徽宗赵佶书写《千字文》长达三丈余，写在巨幅描金的麻纸上，现藏辽宁博物馆	《长物志》
南宋孝宗淳熙三年（1176 年）	用花椒水将纸浸渍成椒纸，印成书籍可以防蛀	《书林清话》
元（1271—1368 年）		
元惠宗至元六年（1340 年）	湖北江陵县用朱墨两色印行金刚经，套印书籍开始，促使纸张强度提高	《古书版本常谈》
元	费著编写《蜀笺谱》，专门论述四川造纸及加工纸的情形	

续表

明（1368—1644 年）		
明宣德年间（1426—1435年）	宫用宣德细密洒金笺用泥金描绘各式图案、画册、并有五色粉笺、印泥五色花笺、五色大帘纸、瓷青纸、宣德羊脑笺、宣德素馨纸、金龙纹笺、龙凤笺、宣德宫笺等。宫内“明仁殿纸”“端木堂纸”上有泥金隶书“明仁堂”三字印	《中国造纸技术简史》
明隆庆年间（1567—1572年）	无锡生产朱砂笺，历数十年鲜艳不改	《无锡志》
明万历年间（1572—1620年）	创始的“饾版”“拱花”木板彩色套印工艺为我国鼎盛时期，天启六年“萝轩变古笺谱”，天启七年“十竹斋书画谱”分别刊成	《中国造纸技术简史》
明万历四十年（1612 年）	北京“南店”主要经营南方所产的纸张及各色加工纸笺	《纸说》
明崇祯十七年（1644 年）	由徽人胡正言刊印的《十竹斋笺谱》刊成，一套四卷，共 33 组 283 幅画笺，被视为彩色套印版画的开端	《制笺艺术》
明	加工纸除吴笺外，在弘绍兴新兴的彩色粉笺、金银印花笺、黄笺、蜡笺、罗纹笺	《中国造纸技术简史》
清（1616—1911 年）		
清高宗乾隆年间（1736—1795年）	生产仿澄心堂纸、仿元明仁殿纸、仿明宣德宫笺、仿金粟山藏经纸以及其他名贵纸张	《中国造纸技术简史》
光绪十八年（1892 年）	安徽巡抚，上使（皇上用）朱红绢四龙幅方笺、五色洒金蜡笺、五色素蜡笺、五色洒金纸	上海《益闻报》
光绪二十年（1894 年）	北京有名的“松竹斋”更名为“荣宝斋“	《纸说》

附录二

范发生加工笺纸作品辑

范发生制作的各种染色、洒金、泥金泥银、虎皮、珠光笺

范发生制作的瓷青纸、鸦青纸、金粟山藏金纸、植物染色纸

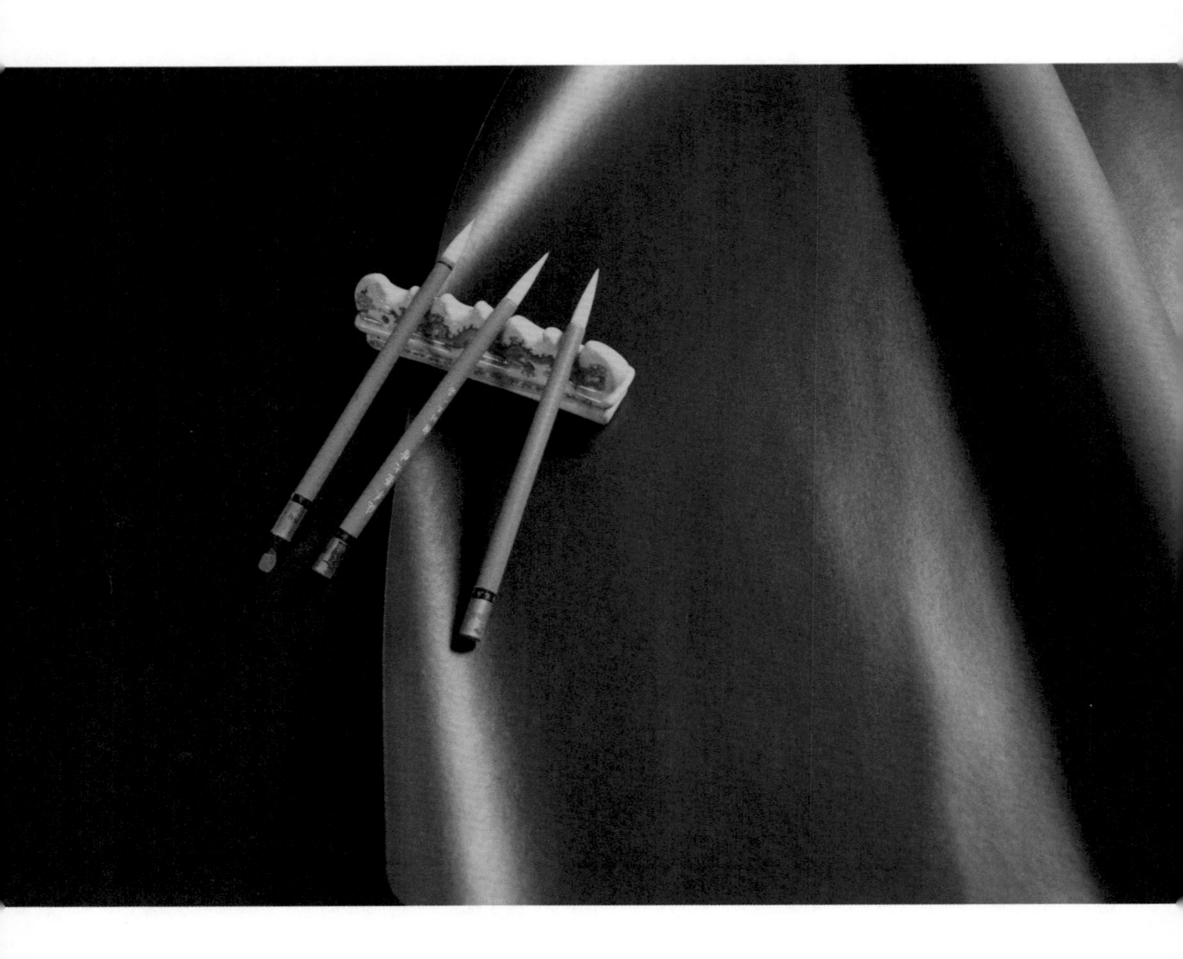

范发生制作的羊脑笺

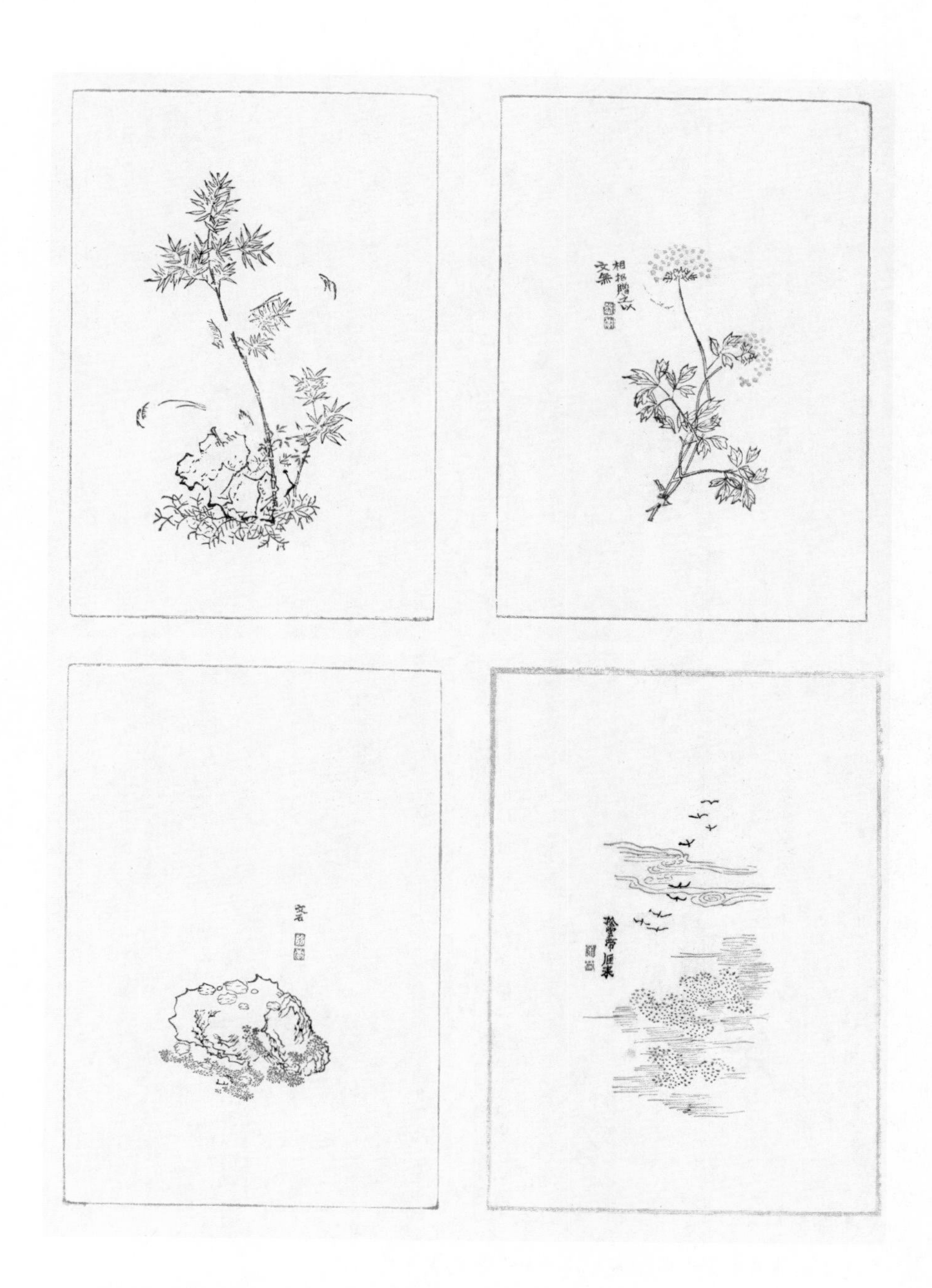

范发生制作的木刻水印信笺（仿《萝轩变古笺》）

范发生制作的木刻水印信笺（《十竹斋笺谱》中隐居之士）

范发生制作的木刻水印信笺（《十竹斋笺谱》中博古拱花）

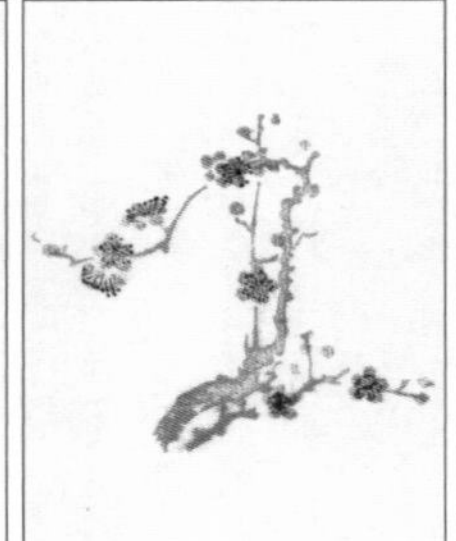

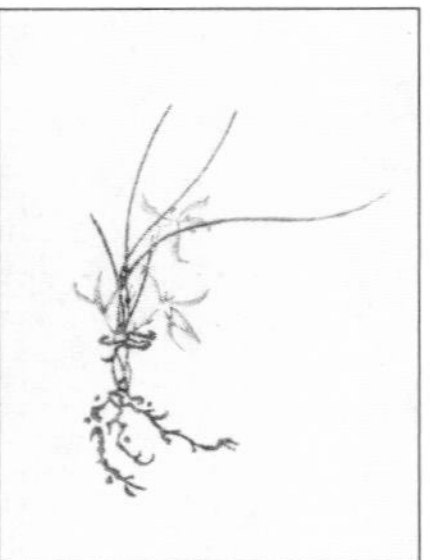

范发生制作的木刻水印书信套

范发生作制四尺刻画笺（双龙图）

范发生复制
刻画笺清竹图

范发生为故宫博物院养和精舍复原的清代（银花纸）西番莲卷草纹

范发生为故宫博物院遂初堂复原的清代樱花纸

范发生为故宫博物院养心殿复原的清代大万字牡丹纹（银花纸）

范发生 1994 年为日本制作的唐纸（兽纹）

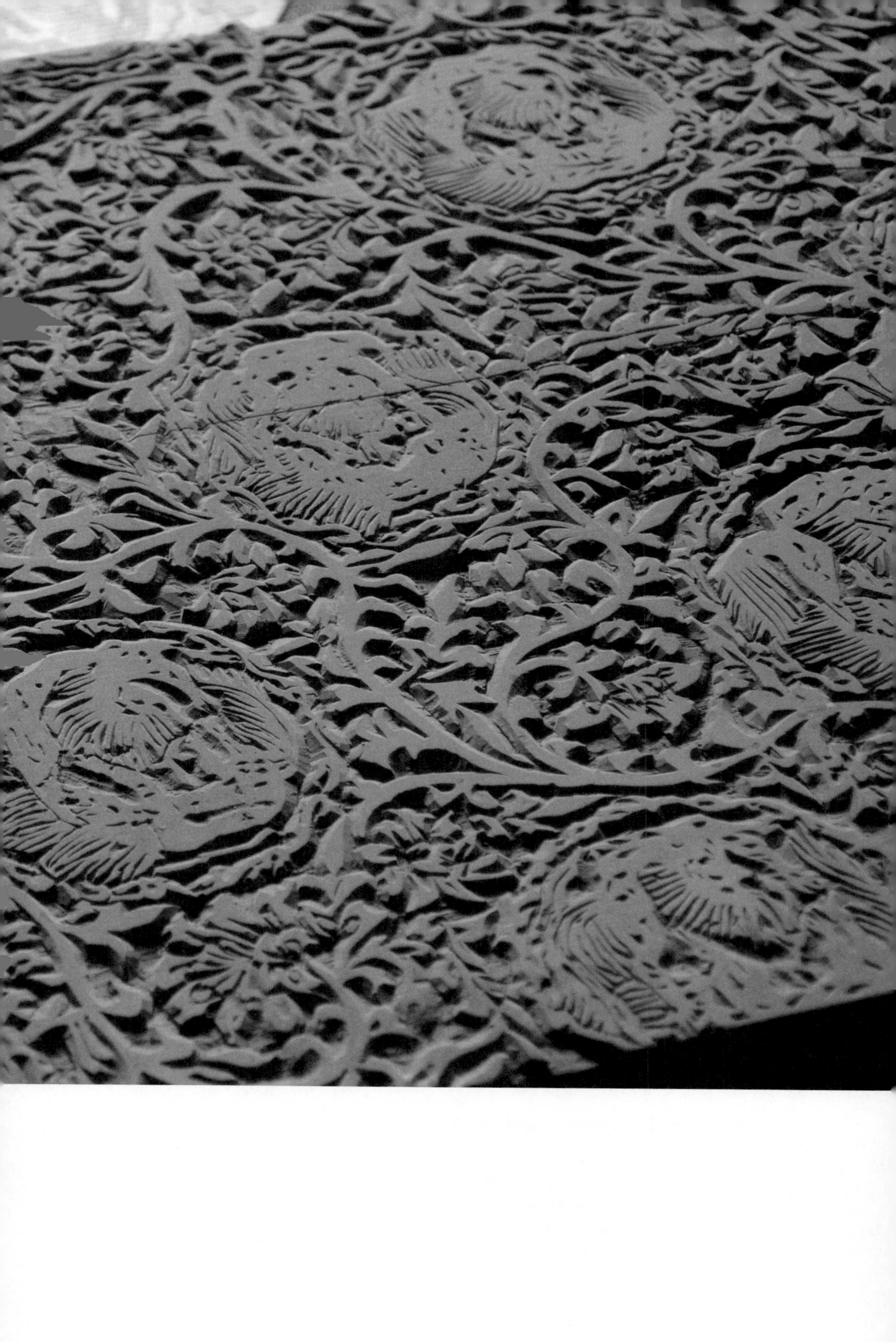

范发生 1994 年为日本制作的各种纹饰的唐纸（大牡丹纹）

范发生制作的绢粉彩绘花卉如意云纹

范发生复制
洒金绢粉彩绘彩蝶纹

范发生制作
描金斗方缠枝莲纹

范发生制作
描金斗方山水图

范发生制作
描金梅花玉版笺

范发生制描金立轴松竹梅

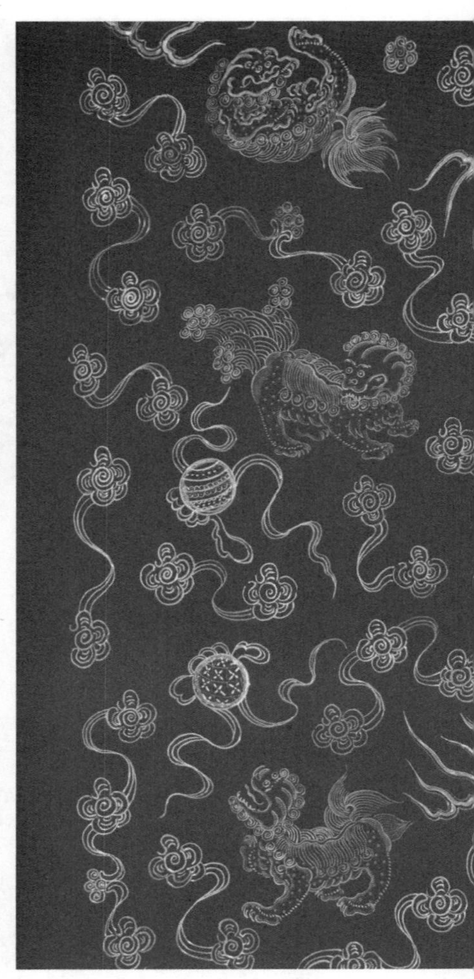

范发生制描金立轴瑞狮喜球

范发生制描金立轴福寿云纹　　范发生制描金立轴缠枝莲纹

范发生制描金立轴百福云图

范发生制描金立轴花开富贵

范发生制四尺描金龙

范发生复制的四尺宣德五色粉蜡御用描金云龙

范发生制四尺描金山水

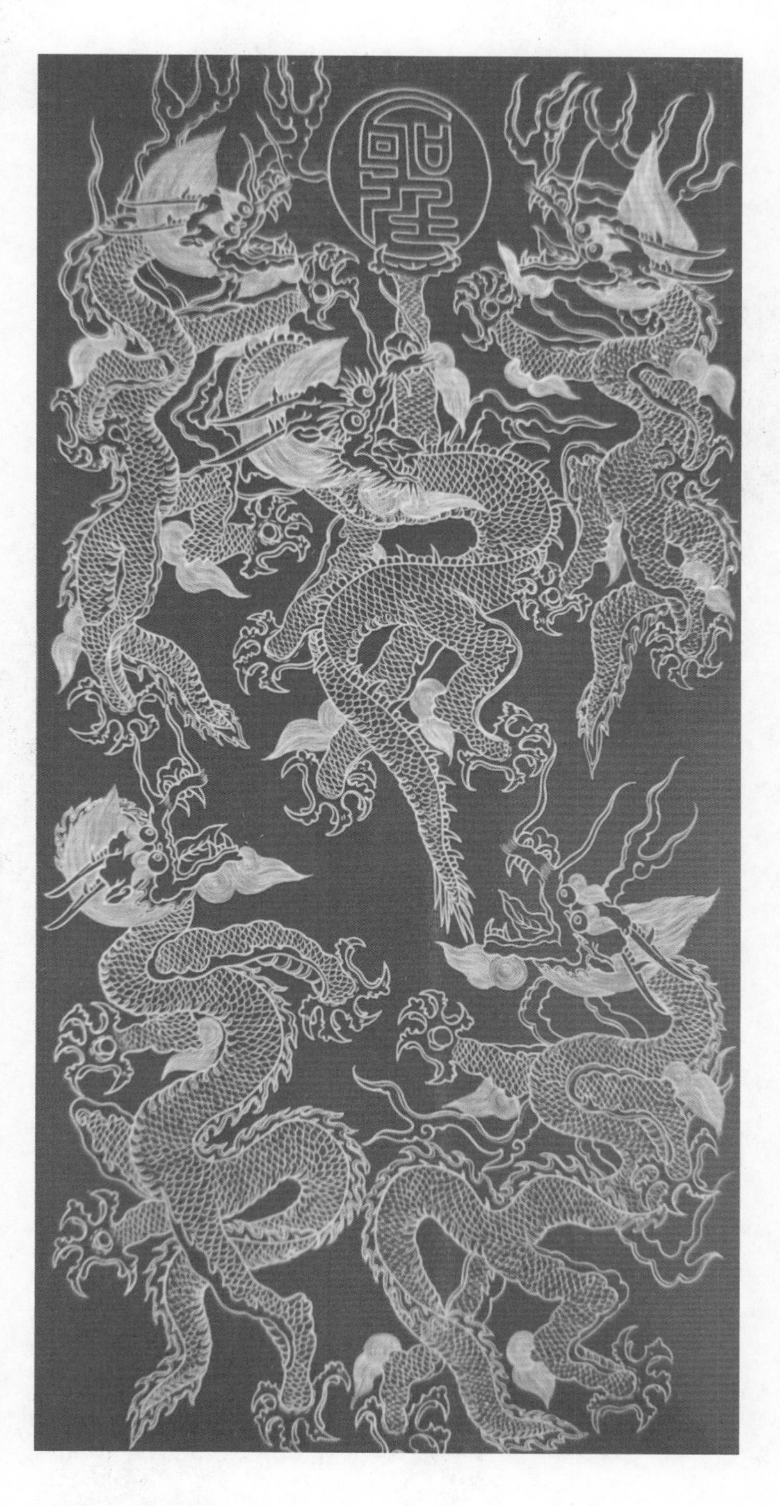

范发生复制四尺描金五龙捧圣

范发生制四尺五色粉蜡描金云龙（套装）

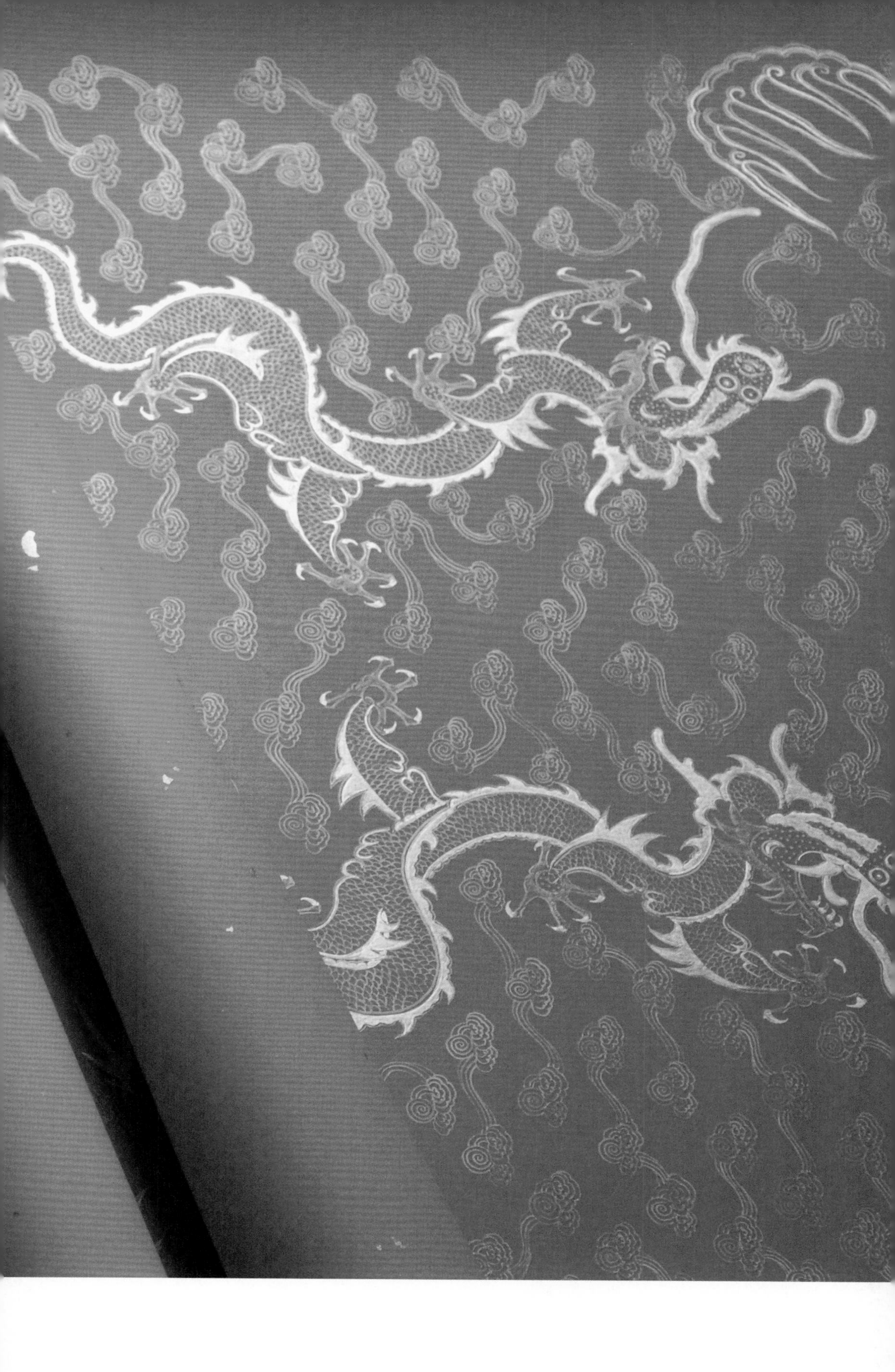

附录三

乾隆花园壁纸焕彩重生 *

* 本文原载《中华遗产》2023 年第九期。

乾隆花园
重现 尘埃下的浮华

乾隆花园壁纸焕彩重生

纹样精美、色泽饱满的一张张壁纸，为乾隆花园的建筑物完成了室内美颜。如何用传承千载的手工纸，结合科学检测分析数据，入其微观之秘，完成皇家壁纸的复原？

撰文
纪立芳

银印花纸
墙壁上藏着的风雅

故宫乾隆花园的四进院落，因历史上扰动较少，保留有清中晚期的各种银印花裱糊纸张。银印花纸纹样精美、富有光泽，是清代后宫室内装修的首选。图为乾隆花园云光楼一层的养和精舍。光影下，由范发生老师复制的白地云母万字缠枝西番莲卷草银印花壁纸，显得格外高贵典雅。
摄影 / 吴西羽

银印花纸，后宫室内装修首选

清代建筑营造业中，有一匠作称为“裱作”。裱匠们都干些什么呢?

他们的日常工作，主要是将纸张及织物等材料，粘贴于建筑室内的顶棚、墙壁、门窗、槅扇等部位，完成一次次室内美颜。洁白绵韧抑或是印有纹饰的手工纸，裱糊在墙面上，与字画、匾联等浑然一体，不仅格调高雅，还能极大程度地改善室内的采光效果及干净整洁的程度。

这种内檐棚壁糊饰，近现代也简称为糊壁纸。著名造纸史学家潘吉星先生在《中国造纸史》中这样定义：“所谓壁纸，一般指染成各种颜色，或绘以图画，或印以彩色图案，用以糊墙补壁作室内装饰的纸。有时用本色纸涂有白粉者（粉具有吸水性）。”清代，以纸张为载体的室内装饰，俨然构成了一种可视、可触、可品的交互艺术。明末清初的文人李渔，就曾在《闲情偶寄》中谈起糊壁纸的艺术：“先以酱色纸一层，糊壁作底，后用豆绿云母笺，随手裂作零星小块，或方或扁，或短或长，或三角或四五角，但勿使圆，随手贴于酱色纸上，每缝一条，必露出酱色纸一线。”用撕碎的豆绿笺，在酱色纸上营造出哥窑青釉冰裂纹的意境，妙不可言。

裱作也是清宫内务府的重要匠作之一。糊壁纸在清初已经盛行于内廷，彼时，传统手工纸的制造业正发展兴盛。手工纸作为建筑材料用于裱糊，不但价格合宜，而且档次分明，种类丰富。

清代建筑室内裱糊的纸张层次，分为底纸和面纸。底纸主要粘贴在木构件表面或地仗层上，用纸以桑科纤维为主要原料，强韧坚固，抗张强度和耐折度非常好，干湿的收缩率很小，作为基层可以平整防裂。清初，裱糊底纸主要依赖朝鲜半岛进贡，称“高丽纸”。乾隆朝，国内也仿制出相同性能的高丽纸，俗称“乾隆高丽纸”。

面纸则是糊壁纸的最上层纸张，整座建筑内檐背景的颜值担当，定下了室内装饰风格的主基

2
1

调。面纸主要有白色的连四纸、本纸，以及各类印有纹饰的银印花纸、蜡花纸等手工竹纸。特别是银印花纸，在清中晚期最受欢迎。

唐代是我国纸笺加工的创新期，其后历代著名纸笺都能溯源到唐代。金银印花笺的加工方法在明代多本著作中均有记述，如项元汴著《蕉窗九录》记载，制作银印花纸，需要“用云母粉同苍术、生姜、甘草煮一日”，先后装入布包、绢包内揉洗成细粉末，在绵纸上沥干。用白芨水调粉成糊，刷在雕花版上，用五色笺为底纸，“覆纸印花……印成，花如销银”。云母是一种硅酸盐矿石，有白色、黑色等多种颜色，制作银印花

3

室内美颜
精美壁纸品类繁多

裱作是清宫内务府中的重要匠作之一，主要工作是将纸张及织物等材料粘贴于建筑室内，完成室内美颜。室内裱糊的纸张分为底纸和面纸，左页图1展现了养和精舍地仗糊饰的层次（摄影／吴西羽）。乾隆花园保留了大量裱糊纸张、织物，体现了清代室内糊饰的信息和工艺做法。图2为蓝地樱花倭子纸（摄影／陈敬哲），图3为洒金蓝绢，图4为白地云母万字绿团龙银印花纸（摄影／吴西羽）。

4

纸时选用的多是白云母。云母在纸张表面呈现出银色光泽，晶莹耀眼。用此方法制作的传统加工纸，又称云母笺。

唐代，制作笺纸的工艺已流传到日本，被日本人称为“唐纸”。如今日本的个别作坊内，依然延续着唐纸的制作工艺，并应用于室内屏风及拉门的装饰。有趣的是，根据内务府档案记载，清代宫廷也有从日本舶来的唐纸，用于墙面裱糊，而它们在档案中被记为“倭子纸”。

云母地套印，加工纸工艺高峰

因为纸张容易受损，使用者的审美喜好又各不相同，室内裱糊的纸张就被频频更换。故宫室内的糊饰遗迹，能保留至今的相当少有。较为幸

运的是，乾隆花园四进院落因历史上扰动较少，保留有乾隆年间及其后多个时期的各种银印花裱糊纸张遗存，可以了解到大量清代纸张糊饰的信息及工艺做法。

清代宫廷墙面裱糊银花纸的工艺有简有繁。其中一种为只套印一层的银花纹饰，精致淡雅，多使用万字纹、万字牡丹、福寿三多等纹饰。另一种清宫银印花纸，会在云母地或白地上先印万字纹饰，再在纹饰上面套印绿色或蓝色花纹，如绿色缠枝西番莲纹、绿色小团龙纹、绿色小菊花纹等，工艺更为复杂。

清代中期的云母地白万字缠枝西番莲卷草纹银花纸，在云母地上分别套印了白色万字纹与绿色西番莲卷草纹。从雕版的雕刻工艺、刷印的复杂程度、色彩的饱和程度等方面，均代表了清代

古法匠心
成功复制清宫壁纸

乾隆花园古建筑保护维修工程展开了对清中、晚期两类不同工艺的万字地缠枝西番莲银印花纸的复制研究。安徽合肥的传统手工纸再加工非遗传承人范发生老师，接到了复制银印花纸的任务，经过两年半的不懈努力，终于复制成功，并应用于养和精舍裱糊工程的实验点。上图为正在刻板的范老师（供图／范发生）。右页上图展示了加工中的揭纸环节，下图则为金学文老师在示范点裱糊复制的乾隆朝云母地白万字缠枝西番莲纹银印花纸的场景（摄影／严佳）。

裱糊加工纸刷印工艺的最高水平。故宫的室内糊饰中，这种银花纸仅见于乾隆花园一区，且保存较为完好。

壁纸的装饰效果，不仅在乾隆花园的建筑内饰中留下了历史遗迹，还可以通过乾隆花园玉粹轩内那幅“岁朝婴戏图”通景画，一睹风貌。这幅画是乾隆四十年（1775 年），由乾隆帝钦命绘制的。画面内外均为万字缠枝西番莲银花纸，由墙壁延续至顶棚。纸面的银花，折射着莹润的光泽，与室内其他饰交相辉映，正是清代中期后宫室内装饰的原貌。

乾隆花园古建筑保护维修工程为了能够尽可能原位保留旧纸，前三进院落于 2019—2022 年完成了室内十余处裱糊纸张的修复工作，而其余建筑室内则要进行重新裱糊。

目前，传统手工银印花纸制作工艺逐渐被丝网印刷工艺所取代，且手工印刷的艺术效果也已大打折扣。如何复制出符合历史原状的银印花纸，成为了裱糊复原工程的难点。为了解决这一难题，由故宫博物院牵头，古建部开展了针对乾隆花园清中期和清晚期两类不同工艺的万字地缠枝西番莲银印花纸的复制研究。

102

工艺与科技，助力壁纸复原

国内银印花纸制作工艺分为南北不同的派系，北方京畿派、关东派已多式微。而乾隆花园这组建筑的内檐装饰，在乾隆时期亦多由江南匠人制作，故此次在复原的大方向上，定位由南方匠师复原。

机缘巧合下，课题组结识了安徽合肥的范发生老师。范老师出生于 1947 年，曾参与安徽十竹斋的筹建工作，学习手工加工纸制作的传统技艺，并致力于古十竹斋木刻水印等的研究与复制。一见面，范老师拿出了 20 世纪 90 年代应日本商社要求复制的“菱纹”“兽纹”“牡丹纹”等高端唐纸。这些唐纸的图案与工艺，与清宫的银印花纸非常近似。

多次交流后，课题组决定，将复原银花纸的

工作交给范老师。

2020 年底，年逾七旬的范老师正式接下任务。他非常慎重，推掉了其他工作，全身心地投入到紧张的复原工作中。拿到复原银花纸图纸定稿，

从乾隆花园养和精舍、萃赏楼揭取的银花面纸，原料均为竹纤维，纸面细腻光滑，特别适用于书籍印刷与制作笺纸

范老师按要求采用梨木进行刻板。

为何是梨木？是历代匠师们对不同材料的木板进行刷印比较后的选择。梨木板雕刻后，吸水吸色比较均匀，而且刻制的线条遇水后膨胀率很小，不易变形。

范老师严格按照图纸的图案线条，精准运刀，一丝不苟地雕刻，连春节也不曾间断。经过四个月的努力，终于完成了仿乾隆朝万字板和缠枝西番莲梨木雕板的纯手工雕刻工作。试印纹饰后，得到了课题组的认可。

紧接着，范老师又进行了复制实验。从乾隆

时尚“波点”
手工纸助力装饰艺术

我国传统的手工纸制造业在清代发展到高峰。其中用于裱糊的手工纸，价格合宜，种类丰富，制作工艺或简或繁，可以满足各种内檐装饰的需求。图为乾隆花园第四进院符望阁的一角，使用了白地云母万字套印绿夔龙的银印花纸作为壁纸，叠加在银花底上的小团龙图案，远观如满墙波点，与当代艺术家草间弥生的“波点壁纸”颇为类似。
摄影／吴西羽

花园养和精舍、萃赏楼揭取的银花面纸，经纤维检测分析，均为竹纤维。手工竹纸纤维较短，纸面细腻光滑，特别适用于书籍印刷与制作笺纸。依据原材料复原的原则，课题组决定，采用手工竹纸作为纸基进行复原。

课题组推荐范老师到杭州下辖的富阳区，与仍坚守古法制造竹纸的朱中华老师协作，一同解决了底纸的厚度、色泽、力学性能等方面的问题，又在新生产的本色竹纸上不断摸索，改进了加工工艺。

传统的手工富阳竹纸，如何在物理强度上达到课题组复原银花纸纸张的要求？两次施胶，加厚、加固。后期的试验中，即使经过浆水浸泡十分钟，再提起单张纸，仍能保证完好无损。

范老师首先将生纸制成熟纸，再进行“挂粉”，这是银花纸加工的第二道工序。本色竹纸未经长时间漂白，呈竹纸本色，需要用覆盖能力强的白垩粉，使纸张变成白色。白纸装饰在室内，可以增强内室的白度和亮度，也利于后期云母及绿色颜料的印刷。根据检测，原纸的绿色颜料为碱式氯化铜，然而由于其制作工艺已经失传，最后选择以石绿作为替代。

起到粘连各种材料及转刷、转印作用的胶粘剂，选择也颇费苦心。根据科技检测，原纸使用的是动物胶。为保证质量，范老师选择了明胶。明胶是动物胶中胶原部分水解后的产物，杂质比较少，无论是凝胶性、持水性、成膜性都比较好。

2021 年 7 月，范老师完成了首批纸的试印，并于 7 月初来到乾隆花园养和精舍，与原纸进行了现场比对。与王敏英、陈彤等相关研究人员共同探讨后，大家发现，这批试印纸在纸张挂粉、云母亮度、纸张遇湿后颜料附着力等方面，仍需要改进。

范老师返回合肥，马不停蹄，9 月份又寄来了新的纸样。此次试印在上次的基础上，又进了一大步：底纸与原纸色泽几乎一致，银花纸更是色泽饱满、层次分明，印制精湛，达到了预期。

2021 年，范老师陆续完成了清中期与清晚期两类竹纸基底万字缠枝西番莲卷草纹银印花纸的复制工作。这两批纸张经现场试用，银花纸质量稳定，经得起浆水的浸泡和羊毛排笔的排刷。复制纸试用成功后，首先于 2022 年 4 月用于东华门

外东围房秫秸秆顶棚裱糊。2022 年下半年到 2023 年上半年，乾隆花园云光楼一层养和精舍北数第三间西小间作为裱糊实验点 ，使用的正是范老师复制的银花纸。

2023 年 7 月，范老师来到他牵挂的乾隆花园，亲眼看到自己复原的纸张用于古建筑保护修缮实验点，欣慰的笑容浮现在他的脸上——两年半的不懈努力，终于有了圆满的结果。

当皇家华美的壁纸穿越 200 多年时光，重现眼前，谁不说这是现代的科技与精湛的手艺协同合作所创造的惊喜呢？

责任编辑／周 玥
图片编辑／吴西羽
版式设计／刘 扬

参考文献

[1] 戴家璋主编 :《中国造纸技术简史》，中国轻工业出版社 1994 年版。

[2]（宋）苏易简著：《文房四谱　蕉窗九录》，浙江人民美术出版社 2016 年版。

[3] 赵丽红：《清乾隆时期的精制纸绢》，载《收藏家》1996 年第 3 期。

[4] 郑茂达著：《制笺艺术》，荣宝斋出版社 2012 年版。

[5]《造纸史话》编写组编：《造纸史话》，上海科学技术出版社 1983 年版。

[6]《朵云》2 集，上海书画出版社，1982 年 1 月。

[7] 沈叔羊著：《谈中国画》，中国古典艺术出版社 1958 年版。

[8] 故宫博物院修复厂裱画组编著:《书画的装裱与修复》,文物出版社 1981 年版。

[9] 曹天生著：《中国宣纸》，华中科技大学出版社 2016 年版。

[10] 刘仁庆著：《纸系千秋新考：中国古纸撷英》，知识产权出版社 2018 年版。

[11] 苏晓君：《研花笺 》，载《中国典籍与文化》2008 年第 4 期。

[12] 冯彤著：《和纸技艺》，知识产权出版社 2019 年版。

[13] 孔大健、任仲全编著：《木版年画技艺》，山东教育出版社 2018 年版。

[14] 李雪慧编著：《中国皇帝全传》，中国华侨出版社 2008 年版。

[15] 穆孝天、李明回著：《中国安徽文房四宝》，安徽科技出版社 1983 年版。

[16] 潘吉星著：《中国造纸史》，上海人民出版社 2009 年版。

后　记

传统的加工纸笺是一种高端的纸笺艺术，曾吸引无数海外热爱手工造纸和众多热爱传统加工纸笺事业的人，他们很想学习并传承这门艺术。然而，在接触实际的历史资料时，人们往往发现书本中能提供的资源非常有限且存在不一致的说法，远远无法满足他们对实际制作技术的要求。书本所提供的信息往往不够清晰，不准确，难以参考借鉴，给学习者带来不少困惑。

历代加工纸笺技术大都是由文人记录编写的，特别是古代皇宫的宫廷御用纸张，其制作技术是极其保密的，因为它关系到皇家的尊严，绝不外泄。而民间的制笺高手，虽然已掌握了一定的技能，但大都将之视为赖以生存的经济来源，秘不示人。文人记事、编撰时带来不少的缺憾不少，关键的技艺无法表叙，进而造成学习者难以理解。历史上著名的制笺艺术都是经过几代匠人的努力，并汇集了无数古人的智慧，才取得历史的辉煌。如今，我国的加工纸笺艺术已成为了国外羡慕的文化瑰宝，其独特的技艺已经成为我国文化自信的一部分，让国人感到无比骄傲。

笔者从事传统加工纸艺术已有 40 余年，制作的产品一直销往海外。在长期制作加工纸笺的工作中，积累了大量的实践经验。如今，笔者已年过古稀，希望将自己数十年积累的宝贵经验回馈给社会，为更多热爱这门技艺的人提供参考。也是希望借此机会，使传统工艺在广大国人手中传承下去，发扬广大，并推动加工纸笺技术不断进步。

本书中介绍的各种名纸名笺加工技法，是笔者毕生所学的结果。几乎含盖了我国自东汉以来所有加工纸笺类型，其中对制作过程中的一些具体操作方法及过程都写得比较翔实，这些相关的技术和手法在其他的书籍和资料中基本没有详细介绍。

本书在酝酿、写作、修改、出版过程中，得到有关方面和友人们的大力支持：老友杨屹、唐跃先生给与了热情鼓励和指点；中国科学技术大学手工纸研究所汤书昆所长自始至终关心、指导书稿的撰写，并通过多种方式进行了有效的扶持；中国科学技术大学陈彪副教授和郭延龙、沈佳斐、秦庆博士曾先后对初稿进行过整理、修改；故宫博物院古建部纪立芳老师为有关章节提供帮助；武汉大学刘家真教授不仅对本书期望甚殷，而且热心推荐出版；著名手工纸学研究专家汤书昆教授不因作者浅陋，于百忙中为本书撰写了序言；广西师范大学出版社高度关注非物质文化遗产的传承，文献分社社长鲁朝阳、副社长马艳超等为书稿的出版付出了大量心血；等等。此外，中国科学技术大学手工纸研究所、江阴博物馆陈介甫老师、安徽福斯特科技有限公司以及杭州市富春元书纸研究院，也对本书的问世提供了很多帮助。在此，谨以诚挚的感恩之心，向上述个人和单位表示由衷的谢意！然而，考虑我的水平有限，难免存在不足之处，还请各位读者多多包涵。

范发生

二〇二二年三月于合肥